高等院校园林与风景园林专业"十二五"规划教材

风景园林艺术原理

张俊玲　王先杰　主编

中国林业出版社

内 容 简 介

本教材为高等院校园林与风景园林专业"十二五"规划教材。在内容上力求体现近十年来风景园林规划设计与艺术理论的研究与实践的主要成果。以博大精深的中国传统园林的综合艺术为切入点,立足本国和民族特色,传承中国传统造园理念与技法,弘扬传统园林文化和造园手法,同时,吸收先进的现代艺术构成与造园理念,兼容并蓄,探索面向21世纪的生态文明时代,基于文化、生态、艺术的现代风景园林规划设计的基本理论与方法。本教材可供高等院校的风景园林专业、园林专业、城市规划、环境艺术及景观设计类专业的低年级本科生作为基础理论的教材,也可供相关的技术人员作为在职进修学习的读本。

图书在版编目(CIP)数据

风景园林艺术原理/张俊玲,王先杰主编. —北京:中国林业出版社,2012.7(2024.1重印)
高等院校园林与风景园林专业"十二五"规划教材
ISBN 978-7-5038-6663-0

Ⅰ.①风… Ⅱ.①张… ②王… Ⅲ.①园林设计-高等学校-教材 Ⅳ.①TU986.2
中国版本图书馆CIP数据核字(2012)第148382号

国家林业局生态文明教材及林业高校教材建设项目

中国林业出版社·教育出版中心

策划编辑:康红梅　　责任编辑:康红梅　田　苗
电话:83143551　83143557　传真:83143516

出版发行	中国林业出版社　(100009 北京市西城区德内大街刘海胡同7号) E-mail:jiaocaipublic@163.com　电话:(010)83143550 http://www.forestry.gov.cn/lycb.html
经　销	新华书店
印　刷	廊坊市海涛印刷有限公司
版　次	2012年7月第1版
印　次	2024年1月第12次印刷
开　本	889mm×1194mm　1/16
印　张	13.75　彩插 4
字　数	405千字
定　价	56.00元

未经许可,不得以任何方式复制或抄袭本书之部分或全部内容。

版权所有　侵权必究

高等院校园林与风景园林专业规划教材
编写指导委员会

顾　　问　　陈俊愉　孟兆祯
主　　任　　张启翔
副 主 任　　王向荣　包满珠
委　　员　　（以姓氏笔画为序）

　　弓　弼　　王　浩　　王莲英　　包志毅
　　成仿云　　刘庆华　　刘青林　　刘　燕
　　朱建宁　　李　雄　　李树华　　张文英
　　张彦广　　张建林　　杨秋生　　芦建国
　　何松林　　沈守云　　卓丽环　　高亦珂
　　高俊平　　高　翅　　唐学山　　程金水
　　蔡　君　　戴思兰

《风景园林艺术原理》编写人员

主　　编　张俊玲　王先杰
副 主 编　吴　妍
编写人员　（按拼音排序）
　　　　　胡远东（东北林业大学）
　　　　　李雪萍（河南科技大学）
　　　　　沈　丹（西南林业大学）
　　　　　田旭平（山西农业大学）
　　　　　王先杰（北京农学院）
　　　　　吴　妍（东北林业大学）
　　　　　夏　楠（哈尔滨工业大学）
　　　　　张　敏（东北林业大学）
　　　　　张俊玲（东北林业大学）
主　　审　许大为

前　言

改革开放三十多年，中国经济的快速发展令世人瞩目，伴随着经济的发展城市也在迅速扩张。城市化进程的加速，对城市自然环境的破坏以及工业、交通运输等带来的污染，造成了城市生态系统的严重失衡，这种矛盾日益尖锐，引起了国家和社会的广泛关注。因此，作为恢复和弥补城市化进程所造成的自然环境破坏的一种手段，遍布祖国大江南北的园林建设如火如荼地进行着。为适应社会和市场的需要，全国约有175所高校，包括农林院校和综合性院校，创办了风景园林类专业，为社会培养更多的专业的人才，以满足日益增长的城市园林建设的需要。风景园林事业在快速发展，风景园林教学面临着重大的挑战与机遇。如何从整体上理解风景园林的基本属性，并贯穿于具体的教学中，以培养合格的专业人才，是当下开设风景园林等专业的学校亟待解决的问题。

风景园林学科于2011年被国务院学位办批准为一级学科，"风景园林学 (Landscape Architecture)"是集规划、设计、保护、建设和管理户外自然和人工境域的学科。其核心内容是户外空间营造，根本使命是协调人和自然之间的关系。风景园林与建筑及城市构成图底关系，相辅相成，是人居学科群支柱性学科之一。风景园林是综合性很强的学科，因此，人才培养要坚持艺术与科学交融、人文与理工渗透，将理论与实践紧密结合并贯穿人才培养全过程。

因此，为适应时代发展和风景园林学科培养目标的需要，本教材在内容上力求体现近十年来风景园林规划设计理论研究与实践的主要研究成果。本教材的基本内容，源于作者多年来从事风景园林规划设计的教学研究与设计实践的工作成果。与以往国内有关园林规划设计理论的教材相比，重要的区别在于：本教材更立足于风景园林1级学科发展的需要，更强调多学科的融合，宽口径、厚基础的培养需要，使学生刚刚接触专业课，就对整个风景园林的专业课有比较全面的了解，拓展学生的知识面，培养学生较强的形象思维与抽象思维能力，能够在根植于人类文化传统和自然系统认知的基础上形成风景园林的相关概念，具备规划设计、创造风景园林作品和建设与管理的能力。本教材的基本内容如下：

（1）对中国传统园林与西方园林艺术发展史进行简要的回顾，在概述自然景源特征的基础上，系统讲述风景园林规划设计的文化艺术特色和造园的艺术手法。

（2）以博大精深的中国传统园林的综合艺术为切入点，立足本国和民族特色，传承中国传统造园理念与技法，弘扬传统园林文化和造园手法；同时，吸收先进的现代艺术构成与造园理念，兼容并蓄，探索面向21世纪生态文明，基于文化、生态、艺术的现代风景园林规划设计。

（3）以园林艺术为导向，每章的内容都从园林艺术入手，陶冶学生的艺术情操，增强学生的审美能力，使理论课不再枯燥，增强学生的学习兴趣，加深对风景园林规划设计理论的理解。

（4）理论学习的最终目标是指导设计，从理论到设计要有结合的过程。本教材注重理论的同时，结合了大量的经典设计实例，以加深对理论的理解。从分析实际赏景的规律与古今中外的经典设计案例入手，介绍风景园林的艺术鉴赏方法，是风景园林必备的学习技能与专业储备方法。只有会赏景才会造景，只有储备更多的优秀设计作品，才能从中吸取设计的精髓，尽快理解理论所讲述的内容，并指导设计实践。

在具体设计手法上，本教材强调自然与人工综合的设计艺术，从艺术在风景园林中的应用和园林各要素艺术布局两个方面，来理解风景园林规划设计的艺术造景手法；强调传统造园手法与现代艺术设计有机结合，强调多学科的交叉，整体性宏观思维和局部性空间艺术处理有机结合，强调规划设计思想与解决现实问题相结合，理论联系实际。

本教材可供高等院校的风景园林专业、园林专业、城市规划、环境艺术及景观设计类专业的低年级本科生作为"风景园林艺术原理"和"风景园林规划设计理论"课程的教材，也可供相关的技术人员作为在职进修学习的读本。整个教学课时量宜掌握在40～60学时。在教学过程中，要特别注意风景园林艺术的表达方法和鉴赏方法，培养学生艺术鉴赏能力和艺术修养，理解教材中所介绍的基本原理和设计方法，并结合相关的设计案例和工作实践，掌握风景园林规划设计的基本理论和艺术设计方法。

本教材由各个农林院校风景园林相关专业的教学第一线的教师联合编写。东北林业大学园林学院张俊玲副教授和北京农学院王先杰教授担任主编，东北林业大学园林学院吴妍讲师担任副主编，由张俊玲和吴妍统稿。本教材的具体分工如下：绪论、第1章，张俊玲；第2章，田旭平；第3章，张敏；第4章，吴妍；第5章，张俊玲、田旭平、吴妍；第6章，王先杰；第7章，胡远东、吴妍、王先杰、夏楠、李雪平；第8章，张俊玲、沈丹。

本教材由东北林业大学园林学院许大为教授审稿，在此表示感谢。在本教材编写的过程中，研究生史美佳、周旋、孙志超、徐巍、李雪、刘璇等做了很多排版、校对的工作，对他们的辛勤劳动表示感谢。中国林业出版社的编辑，在本书的编写过程中付出很多劳动，在此一并表示感谢。

本教材尽管由工作在教学第一线的园林风景专业的教师历时两年统一编写，但是，由于内容庞杂，风景园林艺术理论综合性又很强，作者的学识和工作阅历有限，书中的缺陷与不足在所难免，恳请各位专家、同行与读者提出宝贵的意见。

编　者
2012 年 1 月

目 录

前言

第 0 章　绪论 ······················· 1
　0.1　园林和风景园林概述 ··········· 1
　0.2　艺术概述 ························ 5
　参考文献 ······························· 8

第 1 章　园林艺术 ··················· 9
　1.1　综合艺术——集萃式的综合艺术王国 ··· 9
　1.2　时空艺术——流动着的自然形象 ····· 18
　1.3　园林艺术讲究意境 ············· 23
　参考文献 ······························ 26

第 2 章　风景园林艺术史 ········· 27
　2.1　中国园林艺术的发展历程及其特征 ··· 27
　2.2　西方园林艺术的发展历程及其特征 ··· 33
　2.3　中西方园林艺术的比较 ········ 38
　参考文献 ······························ 42

第 3 章　园林形式 ················· 43
　3.1　传统园林形式 ··················· 43
　3.2　新园林形式的发展 ············· 49
　3.3　决定园林形式的因素 ·········· 57
　参考文献 ······························ 57

第 4 章　风景园林景源类型 ······ 58
　4.1　风景 ······························ 58
　4.2　景源 ······························ 61
　参考文献 ······························ 68

第 5 章　风景园林艺术设计原理 ··· 69
　5.1　中国传统园林造园技艺的理论引导 ··· 69
　5.2　园林形式美的设计原理 ········ 75
　5.3　生态学原理 ····················· 82
　5.4　人文原理 ························ 86
　参考文献 ······························ 89

第 6 章　园林空间艺术造景手法 ··· 90
　6.1　主景与配景 ····················· 90
　6.2　分景 ······························ 91
　6.3　借景 ······························ 93
　6.4　框景 ······························ 98
　6.5　其他造景手法 ················· 101
　参考文献 ····························· 103

第 7 章　风景园林艺术创作 ······ 104
　7.1　相地合宜，意在笔先 ········· 104
　7.2　园林掇山叠石艺术 ············ 111
　7.3　园林理水艺术 ·················· 133
　7.4　园林道路艺术 ·················· 147
　7.5　园林建筑艺术 ·················· 153
　7.6　园林植物配置艺术 ············ 173
　参考文献 ····························· 191

第 8 章　风景园林艺术鉴赏 ······ 192
　8.1　审美心理与审美趣味 ········· 192
　8.2　鉴赏过程 ························ 192
　8.3　鉴赏方式 ························ 193
　8.4　实例分析 ························ 197
　参考文献 ····························· 210

彩图 ······································· I

第 0 章 绪 论

0.1 园林和风景园林概述

园林是人类进入高级文明的象征。——培根

0.1.1 园林的概念

0.1.1.1 园林渐次扩展的概念

园林，是个渐次扩展的概念，古籍中根据园林性质的不同，亦称作"囿"、"园囿"、"囿游"、"苑囿"。古代天子及诸侯蓄养禽兽、进行打猎等游乐活动的场所称为"囿"。如周王之"灵囿"，《诗·大雅·灵台》："王在灵囿。"毛传："囿，所以域养鸟兽也。"也有"园囿"并称者，如《孟子·滕文公下》："弃田以为园囿，使民不得衣食。"《荀子·成相篇》："大其园囿，高其台。"囿中也种菜，《大戴礼记·夏小正》："囿有见韭。"孔广森补注："有墙曰囿，见始生也。"周代于大苑之中筑小苑，又于小苑之中筑离宫，作为游观处所，称为"囿游"，《周礼·天官·阍人》："王宫每门四人，囿游亦如之。"郑玄注："囿，御苑也；游，离宫也。"孙诒让正义："盖郑意囿本为大苑，于大苑之中别筑藩界为小苑，又于小苑之中为宫室，是为离宫。以其为囿中游观之处，故曰囿游也。"园囿基本上属于自然态的山水，是生产养息的基地，皆作娱乐场所，带有审美性质。

汉后多称"苑"或"苑囿"，如汉董仲舒《春秋繁露·王道》："桀纣皆圣王之后，骄溢妄行，侈宫室，广苑囿。"

"园林"一词，是魏晋南北朝随着士人园的出现而出现的。西晋张翰有"暮春和气应，白日照园林"；东晋陶渊明的诗歌则已经直接歌颂园林之美："静念园林好，人间良可辞"、"诗书敦宿好，林园无世情"。

唐宋以后，"园林"一词广为运用：唐贾岛《郊居即事》："住此园林久，其如未是家。"明刘基《春雨三绝句》之一："春雨和风细细来，园林取次发枯荄。"清吴伟业《晚眺》："原庙寒泉里，园林秋草旁。"

"园林"，已经成为传统古典园林的常用名称。当然，也有称"园亭"、"庭园"、"园池"、"山池"、"池馆"、"别业"、"山庄"等。

0.1.1.2 现代园林的概念

现代园林的概念在传统园林的基础上内涵扩大了，变得十分宽泛，它不仅为游憩之处，亦有保护和改善自然环境，以及恢复人体身心疲劳之功效。故其含义除包含古典园林外，也泛指公园、游园、花园、游憩绿化带及各种城市绿地，郊区游憩区、森林公园、风景名胜区、天然保护区及国家公园等所有风景游览区及休养胜地，也都被列入园林范畴。这与英美各国的园林观念相当接近，英美将园林称为 garden, park, landscape garden, 即花园、公园、景观、山水等。事实上，它们的性质并非等同。可见，"园林"这一概念，既有古今之别，也有广狭之分。广义的园林指在一定的地段范围内，利用并改造天然山水、地貌或者人为地开辟山水地貌，结合植物的栽植和建筑布置，从而构成一个供人们观赏、游憩、居住的环境。包括城市街道绿化和工厂、单位、居住区、学校的绿化及其他林地。狭义的园林是指在一定土地范围内，以观赏植物、园林建筑、园路、山石、水体等组成要素，运用艺术法则和工程技术手段构成一个供人们休闲、游览和进行文化娱乐活动的公共场所。它具有广义"园林"的基本内涵，但又有独特的艺术个性，即对一定的地段范围的选择和对该地段环境的改造，必须是通过整体的艺术构思规划并通过艺术的手段和工程技术完成的，因而创造出来的自然环境具有审美意义。艺术手段，涉及艺术创作的一系列范畴，包括园林创作的艺术理论，诸如相地、立意、选材、构思、造型、形象和意境创造等。所以，我们研究的园林，是为了补偿人们与大自然环境相对隔离而人为创设的"第二自然"。这个"第二自然"，具有美的生境、美的画境和美的意境。

0.1.2 风景园林组成要素

风景园林艺术设计与其他艺术设计的主要区别是构成要素不同，园林的组成要素主要是4种：地形、水体、园林植物及园林建筑。这里所指的地形主要是指地表上分布的所有固定物体与地表本身呈现出的高低起伏的状况，可分为"大地形"、"小地形"和"微地形"3种。如果以图形表示，即用等高线绘制出来的地形图，不包括水体。由于园林道路与地形、水体、园林植物及园林建筑比较起来，景观艺术的表达相对比较弱，因此，本教材将园林的组成要素主要分为以下4种：

(1) 地形

地形是人性化风景的艺术概括，不同的地形、地貌反映出不同的景观特征。在现代城市公园景观规划设计中，地形能系统地形成环境的形态，以其极富变化的地貌，赋予园林以生机，构成了水平与垂直空间的优美景观。不仅直接影响着外部环境的美学特征、人们的空间感和视野，而且也影响着排水、小气候以及土地的功能结构。正因地形这些重要的实用功能，以及景观设计中所有构景要素均依赖土地表面这一事实，地形成为城市公园景观设计过程中首要考虑的环境因素。

地形是构成景观实体的基底和依托，是丰富景观空间层次的重要环境因素，在规则式园林中，地形一般表现为不同标高的地坪、层次；在自然式园林中，地形的起伏，形成平原、丘陵、山峰、盆地等地貌。地形地貌在平面、立面上的规划设计，在总体规划阶段称"地貌景观规划"，在详细规划阶段称"地形竖向设计"，在修建设计阶段称"标高设计"，在景观规划环境设计阶段称"地形（含地貌）设计"（吴为廉，2003）。地形地貌设计是景观总体设计的主要内容，是对原有地形地貌进行工程结构和艺术造型的改造设计。利用地表高低起伏的形态进行人工重新布局称为景观的地形设计。

地形造景是结合土地的保护与利用，自然表达地形景观独特内涵的地形设计方法和造景手法。地形造景强调的是地形本身的景观作用，注重地形本身的造景作用和美学功能。在把握基地地域特征和场所精神的基础上，将地形作为一个有效的视觉景观要素进行地表形态、空间关系和功能特性的整体设计，以创造极具视觉效果和感染力的地形景观。

(2) 水体

水体是园林的重要组成要素。园林中的水体是模仿大自然中的江、河、湖、溪、瀑、泉等自然形态，从水面形状、空间组织到依水而建的亭、台、楼、阁等建筑，都追求"虽由人作，宛自天开"的意境。

"石令人古，水令人远，园林水石，最不可无"。山水是中国园林的主体和骨架。山，支起了园林的立体空间，以其厚重雄峻给人以古老苍劲之感。水，开拓了园林的平面疆域，以其虚涵舒缓给人以宁静幽深之美。山因水活，水随山转，山水相依，相得益彰。山实而水虚，两者产生虚实的对比；山静而水动，两者动静结合构成园景；山可以登高望远，低头观水，产生垂直与水平的均衡美。中国园林素以再现自然著称于世，而掇山理水则实为中国造园技法之精华。"山贵有脉，水贵有源"，只有脉源贯通，才能全园生动。大水面宜分，小水面宜聚。水分而见其层次，游无倦意；水聚则不觉其小，览之有物。

(3) 园林植物

植物是"景物→意境→情感→哲理"过程中的主要组成部分。植物春夏秋冬四季季相本身就是大自然的变化，通过植物生长中干、枝、叶、花、果的变化，以及花开花落、叶展叶落和幼年、壮年、老龄的种种变化而有高低不同、色彩不同、花果形态不同，展现出春华（以花胜）、夏荫（以叶胜）、秋叶（以色胜）、冬实（以果胜）的季相，它是不同植物种类的交换，也是植物空间感开阔或封闭的交换，是空间的调剂者，可从中获得事物荣枯的启示，也是一种大自然变化无穷的体现。

园林植物景观是以植物为载体，与科学、美学、哲学相结合的艺术。植物景观是城市景观的主要组成部分，也是组成园林景观的主要要素之一。植物造景，就是运用乔木、灌木、藤本及草本植物等题材，通过艺术手法，充分发挥植物的形体、线条、色彩等自然美（也包括植物整形修剪成一定形体）来创造植物景观。

随着生态园林建设的深入和发展，以及景观生态学、全球生态学等多学科的引入，植物造景的内涵也随着景观概念的外延不断扩展，不再仅仅是利用植物来营造视觉效果的景观，还包含着生态景观、文化景观等。这是对我国传统园林中自然山水园林理论的新发展，使植物造景的科学性、艺术性及实用性在生态园林的建设中更臻完美。园林植物造景的设计艺术是指园林建设的各个环节中造景得以实现的工作方法和手段，它是现代园林发展的重要时代特征与理论和实践统一的基础保障。

(4) 园林建筑

园林建筑是建筑的一种特殊类型，不同于一般意义上的建筑，如公共建筑或居住建筑。但"园林建筑"的概念并不限于"园林中的建筑"，广义的园林建筑是指处于景色优美区域内，与景观相结合，具有较高观赏价值并直接与景观审美相联系的建筑环境。"可行、可望、可游、可居"是其不同于一般建筑的特征。园林建筑有着极为丰富的文化内涵，是人类从事种种文化活动而形成的不同于自然景色的人文景观，并与所处环境紧密关联，其本身就是优美景色的组成部分之一。

古人对人与自然关系的认识以及由此而形成的"天人合一"的宇宙观，促进并形成了我国特有的自然山水审美标准。不论儒家还是道家，观赏自然山水都不是单纯欣赏山水的自然形态，而是着眼于满足人的精神需求。园林建筑是自然山水体现人文精神的主要中介之一，是人类审美意识和创造力在自然环境中的物化。园林建筑的价值不仅在于建筑自身，更在于建筑与自然环境之间的关系。园林建筑所依存的环境是一个复杂的系统，它是自然、社会、人文、技术等实存环境以及该地区历史、神话传说、社会心理等共同作用的结果。园林建筑与环境的适应程度，关系到景观环境整体的审美价值。

随着时代的发展，新的生活方式、新的材料和技术使园林建筑的内容和形式发生了潜移默化的变化，类型逐渐增多，规模逐渐扩大，人们的欣赏趣味和审美要求也有了改变。虽然有些传统的园林建筑如亭、廊、榭等仍广泛采用，但其形式和艺术表现上均发生了变化。另一方面，也相应地产生了许多新类型的园林建筑，如旅游接待建筑、疗养院、俱乐部等休闲类的建筑，风景优美的展览馆、阅览室、博物馆等文化宣传类的建筑，也有活动中心、游船码头等文娱类建筑，以及餐厅、茶室等服务性建筑，还有植物园的观赏温室，盆景园的陈列设施，以及纪念性的馆、碑、墓、塔等特殊建筑。这些园林建筑与所在环境中的地形、植物、水体等共同组成丰富的自然和人文景观。文化展览、纪念性园林建筑更是通过对风景区的风土人情、历史传说、名人遗迹等的展示，使风景环境的文化内涵在更深层次上得到表现。园林建筑的这些改变，赋予了园林建筑新的创作观念和内容。因此，中国现代园林建筑应该是出于中国传统而又超越传统，与现代化社会和文化发展相适应的新型园林建筑。

0.1.3 风景园林的基本属性

(1) 社会公共性

园林学科的社会公共性，是风景园林的第一大属性。主要体现在它与人居环境建设的密切相关性和服务性上。古今中外的园林，本质上都是为了营造一个能满足人类健康生活需求和自然化审美情趣的游憩境域。园林营造是为人服务的，必须充分了解服务对象的社会文化背景和特定需求，有的放矢地进行规划建设与经营管理。园林作品的文化性和艺术性，正是"以人为本"的社会性反映。风景园林的使用从来就包含着公共性与私密性两个方面，传统上，一方面，各国园林多为私家园林（包括寺院园林、衙署园林、贵族园林、皇家园林等），城乡村镇中也少有为居民共同享用的公园，即使我国特有的以自然为主的风景名胜，也多为僧侣香客所借用；另一方面，风景园林涉及的领域相对有限，大多关注的是景色优美、文化丰富的风景、园林。总体而言，限于生产力、生活水平、社会文明程度，服务的人群、领域有限。现代社会中，风景园林所包含的范围已经极大扩展，出现了城市公园、风景名胜区（国家公园）、旅游度假地、自然保护区，乃至遍及地球表层各个角落的景观，现代风景园林已经成为人类生活的必需品，普及化、平民化、公共化，进而社会化。这是过去150年，传统风景园林走向现代风景园林的客观历程，也是现代风景园林发展的目标走向。

现代风景园林社会公共性进一步细分为生活性、公共性、大众性、广泛性及实践性。生活性指风景园林与人们日常生活息息相关的必需性，已非仅仅是茶余饭后、富裕之后的闲情逸致，而是到了生态安全、生死存亡的高度。无论是国土区域的生态安全，还是城市公共场所使用，甚至居住社区环境，无论大小，皆为公共使用，皆与公共利益相关。纵观现代风景园林实践，几乎没有一个项目不是公共性的。公共性意味着风景园林不仅面向社会精英，更要面向大众，人人都要使用，所以具有大众性。从宏观的区域环境生态保护、自然保护区保护、风景名胜区等各类国家公园保护，到城市湿地恢复、绿地系统建设；从旅游地、旅游景点景区的开发到城市休闲游憩区、城市公园、居住小区景观环境建设，从高速公路、库区等大型工程景观规划到城市街道风貌、广场设计，项目范围从数十平方千米到数百平方千米，类型之多、跨度之大，现代风景园林专业实践内容已大大超出了传统，具有突出的广泛性。

(2) 自然生命性

自然生命性是现代风景园林学科的第二大属性，树立自然与地方文化的专业价值观和审美观是风景园林类专业教育的价值导向。建筑可以全为人造，风景园林则不然，风景园林源于自然，离开了自然性、生命性、地方性，就失去了其专业的根基。风景园林的自然性体现如下：

①可以从自然与人工的组成比重来理解其自然性　在环境一，即景观层面，整个地球表面中，主要的是海洋、大陆、极地……城市不过是其中的点缀，显然自然的成分远大于人工；在环境二，即风景层面，诸如中国的黄山、庐山、九寨沟，美国的黄石国家公园、优胜美地国家公园，仍然是以自然因素为主；在环境三，即园林层面，虽然人工的成分很多，但就其山、石、水、土、动物、植物等构成要素材料来看，仍然是自然为主，即使是山、石、理水、构筑等，也要力求"虽由人作，宛自天开"，所以，风景园林从组成成分而论是以自然为主的。

②风景园林的自然性体现在其空间形态的不规则性　与几何空间形态的建筑不同，大量的风景园林空间由大自然构成，其形态是非几何化的，如自然的山、自然的河流。即使像园林中那些所谓"高于自然"的人工性空间，也通常会"因地制宜"，与自然紧密结合，从而具有非几何化空间形态的倾向。非几何化、非千篇一律、非重复、动态变化、尺度大小变化幅度巨大等，这些都是大自然空间形态所具有的特性，远比人工性几何化空间形态丰富。而在整个规划设计界，对于自然空间形态，最为敏感的、最擅长规划设计的理应是风景园林师。

③风景园林的自然性也体现在自然的时间长久性　朝霞落日、春去冬来、四时之景、风花雪月，风景园林的景象都是以自然的时间尺度不断变化的，风景园林的发展形成需要时间，需要数十年、上百年，甚至是千年为变化尺度的时间。

④风景园林的自然性还体现在自然的生命周期

性　花开花落、生死兴衰，风景园林是有生命的，是不断生长变化着的。风景园林中的动植物的生命周期性已众所周知，即使是组成风景园林的山石水土等物质要素也是在不断变化的。

⑤风景园林的地方性因其特定的时间、空间、生命、文化而存在　自然地形地貌，自然的气候条件，特定的文化习俗等，因为这种地方性的制约，风景园林也就具备了不可重复、难以移植的特性。

空间的不规则性、时间的长久性、生命的周期性、自然与文化的地方性，风景园林的自然生命性，决定了风景园林规划设计的基本特征及其价值取向。任何一个规划设计不过是这块土地上历史长河的一个片段，片段有长有短，通常规划设计所能影响的时间越长，方案就越经得起考验，质量也就越高，当然其难度也就越大。总之，规划设计的时间过程的重要性胜于空间布局。

珍视自然性、地方性，一切以自然为先，对于原有的自然状态，能保留的尽可能保留，能恢复的尽可能恢复。既可以自然化也可以人工化，对于此类模棱两可的创造新建，选择自然化为导向，是现代风景园林规划设计的基本原则。走向自然化、生命化、地化，一切以是否符合自然、尊重地方为方案的最终评价标尺，已成为现代风景园林的基本价值观念。当前国际国内许多具有前瞻性、引领性、示范性的风景园林项目实践无疑都具有这些共同特征。

(3) 科学综合性

风景园林类专业的科学综合性的知识包括自然应用、人文应用、规划设计、工程技术四大类基础专业知识。具体如下：

①自然应用类　包括自然系统类、生态学、植物材料、地质、水文、气象及其应用等。

②人文应用类　包括文化系统类、文化学、园林史、景观史、建筑史、美学、美术、心理行为及其应用、公共政策与法规等。

③规划设计类　包括风景园林与景观规划设计原理与实践、视觉景观原理、建筑学、城市规划、艺术设计、制图、设计表现等。

④工程技术类　包括工程材料、方法、技术、建设规范与工程管理、信息技术与计算机。

科学综合性本质上决定了风景园林学科专业的方法论。现代风景园林及其规划设计的科学综合性要求思考的逻辑化、理性化，论证的数量化、精确化，即使对于设计中的感性，也力求是"理性辅助下的视觉把握"，科学、技术、工程是现代风景园林的看家本领。尽管风景园林规划设计需要视觉感性，需要想象和激情，但这种感性、想象和激情不能盲目，现代风景园林规划设计要求的是科学系统的知识、理性缜密的分析、超越发散的设想。"需要一个全面的多学科上的培养，此外，还必须具有想象力"，这是美国风景园林师协会百年庆典上对于现代风景园林专业人才的知识结构培养的精辟概括。

风景园林类专业的科学综合性教育应致力于培养5个方面的专业能力：感悟力、判断力、想象力、规划设计与工程实践能力、交流与协调能力。感悟力，源于热爱生活、热爱自然，以生活经验积累为核心，是对于专业知识的心有灵犀一点通的悟性。判断力，源于本专业科学理性与艺术感觉的要求，以逻辑推理训练为核心，是对于复杂专业问题的分析判断、评价比较的能力。想象力，源于本专业创造性的需求，以空间想象培养为核心，是对于未来所要营造的人居环境的预见能力。规划设计与工程实践能力，源于本专业的目标，以读图、绘图、表达、实践的学习为核心，是从事本专业工作的基本能力。交流与协调能力，源于本专业服务于社会公众和"团队"工作方式的要求，以思想的沟通表达训练为核心，是在专业实践中协调多专业人员、平衡多方利益、解决多方矛盾的能力。

0.2　艺术概述

艺术是人类对世界的认识或反映，就其主观性而言，既是对世界表象的、感性的认识，同时又是对世界本质的、通过深刻思考而达到理性的认识，艺术是两者的统一，艺术不光是表象的，它具有自己的特定本质，坚持把握艺术的这两个方面才可能探索艺术的本质。

0.2.1 艺术的概念

艺术的概念一般有3种含义：①泛指人类活动的技艺，包括一切非自然的人工制品；②指按照美的规律进行的各种创作，既包括各种具有审美因素的实用品的制作，也包括各种艺术创作；③专指绘画、雕塑、建筑、音乐、舞蹈、戏剧、文学等专供观赏的各种艺术作品。

0.2.2 艺术的重要特征

艺术成为人类重要而独特的文化形态，显著区别于宗教、哲学、道德、科技等其他文化形态，主要表现在形象性、情感性和审美性等基本特征上。

(1) 形象性

形象性为艺术的基本特征之一，具有特殊的形式。形象性，就是指艺术不是通过观念向接受者说教，而是通过塑造一定的形象解释某种深刻的内涵。如果说哲学、社会科学是以轴向的逻辑论证和理性思维来反映对客观外部世界的看法，艺术则是以生动感人的具体形象来达到这一目的。普列汉诺夫曾经说过：艺术"既表现人们的情感，也表现人们的思想，但是并非抽象地表现，而是用生动的形象来表现。这就是艺术最主要的特点。"

(2) 情感性

形象性是艺术的基本特征，同时艺术的形象性特征又同情感性特征、审美性特征密不可分。艺术作品以艺术形象反映社会，绝不是完全客观的、机械的反映，而是艺术家带着欢乐或惆怅、希望或绝望、喜爱或厌恶的情感来反映社会生活。因此，艺术是艺术创作主体对社会生活的反映，就必然包含人类情感在内。从更广泛的意义上讲，一切文学艺术都是情感的艺术，没有情感也就没有艺术。所谓情感，是指人的喜怒哀乐等心理形式，它是人对客观现实的一种特殊的心理反应，是对客观事物是否符合人的需要和目的所作出的一种心理反应形式，实际上就是主体对待客体的一种态度。中国汉代《毛诗序》中也有云："情动于中而行于言，言之不足故嗟叹之，嗟叹之不足故咏歌之，咏歌之不足，不知手之舞、足之蹈之也。"

(3) 审美性

艺术的另一个基本特征是审美性。艺术通过审美中介使作者、作品以及欣赏者的世界联系起来。艺术作为一种特殊的精神生产，始终以审美的方式来实现自身。具有审美性，是艺术区别于其他社会形态的先决条件。脱离了审美性，就谈不上将其作为理想的精神境界加以追求。莱辛曾说过："美是造型艺术的最高法律，凡是为造型艺术所能追求的其他东西，如果和美不相容，就必须让路给美；如果和美相容，也至少须服从于美。"艺术美作为客观存在的现实美的反映形态，是艺术家创造性劳动的产物。艺术的审美性并不是与生俱来的，它是人类历史长期发展的产物，在劳动实践因素的促成下，由一种精神上对客观存在的寄托，转而成为精神上的愉悦，是精神化与物质化相互转换过程中，达到的至美至善的理想境界，艺术作为人类精神文化的一种特殊形态，实质上是人类物质生活的理想化状态，也是审美意识的物态化表达。

0.2.3 艺术的特殊功能

(1) 认识功能

认识功能是指艺术作品在艺术创造及艺术欣赏活动中，能促进艺术家和欣赏者获得对客观世界深入认识和把握的功能。即人们可以通过艺术这个具体的直观性的审美中介，感知、反映、把握人类自身、人类社会以及自然世界的本质和规律，是一种从感知到模仿再到认识的过程。

我们可以从毕加索的《和平鸽》《格尔尼卡》认识西班牙人民反法西斯的悲壮斗争生活；从库尔贝的《石工》（图0-1）《筛麦的妇女》（图0-2）中认识19世纪法国劳动人们的劳动生活和精神状态。唐朝阎立本的《步辇图》（图0-3）就描绘了当时文成公主和松赞干布联姻事件中的一个情节：唐太宗接见吐蕃使者禄东赞的场面。

(2) 教育功能

人们在欣赏艺术美的同时，也潜移默化地在内心世界建立起对美的评价标准与体系，关注现实生活中的真、善、美的典范，以提高自身修养与价值评价标准，并丰富自己的内心世界。人们在认识和

图0-1 《石工》

图0-2 《筛麦的妇女》

图0-3 《步辇图》

创作艺术的同时，通过创作艺术来认识人性以及自然，用艺术来表达内涵和本质，或是通过认识艺术并且了解和认识其所表达的内涵和本质，在获得精神层面的感官刺激的同时，使人的精神面貌获得升华，从而树立正确的人生观和价值观，这是艺术的教育过程。艺术的教育作用之所以如此重要，其本质在于艺术的创作过程本身就是一种文明的创作过程，正因为它是一种文明的创作过程，才决定了它所承载的文明信息具有举足轻重的教育作用。

(3) 娱乐功能

艺术的娱乐功能则是艺术具备认识和教育功能之后，给人审美认识与审美教育的同时，也会带给人审美上的快感，其作用与另两个功能是一致的。艺术是精神财富的重要组成部分。当人们惊叹于达·芬奇是如何捕捉住蒙娜丽莎容貌与内心的迷人微笑魅力时，当人们佩服先民是以何智慧巧妙地创造出那优美而又寄寓着美好愿望的凤鸟形象时，或者是置身于具有深刻文化内涵的中国园林环境中时，就会从这些美的创造中获取全身心的审美满足和巨大的精神力量。人们在审美过程中不仅仅得到了精神的放松与寄托，更从中感受到深刻的人文关怀，使思想感情得到了无限的感染与升华，使生活经历得到了丰富与扩展。亚里士多德认为：绘画中优美的色彩处理技巧给人快感，音乐中的音调感和节奏感也是人表达情感的天性。

艺术的认识功能、教育功能、娱乐功能三者之间的关系，正如艺术中的真、善、美三者之间的关系一样，是辩证统一的，应当将三者统一起来理解和认识。艺术的一切功能都是建立在艺术审美价值的基础上的。艺术的娱乐功能不同于体育休闲的娱乐功能，认识功能不同于科学的认识功能，教育功能不同于道德的教育功能，这是由于这一切都是通过作用于人的精神领域，使人获得精神上而不是物质或生理上的审美享受。

0.2.4 艺术的类型

0.2.4.1 艺术类型的划分

在漫长的人类历史中，人类凭借自身对美的追求在现实世界之上创造了一个璀璨的艺术世界。艺术作品如何分类，一直是古今中外的艺术家探讨与研究的问题，艺术经过长期的发展，如今已经形成了许多门类，可分为：绘画艺术、雕塑艺术、建筑艺术、园林艺术、书法艺术、摄影艺术、语言艺术、音乐艺术、舞蹈艺术、戏剧艺术、影视艺术、设计艺术等。正是由于其类型的多样化，才形成了现在这么丰富的艺术世界。

0.2.4.2 艺术类型划分的原则

①根据艺术形态的存在方式　将艺术划分为3个类型。

空间艺术　包括绘画、雕塑、建筑艺术、工艺美术、摄影艺术、书法艺术和园林艺术等形式。

时间艺术　包括音乐、文学、曲艺等形式。

时空结合艺术　包括戏剧、舞蹈、电影、电视剧和行为艺术等形式。

②依据艺术作品的感知方式　把艺术划分为4个类型。

视觉艺术 包括绘画、雕塑、建筑艺术、工艺美术、摄影艺术、杂技、书法艺术和园林艺术等形式。

听觉艺术 包括音乐、曲艺等形式。

视听艺术 包括戏剧、电影等形式。

想象艺术 主要指文学，因为文学没有内容形象，是以书面或口头语言为媒介，通过文字间接地传达出来的，特别需要读者发挥想象力。

③依据艺术作品的创造方式 把艺术分为4个类型。

造型艺术 包括绘画、雕塑、工艺美术、摄影艺术、建筑艺术和园林艺术等形式。

表演艺术 包括音乐、舞蹈、戏剧、曲艺和杂技等形式。

语言艺术 包括小说、诗歌、散文、戏剧文学、影视文学等形式。

综合艺术 是结合文学、音乐、美术、表演等诸多因素为一体，跨越空间和时间，诉诸视觉与听觉的综合艺术形式。如戏剧、影视等形式。

④根据艺术作品的功能 把艺术划分为两个类型。

审美艺术 也称为纯艺术，一般来说，包括音乐、舞蹈、绘画、雕塑、书法、诗歌、小说、戏剧、影视等大部分艺术形式。

使用艺术 指兼具实用功能和审美功能的艺术，包括建筑艺术、园林艺术、工艺美术、环境艺术等形式。

⑤根据艺术形象的呈现方式 把艺术划分为两个类型。

静态艺术 即空间艺术。

动态艺术 包括时间艺术和时空综合艺术的所有类型。

各种分类方法并不是相互排斥的，不同的分类方法所列举的艺术种类也有许多交叉点，所以一件艺术品被赋予多重身份也就是很自然的。例如，绘画艺术可以同时别称为空间艺术、视觉艺术、造型艺术、静态艺术；音乐也同时兼有听觉艺术，时间艺术、表演艺术、动态艺术的性质。

无论是哪种分类方法，应该都是有一定科学性和合理性，但又有一定的局限性。艺术分类的意义在于通过解释各种艺术种类自身的审美特征和发展规律，以及它们各自不同的塑造艺术形象的物质媒介和艺术语言，从而使人们能够更加深入地理解和掌握各门艺术的审美特征和美学本质。

任何艺术，都离不开一定的物质性。文学离不开语言，音乐离不开声音，绘画和雕刻离不开颜色和石头，戏剧和舞蹈离不开舞台和演员，建筑艺术更离不开沉重的物质材料……然而，任何艺术又离不开一定的精神性。在艺术的王国里，语言、声音、颜色、石头、舞台、建筑材料，都通过不同的途径和方式指向心灵。从本质上说，这些物质材料及其特性都参与着艺术的精神性的审美建构，都在不同程度上渗透着审美主体的心灵因素。可以这样说，在艺术品中，物质性离不开精神性。

参考文献

余树勋. 2006. 园林美与园林艺术 [M]. 北京：中国建筑工业出版社.

丁绍刚. 2008. 风景园林概论 [M]. 北京：中国建筑工业出版社.

李梦玲，任康丽，沈劲夫. 2011. 景观艺术设计 [M]. 武汉：华中科技大学出版社.

朱钧珍. 2003. 中国园林植物景观艺术 [M]. 北京：中国建筑工业出版社.

章采烈. 2002. 中国园林艺术通论 [M]. 上海：上海科学技术出版社.

第1章 园林艺术

艺术品必须是由许多互相联系的部分组成的总体，而各个部分的关系是经过有计划的改变的。
——丹纳：《艺术哲学》

形成了人的环境的那个世界，不仅仅是自然环境……而且是个文化世界。
——皮尔森：《文化战略》

园林艺术是以真实的自然物为材料，经过艺术的人工改造而形成的空间环境，是综合了自然因素与人文因素的审美景观。通过叠石、流水、种植花草树木、营造建筑、开拓路径等改造地形地貌的活动。在一定的地域内，园林艺术将山水、花木、建筑等组织成为具有空间性和氛围性的立体环境，以满足人们休息、娱乐、游览的需要。它是通过园林的物质实体反映生活美、表现园林设计师审美意识的空间造型艺术。它常与建筑、书画、诗文、音乐等其他艺术门类相结合，成为一门综合艺术。

园林艺术是设计师运用总体布局、空间组合、体形、比例、色彩、节奏、质感等园林语言，将社会意识形态和审美理想在园林形式上的反映。它构成了特定的艺术形象，形成一个更为集中的审美整体，以表达时代精神和社会物质文化风貌。

作为美的艺术，园林的各个组成要素，无论是建筑、山水，还是花木、天象，只要它参与到作为整体控制的艺术创作中来，就必然不同程度地渗透着审美主体的精神性。在这一点上，中国园林和西方园林虽然一致，但是，精神的渗透度却颇不相同。

除此之外，中国园林和西方园林更存在着特色各异的审美个性，这就是：西方园林主要表现为物质的人文艺术建构，其精神取决于形式的表现。中国古典园林则不然，其精神内容异常繁复，它在物质要素的构建基础上，鲜明地表现出精神性的特质。鲁枢元先生曾从生态艺术学的视角指出："诗歌、小说、音乐、绘画、书法、雕塑……就是人类精神世界的丛林，它们就是人类生机、活力的象征，是精神发育的源泉，是对日常平庸生活的超越，是引导人们走向崇高心灵的光辉。"中国古典园林几乎把当时可能出现的艺术门类以及其他的精神文化种类全部综合到自己的一统领域之内，或者说，把人类种种生机、活力都根植于自己肥沃的园地里，让自己的精神因素发育成为综合艺术的丛林。这样，园林就成为洋溢着感人的审美情分和文化意味的艺术空间，或者说，就成为充满多元化人文内涵的审美主体的精神家园，而这正是中国古典园林不同于西方园林的又一个重要的美学特性。

1.1 综合艺术——集萃式的综合艺术王国

中国古典园林的艺术综合性，是在中国传统文化的大系统、大背景下形成的，因此，只有把它放在中国传统文化的大系统中，才能在宏观上历史性地加以把握，才能在本质上对此有较为深入的认识。

从综合性的视角看，中国古典艺术是一个大

系统，大体可以分为4个不同的子系统。其一是诗、乐、舞的动态综合艺术系统，《毛诗序》早就揭示了三者关系，后人又据此作了多层面的阐发；其二是诗、书、画静态综合艺术系统，具体表现为中国美术史上大量诗书画"三绝"的名家和名作，郑板桥还有"三绝诗书画，一官归去来"的名联，而西方的画上，没有诗，没有书，甚至连名字都没有；其三是集萃式的以动态为主的综合艺术系统，这就是独具风采的戏曲；其四是集萃式的以静态景观、动态观赏相结合的综合艺术系统，这就是体现了人文艺术综合化的中国园林。

对于西方园林，黑格尔认为：讨论到真正的园林艺术，我们必须把其中绘画的因素和建筑的因素分别清楚。……一座单纯的园子应该只是一种爽朗愉快的环境，而且是一种本身并无独立意义，不致使人脱离人的生活和分散心思的单纯环境。

黑格尔在这里赞成园林的单纯性，而不赞成园林的综合性、繁复性。这一观点，可说与莱辛不约而同。

中国园林则相反，是一个大型繁复的，以静态景观、动态观赏为主的综合艺术系统。它和中国具有独特风采的戏曲一样，几乎拥有一切艺术门类的因素。这个综合系统工程包括：作为语言艺术并诉诸观念想象的诗或文学；作为空间静态艺术并诉诸视觉的书法、绘画、雕刻以及带有物质性的建筑、工艺美术、盆景等；另外，还有作为时间动态艺术或视觉的音乐、戏曲等，它们互相包容、相互表里、相互补充、建构着一个集萃式的综合艺术王国。

1.1.1　中国古典诗文与园林艺术

陈从周教授曾精辟地论述过园林与中国古典文学的关系：中国园林与中国文学盘根错节，难分难离。从唐宋乃至明清的写意山水园，多为著名的文人书画家所构思创作，园中以诗情画意为尚，以文学的意境为宗：具有文学内涵的园林命名（图1-1）、富有文采韵致的景观题名、文采飞扬的名人园记、中国文学名著中描绘的精美绝伦的园林（图1-2）……中国古典园林笼罩着文学的光辉，飘逸着中国古典诗文的馨香。

代表高品位中国园林艺术的文人园林，与中国山水诗、山水画同时诞生在山水审美意识觉醒的魏晋南北朝，均属于以风景为主题的艺术，且均为士大夫吟咏性情的形式。从那时起，人们就将自然美作为审美对象，崇尚自然，返璞归真，成为时代风尚。《文心雕龙·原道》："云雾雕色，有逾画工之妙；草木贲华，无诗锦匠之奇；夫岂外饰，盖自然耳。至于林籁之响，调如竽瑟；泉石激韵，和若球锽。故形立则章成矣，声发则文生矣！"自

图1-1　退思园

图1-2　《红楼梦》中描绘的园林

然界之美作出自天然，而非人工所为，天籁之鸣本身就是美妙的诗章，所以，刘勰提出了"窥情风景之上，钻貌草木之中"的美学命题，将自然风景纳入诗美范畴，感情内容转化为可以直觉观照的物质形态。

中国园林的构园之本是中国诗文。语言的艺术，即一般的诗，这是绝对真实的精神的艺术，把精神作为精神来表现的艺术。因为凡是意识所能想到的和在内心里构成形状的东西，只有语言才可以接受过来，表现出去，使它成为观念或想象的对象。所以就内容来说，诗是最丰富、最无拘碍的一种艺术。

中国古典园林是立意深邃的"主题园"，置景构思，大多出于诗文。中国文学史上许多著名文学家的思想和诗文意境，成为古典园林及园中景点立意构思的主要艺术蓝本，即造景依据。

中国古典园林大多出于文人、画家与匠工之合作，这些画家和匠工是计成所说的"殊有识鉴"的"能主之人"。历史上诗画艺术家经常参与其他园林的规划设计及品评，自己也喜欢文化环境建设，一个小园，两三亩地，垒石为山，筑亭其上，引水为池，种花莳竹，新句题蕉叶，浊醪醉菊花，于焉逍遥。唐山水田园诗人、画家王维，中唐大诗人白居易，宋代诗人苏舜钦，文史家司马光，元大画家倪云林，明文学家王世贞，清代文学家袁枚，集文学艺术与造园理论家及工艺家于一身的李渔等皆热衷于构园。

1.1.1.1 中国园林的"文心"

中国园林之筑皆出于文思，主题意境确定以后，造园艺术家们往往因地制宜地构筑各欣赏空间的意境，并以诗文形式作出概括，再仔细地推敲山水、亭榭、花木等每个具体景点的布置，这就是清陈继儒所谓的"筑圃见文心者"。寻绎中国古典园林的"文心"，《诗经》风雅、庄骚、唐诗、宋词等无所不有，或为直募化境，或神行而迹不露。

《庄子》的"濠濮之情"和超功利的人生思想，是文人的心魂所系。庄子理想人格的根本是保持精神超然、心志高远，强调人格独立，渴望人生的自由。中国园林中的观鱼台、钓鱼台的意境，都源于《庄子·秋水》篇中的"濠梁观鱼"一段有趣的回答：

庄子与惠子游于濠梁之上。庄子曰："鯈鱼出游从容，是鱼之乐也。"惠子曰："子非鱼，焉知鱼之乐？"庄子曰："子非我，安知我不知鱼之乐？"惠子曰："我非子，固不知子矣；子固非鱼也，子之不知鱼之乐全矣。"庄子曰："请循其本。惠子曰'汝安知鱼之乐'云者，既已知吾知之而问我。我知之濠上也。"

惠子是讲究逻辑的名家，庄子则极重视感觉经验，庄惠对答，极富理趣，它涉及美感经验中一个极有趣味的道理。庄子说他是在濠水上知道鱼快乐的，反映了他观赏事物的艺术心态。他看到鯈鱼"出游从容"，便觉得它乐，因为他自己对于"出游从容"的滋味是有经验的。心与物通过情感而消除了距离，而这种"推己及物"、"设身处地"的心理活动是有意的、出于理智的，所以它往往发生幻觉。鱼并无反省意识，它不能"乐"，庄子拿"乐"字来描写形容鱼的心境，其实不过是把自己"乐"心境外射到鱼的身上罢了。物我同一、人鱼同乐的情感境界的产生，只有在挣脱了世俗尘累之后方能出现。所以，临流观鱼，知鱼之乐，也就是士大夫所竞相标榜的了。园林中不乏"鱼乐园"、"濠上观"、"知鱼槛"、"知鱼濠"等景点，都再现了庄惠濠梁观鱼的意境。如颐和园谐趣园的"知鱼桥"（图1-3），桥下绿水盈盈，鱼戏莲叶，当月到风来之时，浪拍石岸，呈现出"月波潋滟金为色，风濑琤琮石有声"的清幽意境。

园林中的观鱼台，也叫钓鱼台。文人自比钓翁、钓工、钓叟、烟波钓徒等，成为"隐士"的符号。这也得溯源于庄子。庄子濠梁观鱼的深邃思想内涵，成为历代文人笔下的"濠濮"之情。苏州留园中部曲桥东方亭额"濠濮"，亭中匾上题"林幽泉胜，禽鱼目亲，如在濠上，如临濮滨。昔人谓'会心处便自有濠濮间想'，是也。"留园冠云台匾额为"安知我不知鱼之乐。"避暑山庄、北海的"濠濮间"，"清流素湍，绿岫长林，好鸟枝头，游鱼波际，无非天适，会心处在南华秋水矣",都为个中之意,融进来玄理,耐人寻味(图1-4)。

颐和园后山"看云起时"景点,用王维名诗句"行到水穷处,坐看云起时"的意境;颐和园"云松巢"景点,用李白"吾将此地巢云松"诗意;避暑山庄湖泊区的烟雨楼,用唐诗人杜牧"江南四百八十寺,多少楼台烟雨中"诗意而设,烟雨蒙蒙之时,湖水缥缈,上下天光,楼台倒影,不啻神境仙域。园林植物的配置也往往借鉴古典诗文的优美意境,创造浓浓的诗意,令人玩味无穷。如苏州怡园,冬有赏梅花的南雪亭(图1-5),取杜甫《又雪》诗"南雪不到地,青崖沾未消"诗意;秋天赏桂花,金粟亭匾"云外筑婆娑",撷唐韩愈《月蚀》诗"玉阶桂树闲婆娑"之意(图1-6)。

有的园林造景集萃了诗文意境,最典型的是天平山庄的构园置景。张岱《天平山庄》记到:山之左为桃源,峭壁回湍,桃花片片流出;有孤山,种植千树;杜涧为小兰亭,茂林修竹,曲水流觞,件件有之。

地必古迹,名必古人,似乎成为中国园林置景的共识。因此,文学典故、古人雅兴、雅士遗存等在园林中触目皆是。

如颇具名士风流典范意义的"曲水流觞",自从晋王羲之的《兰亭集序》问世后,成为文人雅士风流的圭臬。文中描绘"崇山峻岭,茂林修竹"的自然胜景以及流觞所需的曲水,成为中国古典园林置景的蓝本。苏州东山的"曲溪园",利用其地的"有崇山峻岭,茂林修竹",再于流泉上游拦蓄山洪,导经园中,再泻入湖中,造成"清流急湍,映带左右,引以为流觞曲水"的实景。《园记》诗云:"五湖烟水称幽居,吮豪时作右军书;短笻(音琼)花径行随月,小艇林荫坐钓鱼。"道出了筑园之匠心。

图1-3 知鱼桥

图1-4 北海濠濮间

图1-5 怡园南雪亭

图1-6 怡园金粟亭

图1-7 沧浪亭

图1-8 怡园石听琴室

苏州园林中还有会意"曲水流觞"的景点，如留园的"曲溪楼"，曲园的"曲池"、"曲水亭"、"回峰阁"等均取"曲水流觞"之意。

有些景点是历史文化的实物留存。它们可以使游人的联想和想象超时空地奔驰，赞叹人类文明的灿烂结晶，启示对未来的无限信心。如古朴的沧浪石亭（图1-7），使人想起北宋苏舜钦短暂的一生，想起"与之从"的"一时豪俊"，想起当年的文坛主帅欧阳修的长诗《沧浪亭》。又如怡园的"坡仙琴馆"，因园主珍藏了北宋大文学家苏轼的玉涧流泉古琴而置景。为了突出"琴"，这里还同时构筑了"石听琴室"（图1-8），琴室北窗下置二峰石，似在俯首听琴，北置玉虹亭，取宋陆游诗句"落涧奔泉舞玉虹"之意。这样整个景区为：室内主人弹琴，室外二石听琴，内外呼应，面对落涧奔泉，烘托出高山流水得知音的意境。

确如张岱所感叹："地必古迹，名必古人，此是主人学问"也。

1.1.1.2 园林景观的诗化——文学品题

中国园林中的文学品题指的是厅堂、楹柱、门楣上和庭院的石崖、粉墙上留下的历代文人墨迹，即匾额、楹联和摩崖。它们是建筑物典雅的装饰品、园林景观的说明书，也是园主的内心独白。它

图1-9　泰山摩崖石刻，拙政园"与谁同坐轩"

透漏了造园设景的文学渊源，表达了园主的品格思绪，是造园家赖以传神的点睛之笔。它将园林景观意境作了美的升华，是园林景观的一种诗化，成为不可多得的艺术珍品，具有很高的审美价值。文学品题与景观空间意境相融合，已经成为中国古典园林艺术的有机组成部分，也展现了中国古典园林独特的风采。

(1) 匾额

匾和额本是两个概念，悬在厅堂上的为匾，嵌在门屏上方的称额，叫门额。后因两者形状性质相似，所以习惯上合称匾额。中国古典园林中的匾额题刻（包括砖刻、石刻、摩崖等）主要用作题刻园名、景名，陶冶性情，借以抒发人们的审美情怀和感受，也有少数用来颂人写事（图1-9）。它是一种独立的文艺小品，内容涉及形、色、情、感、时、味、声、影等，读之有声，观之有形，品之有味。而且，这些匾刻，大都撷自古代那些脍炙人口的诗文佳作，这些优美的诗文能引发游人的诗意联想，显得典雅、含蓄、立意深邃、情调高雅。它融辞、诗、赋、意境于一炉，使诗情画意系于一词。

首先在于帮助游人将视野、思路引向外在的广阔空间，使物景获得"象外之境、境外之景、弦外之音"，进一步向精神空间升华，从而产生一种特殊的审美享受——艺术意境，使小小的建筑物获得灵魂，有了生气，人们涵泳其中，在有限的空间中看到了无限丰富的空间内涵。如网师园中一座单檐歇山卷棚顶的造型舒展而又飘逸的四面厅，悬一块"小山丛桂轩"匾额，它将人们的视线引向轩南湖石叠砌的小山和山间的桂树上，想到浓香四溢的金秋，或更进一步想到淮南小山《招隐士》所赋的意境，从而通过实景见空灵。留园楠木厅悬有清代著名金石学家吴大澂（音邓）篆书匾额"五峰仙馆"，人们也会不由自主地将注意力放到厅南的护士峰峦上。这是写意的庐山五老峰。庐山，莽苍苍，树茫茫，山峦云雾缭绕，在古人心目中，是隐士和仙人的乐园，非凡夫俗子之居所。五老峰，岩峭丽，高峻挺拔，远望如五位老人端坐在那里静赏云光山色，他们背后连成一片，像一枝巨大的芙蓉，伸向鄱阳湖的万顷烟波。五老峰的俊伟诡特，引得无数文人墨客向往。李白《望庐山五老峰》诗赞美了它的秀色："庐山东南五老峰，青天削出金芙蓉。九江秀色可揽结，吾将此地巢云松！"希望遁迹此山。诗文题咏牢固地把握了厅前景象特征，调动人们的艺术想象并加以深化，孕育出耐人品味的意境，激起人们思想的遨游，涵泳乎其中，神游于境外。

(2) 楹联

悬挂在厅馆楹柱上的叫楹联。据《楹联丛话》载："楹联之兴，始五代之桃符，孟蜀'余庆、长春'十字,其最古也。"它是随着骈文和律诗成熟起来的一种独立的文学形式,对仗工整、音调铿锵,朗朗上口,融散文气势与韵文节奏于一炉,浅貌深衷,蓄意深远,为骚人墨客所醉心,亦为广大群众所喜爱,既具有工整、对仗、平仄、整齐的对称美,又具有抑扬顿挫的韵律美、写景状物的意境美和抒怀吟志的哲理美,是具有民族传统性的一种文学形式。

园林中的风景联对,往往用诗一般的文学写景状物,切景着墨,可"使游人者入其地,览景而生情文"。这样,联对成为美育辅导的生动指南。如颐和园南湖岛月波楼对联:

一径竹阴云满地,
半帘花影月笼纱。

上联写楼外之景,特写竹阴云影徘徊的园林小径,那丛丛幽篁、朵朵竹云,幽雅、宁静、清朗,环境静谧。下联则将视线移往楼内:门帘半卷,可纳天地清旷,花影月色嵌入窗框,恰成一幅朦胧清冷的图画。全联写景聚焦在虚景"影"上:竹影、云影、花影、月影、天地之"影"浑融,催人遐思,意境幽邃,形象超妙,给人以无尽美感。

写景的对联妙在切景,移他处不得,方称佳构,如网师园的"小山丛桂轩"北窗对联:

山势盘陀真是画,
泉流宛委遂成书。

山势回旋曲折真像云冈山体画,泉流宛委之山遂成金简玉字书。对联悬挂在"小山丛桂轩"北面正中一扇正方形大窗的两侧。此轩南边湖石灵秀、桂树丛植,另有蜡梅、海棠、丁香、竹子等花木;北面是古拙雄浑的黄石"云冈"假山,假山的叠至,借鉴了国画山水中云冈山体的趣味,并按"腹虚而无翼"的画论,筑成外轮廓横阔竖直的巨大岩体,俨然一幅立体云冈山体画。

园林文学品题的内容很丰富,最大的特点有二:一为大量采用古代诗文名句,借助古代诗文中的优美意境深化景观文化的内涵、加大美学容量,使人们获得尽可能丰富的美感;二是喜用典故,用《红楼梦》中宝玉的话来说是"编新不如陈旧,刻古终胜雕今"。

1.1.2 中国画与园林艺术

中国山水诗、山水画和山水园,同时诞生在山水审美意识觉醒的南北朝时期,均属于以风景为主题的艺术,且均为士大夫文人吟咏性情的形式。这些姐妹艺术相互影响、相互渗透,"文章是案头之山水,山水是地上之文章"(清涨潮《幽梦影》)。中国山水园林是山水诗、山水画的物化状态。中国的园林构园基本遵循了山水画论的构图落幅原则,中国山水园林是"立体的画,流动的诗"。

中国造园理论与中国画论一脉相承。中国山水画采取视点运动的鸟瞰画法,即"散点透视",类似电影镜头。这种鸟瞰动态连续风景画构图,与园林布局关系密切,园林是空间与时间的艺术,从设计原则到造园手法与山水画基本一致。

构图与绘画一样,首先是"意在笔先",有"意"就有境界。王国维的《人间词话·乙稿序》中:

上焉者意与境浑,其次或以境胜,或以意胜,苟缺其一,不足以言文字。

私家园林大多反映了在中国这个农业文明国家的社会心理选择:农、渔、樵作为中国传统文化的"一主二副",成为士大夫文人心里最稳定、最安全的退路,其象征就是田园、江湖和山林。中国私家园林的主题,以"不矜轩冕穷灵泉",泛舟江湖、归隐田园为首选,苏州的沧浪亭、网师园、拙政园、耦园、退思园、艺圃等,是隐逸江湖、归隐田园的咏叹。而园林的"能主之人"具有将内心构建的超世出尘的精神绿洲、精心外化为"适志"、"自得"的生活空间能力,因此,这一方方小园,往往回荡着整个封建时代士大夫的进退和荣辱、苦闷和追求、无奈和理想。也有表达知足常乐、谦抑中和、随遇而安的传统文化心理的,如一枝园、半枝园、曲园、残粒园等。还有表达陶融自然、游目骋怀的乐趣的,如畅春园、可园、清华园、清晖园等;直接表达方外之思的,如兖(音焉)山园、壶园、小瀛洲等;当然也有乐志园、豫园、怡园等娱乐言志的。

皇家园林表达的是皇帝的"紫宸(音晨)志",包括生活的和政治的。如清雍正《圆明园记》释名:"取园而入神,君子之时中也;明而普照,达人之睿智也。"颐和园,意为颐养天年,天下太平。

1.1.2.1 经营位置,空间构图

园林的造型布局原则和画论的"经营位置、空间构图"等山水布局艺术原则一致。

宋·郭熙《林泉高致》云:"山以水为血脉,以草木为毛发,以烟云为神采。故山得水而活,得草木而华,得烟云而秀媚。水以山为画,以亭榭为眉目,以渔钓为精神,故水得山而媚,得亭榭而明快,得渔钓而旷落。此山水之布置也。"

郭熙的论述实际上涉及园林的物质四要素:山水、植物、建筑、道路,以及精神要素。中国山水园林,大多以水为中心,山或在水际,或在门口,或置水中,亭榭面水而筑,或掩映于花木之中,皆一任自然式布局。山不同形、树不成列,水聚散不拘,随形高下。注重横直的线条对比、俯仰的形势对比、轻灵厚重的体量对比、环境的动静、色彩的浓淡等,悉如画理。

中国山水画中有"六远"之说,即郭熙在《林泉高致》中说的"平远、深远和高远":"山有三远:自山下而仰山巅,谓之高远;自山前而窥山后,谓之深远;自近山而望远山,谓之平远;高远之势突兀;深远之境重叠;平原之意冲融而缥缥缈缈。"韩拙在《山水纯全集》则提出"迷远、阔远和悠远":有近岸广水,矿阔遥山者,谓之阔远;有烟雾暝漠、野水隔而仿佛不见者,谓之迷远;景物至绝而微茫缥缈者,谓之悠远。

郭熙的"三远"就人们视点的高低俯仰所见而论,韩拙的"三远"则是对视觉造成的景象的一种形容和概括,并不矛盾。事实上,一幅具体的画是根据具体情况,选择以某一种"远"为基本,辅之以其他几种"远"法。"远近法"使山水画面层次清晰。

中国的山水画采取视点运动的鸟瞰画法,即"散点透视",因为"散",就得"聚"、"合",像画成一幅画,就得将移动的视点整合在一幅画中。而这是鸟瞰动态连续的风景画构图,符合中国园林的构图原则。中国园林是时间与空间的综合艺术,它的构图呈线性,像一幅山水画长卷,令人步移景异。景观画面上,或近推远,或远拉近,步步看,面面观。园林中的长廊、粉墙、花窗、假山等往往将单一的有限空间巧妙地组成多种广袤深邃的景观,构成动观序列,这就是障景的妙用。障景形成"山重水复疑无路,柳暗花明又一村"的景观感受。但一般都是"隔而不围"、"围必缺",似隔非隔,或用渗透性的虚障,令人探幽纵目,处处有堂奥幽深、"庭院深深深几许"的韵味。

中国画既遵循透视上的基本法则与规律,也不拘泥,而是随作者的创作意图,打破焦点透视的视域范围去摄取景物,使画面所表现的内容更全面、更生动。王维《山水诀》云:"咫尺之图,写百里之景,东西南北莞尔目前,春夏秋冬写于笔下。"便是中国山水画对透视运用的要求,也成为园林对景观写意置景的基本特点。

1.1.2.2 默契神会、得意忘象

"默契神会,得意忘象"、"以一点墨,摄山河大地"等画理之精髓,与"片山多致,寸草生情"、"一峰则太华千寻,一勺则江河万里"等构园理论完全相同。中国古典园林中,除了大型的皇家园林,植物很少丛植,小型园林以散植为主,以少胜多。拙政园"海棠春坞"(图1-10)小院,一共才植两枝海棠花,深得"以一点墨,摄山河大地"的画理,对园林四季植物的配置,也符合宋韩拙的"春英、夏荫、秋毛、冬骨"的画理。

春天叶细而花繁,宜种迎春、连翘、紫荆、绣球等花;夏天叶密而茂盛,宜植广玉兰、枫杨;秋天叶疏而飘零,宜种枫树、乌桕、柿树;冬天叶枯而枝槁,以落叶树为主。画理谓:"宾者皆随远近高下布置",丛植的植物,都是俯仰有姿、主宾分明,株间高下相间,距离不一。树木往往种在山腰石隙之中,参差盘根镶嵌于石缝,"林麓者山脚下有林木也"、"林峦者山岩上有林木也",低山不栽高树,小山不配大木,避免喧宾夺主。对面积小,但非得配置树木者,也是用风石将树根遮住,符合"远树无根"的画理。

图1-10　海棠春坞

1.1.2.3　不着一字、尽得风流

绘画艺术强调"虚、白"的意蕴。白色、黑色和灰色在色彩学中均属无彩色，也可以说是无色或本色，中国古典美学所崇尚的，正是这种无色之美、本色之美，而其思想根源，可追溯到古老的"白贲"（音必）、"尚质"的美学思想。"贲"为周易的卦名，本意为装饰，即绚丽华饰之美；"白贲"则是反面，《周易·贲卦》说："上九，白贲，无咎。"指的正是这种无色或本色之美。而刘熙栽在《艺概·文概》中，对《周易》中的"白贲"之美进一步作了高度的概括和评价，指出，"白贲占于贲之上，乃知品居极上之文，只是本色。"他把"白贲"评为"品居极上"之美，足见这种美的独特魅力。

白粉墙即如绘画之"留虚"。园林的白墙往往成为园林中景物有意味的背景。陈从周在《书带集》中说："江南园林叠山，每以粉墙衬托，益觉山石紧凑峰探，以粉墙画本也。若墙不存，则如一丘乱石，故今日以大园叠山，未见佳构者正在此。"

意大利达·芬奇也有类似的论述：太阳照在墙上，映出一个人影，环绕着这个影子的那条线，是世间的第一幅画。

明清多竹石花鸟小品，李渔将他的审美体验移于庭院、轩室，创造了所谓"观山虚牖"（音拥）。他游姑苏曾这样描述："非虚其中，欲以屋后之山代之，坐而观之，则窗非窗也，画也；山非屋后之山，即画上之山……"

这种框窗得画之审美技艺，在园林中得到广泛应用。"窗虚蕉影玲珑"、"移竹当窗"，使窗前、门外都有花木成景，如李渔所说的"尺幅窗"和"无心画"，以替代屏条和立轴，塑成秋叶、海棠、葵花、梅花、松、竹、柏、牡丹、兰、菊、芭蕉、荷花、狮子、虎、鹿、鹤、山形、心形、卍（音万）形及琴棋书画等的"透视窗"，月牙形、古瓶形、葫芦形、圆月等的洞门、壁洞内用支架堆塑成花草、树木、鸟兽等画面的壁窗、厅堂内四面空透的窗格等，都是取景框（图1-11）。如拙政园的"梧竹幽居"方亭的四面白墙上，都有一个圆洞门，透过这些圆洞门望中部景物，通过不同角度，可以得到不同的画面。园林中四面厅，四周是没有玻璃花格的长窗，在室内逆光向外透视，这些窗格就成了一幅幅光影交织的黑白图案画。白天，落地长窗的一个个窗格，也仿佛成了一个个取景框，人们从厅

图1-11　框　景

内不同的角度都可以获得不同画面。如网师园"小山丛桂轩"、拙政园"远香堂",都可以通过厅内窗格,环顾四周无数景物画面。真是"四面有山皆如画,一年无日不看花"!

宗白华说:"最高的艺术表现,宁空毋实,宁醉毋醒。"园林营造的"静、远、曲、深"之景,也是文人追求的淡泊宁静心态的物化,能让人感受到"风生林樾,境入羲皇。"颐和园后园水流曲折蜿蜒,两岸浓荫蔽天,鸟鸣高树,这是园林的静幽之境。亦与中国画追求的静远曲深之理相通。

1.1.3 中国书学与园林艺术

中国古典园林墨宝丰富多彩,书体千姿百态,今人可以观察、欣赏、题咏、寻味其中的文化美学韵味。

汉文字是由点、横、竖、撇、捺等多种笔画,按照美的规律不断创造和改进的产物,我国最早成熟的文字是产生于殷代后期的甲骨文。笔画瘦劲,结构匀称而富于变化,已经具有对称、均衡、节奏、韵律、秩序、和谐等书法艺术具备的形式美,因而可以说,在世界各国的文字中,汉字为最接近美术的。鲁迅在《汉文学史纲要》中指出了汉字具有三美之特性:"意美以感心,一也;音美以感耳,二也;形美以感目,三也。"堪为至论。

书法也是一种点、线艺术,它作为形象艺术、抽象符号,是以富于变化的笔墨点画及其组合,从二度空间范围内反映事物的构造和运动规律所蕴涵的美的艺术,本身具有审美价值。书法又是自然精神和人的精神的双重叠合,它同时反映了人的情感,诸如以"竖"表现力度感、"横"表现劲健感、"撇"表现潇洒感、"捺"表现舒展、"方"表现坚毅感、"圆"表现流媚、"点"表现稳重、"钩"表现韧性感等。线条的运动节奏,形成"势"而表现为"骨力";墨色的淋漓挥洒,蓄积着"韵",表现出"气",通过骨势气韵的流动变化。

苏州园林里的书法景观,有许多佳例。在沧浪亭,潭西石上刻有清代朴学大师俞樾的篆书"流玉"二字,其婉润流动、诘曲悠长的线条美,引起了人们关于潭中水流如碧玉的感受;在留园,石林小院有明代著名书画家陈洪绶所书联:"曲径每过三益友,小庭长对四十花。"不但其文字内容把这个小型庭院点活了,使人联想岁寒三友的花木比德、四时季相的时空交感,而且那笔兼篆隶行草、十分耐看的书法艺术,又使庭院生气勃发,古意盎然,平添一番艺术情趣。在拙政园,画舫额有明代吴门画派领袖文徵明行书"香洲"二字,表现出优美娟秀的姿韵,使建筑物及周围景观增加了文化生态价值。在狮子林,有文天祥诗碑亭,其中文天祥所书疾风旋雨般的狂草《梅花》诗"静虚群动息,身雅一心清。春色凭谁记,梅花插座屏",其"体雅不可抑"(虞世南《笔髓论》)的草势,令人想起"书如其人"的古训,这是一道书艺风景线……

中国古典园林还有壁上嵌以书条石的综合艺术传统,有关园记就有如下载录:

兰坡都承旨之别业,去城既近,景物颇幽,后有石洞,尝萃其家法书刊石为《瑶阜贴》。(周密《吴兴园林记》)

亭右为曲廊十余间,取所藏晋、唐以来墨迹,钩填入石,悬壁间,署曰"翰墨林"。(张凤翼《乐志园记》)

把历史上著名的书法珍品募刻于砖、石上,组成系列,嵌在壁间,蔚为空间艺术景观,这比起纸素之上的作品来,既易于长久保存,不愁风雨侵蚀,又宜于随时观赏,集中品味。这种翰墨汇刻的陈列形式,其功能美又不同于配合个体建筑类型而诗意抒写的匾额、对联或碑刻。

总之,中国古典园林中的墨宝,使园林于自然美中更增添了人文美、历史美和艺术美,更加丰富了园林空间的艺术内涵,翰墨书香使园林显得更加古朴典雅,耐人寻味,流芳千古。

1.2 时空艺术——流动着的自然形象

费尔巴哈指出:"空间和时间是一切实体的存在形式。"具体地说,空间,是物质形态广延性的并存空间;时间,是物质持续性的交替序列。

空间,似乎是较难把握的。对于物体的空间特性——形状、大小、远近、深度、方向等,人们比较容易通过空间知觉来加以把握。因此，康德把空间作为这些范畴提出来时，还把它与感性、直观相联系。他认为空间"是一切外感官现象的形式"，"只能用于感性的对象。我们称之为感性的这种就受性的固定形式"。而时间却无影无踪、无声无息、飘忽流逝、不易把握，似乎比较抽象，因此，康德把时间称为"内感官的形式"。这揭示了空间和时间在感知上的某种区别。

现代物理学和哲学的研究表明：运动、时间和空间是三位一体、紧密相连的，或者说，时间和空间是互为因依、互为渗透的，既没有无空间的时间，也没用无时间的空间，爱因斯坦称这种结合为"空间—时间"。1908年，德国数学家又给相对论作阐释，指出世界是一个"思维平直时空"。园林艺术空间同样如此，它不可能离开时间的绵延，不可能离开那"思维平直时空"之美。具体地说，它不可能离开春夏秋冬的季相变化，不可能离开晨昏昼夜的时分变化，不可能离开晴雨雪雾的气象变化。从理论上说，园林中的这些变化，存在于时间之中，并由于时间而存在；从艺术创造和品赏的实践上说，这些时间因素恰恰也是构成园林景观的一个不可忽视的物质性因素。

中国古代的造园家和鉴赏家们，早就掌握了园林景观的时间性。随着实践和认识的发展，他们不断地直至主动地、充分地利用和把握自然性的天时之美。使"良辰"和"美景"互相融合，使时间和空间互相交感，构成一个个风景序列。

1.2.1　时间流程中的季相美

时间是永恒之流，它无止境地流逝着：日月不演，春秋代序，逝者如斯夫！

在时间的流程中，天地万物无不在生生不息地变异着、流动着，体现了时间的持续性、交替性，而在天地万物的流动中，古代哲学家、诗人又往往以其沉思的目光或抒情的敏感审视着或感受着四时有序的变化。见诸先秦哲学、文学名著，如：

天何言哉？四时行焉，百物生焉，天何言哉？（《论语·阳货》）

天地有大美而不言，四时有明法而不议，万物有成理而不说。（《庄子·知北游》）

日月忽其不淹兮，春与秋分代序……时缤纷其变易兮，又何可以淹留。（屈原《离骚》）

在《荀子》等著作中也有类似的表达。天地有一种无言的美，它在时间的流程中默默地显现出春、夏、秋、冬四时周而复始的有序运行，而一年四季除了显现为气候炎凉等变化外，更鲜明地显现为山水花木的种种具体形象的先后交替和变化，这些都可以称为季相美。

时间或时序显现为季相，这就是时间和空间的形象交感。在中国长期的农业社会里，季相意识深入人心。如《礼记·月令》中说，孟庆之月，"天地和同，草木萌动"；季夏之月，"温峰时至"；孟秋之月，"凉风至"；季秋之月，"菊有黄花"；孟冬之月，"水始冰，地始冻"……这类群众普遍掌握的岁月观念、季相意识，上升和转化到美学的领域，就表现为对春、夏、秋、冬四时的殊相世界的审美概括，见于历代山水画论之中，有过如下描述：

秋毛冬骨，夏荫春英。（[传]南朝·梁萧绎《山水松石路》）

春山澹冶而如笑，夏山苍翠而如滴，秋山明净而如妆，冬山惨淡而如睡。（郭熙《林泉高至》）

山于春如庆，于夏如竟，于秋如病，于冬如定。（明·沈颢（音浩）《画麈（音朱）·辨景》

这些画论，都是对山水草木等不同季相美的综合概括，它们不但言简意赅，而且表现为情景互渗、物我同一，景的审美性格渗入了人的审美感情，构成了绘画视域中的一种人的自然化。从广袤的空间里形象地概括了全年的"思维时空"。

扬州个园的四季假山，在国内是唯一的孤例。它凭借石料、造型、花木、环境等种种因素，使四季假山各具鲜明的殊相特色，并象征着四季不同的山林之美。从月洞门入园，顺时针绕一圈，恰好经历了一年四季的时间流程。

杭州"西湖十景"，依次为"苏堤春晓"、"曲院风荷"、"平湖秋月"、"断桥残雪"……这前四景，恰恰点出了春夏秋冬的季相美；北京的"燕京八景"，其中"琼岛春阴"在北海，"太液秋风"在中南海，至今仍存石碑铭刻。琼岛、太液池作为空间因子，春阴、秋风作为时间因子，"是互相涵容，互相包括的，每一部分的空间，都存在于每一部分的绵延，都存在于每一部分的扩延中"，二者交感而各自成为一个殊相的审美天地。再如颐和园的知春亭，是一个重要的景点建筑，设在伸入湖中的岛上。这里，湖面染青，绿柳含烟，可以近观春水，远眺春山。"知春"二字的题名，点出了季相，把较为抽象而不易把握的时间，显现为感性的空间形象。香山静宜园内垣二十景之一的"绚秋林"，最佳的时空交感景观在金秋季节。这陆离纷呈，诸色绚烂明丽，"绚秋"二字，名不虚传。

中国园林中的景观题名，颇多四时兼备，体现出"与天地合其德"，"与四时合其序"之美。颐和园的长廊，对称而有序地由东到西建构了"留佳"、"寄澜"、"秋水"、"逍遥"四亭，分别象征春夏秋冬"四时行焉"的时间流程，而四亭的题名，又浓缩了四季景观的最佳意象，给想象提供了广阔的空间。把天地之大美转化为建筑空间；圆明园的景观题名也四时季相力求兼备，有"春雨轩"、"清夏堂"、"涵秋馆"、"生冬室"等，还有仿海宁安澜园而建构的"四宜书屋"，即春宜花，夏宜风，秋宜月，冬宜雪，四时皆宜。它力求表现四时最佳季相及其转换，或者说，力求将流动的四时，交感于一个审美的接受空间。

拙政园中部景观的建筑的布局和命名，有机地与周围的景观结合，表现四时之美。主体建筑远香堂，水中三桥相连的小岛上的荷风四面亭，与水中的荷花的景观浑然一体，尽显夏日之清凉；海棠春坞运用植物，以中国画的表达方式，表现春季景观；水中二岛上的雪香云蔚亭和待霜亭，一大一小，一显一隐，分别配置梅花和鸡爪槭，表达秋冬季的色彩和空间品格。

园林中的建筑、山水、花木，都是物质性的三维空间，但由于作为园林美的物质性建构元素的季相介入，又明显地渗入了时间的维度，体现出四维时空结构美。

而这四维时空结构的季相美，又最典型而敏感地体现在花木的有序转换上，树木春华秋实，花卉不同花期、色彩、形态，更能直接地让人感受到园林景观时空的变化，一年四季的周而复始，从而增强了园林中植物种类选择与配置方式的意识。

1.2.2　时分、气象所显现的景观美

汤贻汾《画筌析览·论时景》说："春夏秋冬，早暮昼夜，时之不同者也；风雨雪月，烟雾云霞，景之不同者也。景则由时而现，时则因景而出。"

这里的"时"和"景"实际可分为3个系统："春夏秋冬"，这是一年之间四时有序交替的季相系统，其中每一阶段都可分为孟、仲、季3个时期；"早暮昼夜"，是一天之内晦明有序交替的时分系统，以午时和子时作为分隔的界限，黑夜白昼依据不同的经纬度和上一个季节的系统而有不同时序；"风雨雪月、烟雾云霞"，这基本上属于气象系统，这种阴晴之类的变化往往带有某种无序性、偶然性，所谓天有不测风云，这一系统中，雨雪与季相系统有关，月、霞又与时分系统有关……

园林需要借助于时景美来营造流动景观。有些独特的景观之美离不开有序性或无序性的时景，或者说，空间的殊相之美离不开与时景的交感。

1.2.2.1　晨旭

对于清晨和白昼的太阳和阳光之美，西方美学家们曾不止一次地作过审美礼赞：

当太阳一出现在东方，我们的整个半球马上充满了它的光辉的形象。一切向阳的或者朝着被太阳照耀的大气的固体的表面，都渲染上阳光或大气光的颜色。（达·芬奇）

自然界中最迷人的、成为自然界一切美的精髓的，这是太阳和光明。难道太阳和光明不是大地上一切生命的主要条件？（车尔尼雪夫斯基）

太阳是光明的形象，它以生命之火普照万物，使一切生机勃勃、喜气洋洋，到处荡漾着灿烂欢乐的情氛。因此，旭日东升可以构成园林的景观美。

杭州西湖的"葛岭朝暾（音吞）"（图1-12），是钱塘十景之一，以观日出为其审美优势。葛岭最高峰的"出阳台"，受日最早。人们登高远眺，可看到混沌的天际如何地闪动着一线微明，可以看到

图1-12　葛岭朝暾

即将逝去的黑夜和即将来临的朝暾奇幻交替，可以看到火、热、生命、光明和美如何地联翩来到人间。旭日东升，西湖的一切带着清新蓬勃之气苏醒过来，远山近水和花木亭台被阳光染上了一层金色；而曲院风荷更被晨光笼罩成"映日荷花别样红"的景色。

1.2.2.2　夕照

傍晚的太阳，又有其独特的魅力，它的美更别于初生的旭日和高照的红日，夕阳下的余晖映红的半边天，太阳将其一天中最后一抹光辉挥洒得更加淋漓尽致。美学家们如此描绘落日景象之美：

落日的金色光华透过层层彤云赤霞，照射着一切，一个敏感的诗人在甜蜜的忘怀中观察一切，没有感觉到半个钟头是怎样过去的。（车尔尼雪夫斯基）

落日的颜色有一种引人注意的光辉，一种爽心悦目的温和和魅力，那时暮色和天空所带来的许多联想集中在这种魅力上，而且使之加深。所以敏感的美可能富有感情的暗示。（桑塔耶纳）

中国的山水诗人，也酷爱夕阳之景。陶渊明《饮酒》说："山气日夕佳。"王维《赠斐十迪》："风景日夕佳。"这些诗句既是描写园林中夕阳之景，也为园林中的置景提供了更加丰富的素材。如圆明园有"夕佳书屋"，颐和园有"夕佳楼"……避暑山庄康熙题三十六景之一的"锤峰落照"，更是国内罕见的时景远借景观，建有"锤峰落照亭"。康熙在《锤峰落照》写道："诸峰横列于前，夕阳西映，红紫万状，似展黄公望浮岚暖翠图。有山矗立倚天，特作金碧色者，磬锤峰也。"这位一代雄主，也沉醉于这种"引人注意的光辉"和"甜蜜的忘怀中"了。避暑山庄的"锤峰落照亭"，为游人提供了短暂远借落照的场所。

1.2.2.3　夜月

在古代园林审美的天平上，夜晚如遇上晴空月色，就感到它远胜于或朝或暮的景观之美。袁宏道《西湖二》写道："西湖最盛，为春为月。一日之盛，为朝烟，为夕岚。……然杭人游湖，止午、未、申三时，其实湖光染翠之工，山岚设色之妙，皆在朝日始出，夕舂未下，始极其浓媚。月景尤不可言，花态柳情，山容水态，别是一种趣味。"

它描述了西湖时空之感与不同的时空景观。一年之计在于春，一日之计在于晨，景观亦如此。而昼夜阴晴之中，"月景尤不可言"。月色世界，它变异现实空间原有的色、形和情调、氛围，创造出深、净、醇、奇、淡、空、幽、古、远等种种不同的境界美。

圆明园曾有"山高先得月"、"溪月松风"等景。每当白露暖空，素月流天，景观空间更加宁静、华严、超逸、空灵……在月色的朗照下，近处是黑白分明的世界，远处则融入一派迷蒙之中，增强了环境的神秘感，留给人以无限的遐想，景因月夜而愈深。

杭州西湖的"平湖秋月"，在皎洁的秋月下，西湖会显得特别地空明纯净。李卫的《平湖秋月》写道："盖湖际秋而益澄，月至秋而愈洁，合水月以观，而全湖之精神始出也。……每当秋清气爽，水痕初收，皓魄中天，千顷一碧，恍置身琼楼玉宇，不复知为人间世矣。"这种水天清碧、表里澄洁的境界，可称为"净"。难怪人们喜爱在三五之夜，来到"平湖秋月"或"三潭印月"，沐浴在洁净的月光之下，涵咏于一派空明之中。

中南海补桐书屋后有待月轩，瀛台迎薰亭则有"相于清风明月际，只在高山流水间"一联。如果待得明月东升，这里的青绿山水、金碧楼台在月光下失去自己的正色，缤纷多彩、辉煌灿烂的景物会披上一层薄薄的素朴柔和的光，于是，一切都融化在统一的色调里，显得那样静穆温雅。壮丽的宫苑景物消失了新鲜热烈的色彩，呈现一种"披之则醇"的境界美。

月华，明润而含蓄；流辉，融洁而照远。但是，如果是朦胧的月夜，空间似真似幻，若隐若现，宛如展开了奇妙甜美的梦境，而善感的诗人又喜欢在这里寻找那银色的梦。这则是"奇"的境界。

1.2.2.4 阴、雨、雾、雪

日月光照，是一种清朗的美，玉泉山静明园有"芙蓉晴照"，扬州瘦西湖有"白塔晴云"，但是，阴雨之时带来的独特的殊相之美，更是富有诗意。脍炙人口的《饮湖上初晴后雨》（苏轼）：

水光潋滟晴方好，山色空濛雨亦奇。
欲把西湖比西子，淡抹浓妆总相宜。

在丽日晴空之下，西湖的一切清晰分明，显示出瑰美华丽的山水景观；在雨丝风片之下，西湖的一切又缥缈隐约，显示出素雅朦胧之美。即诗中所说的淡抹浓妆之美，阴雨天的朦胧美更有魅力。明·韩纯玉在《菩萨蛮·西湖雨泛》中说得极为精辟，"日日是晴风，西湖景亦穷"，"人皆游所见，我独观其变"。正因为时间流程中天有不测风云，才能使园林景观日日生新，变化无穷。因此，游西湖，雨中的西湖胜过阴天的西湖，阴天的西湖又胜过晴天的西湖。于敏先生的《西湖即景》也写道："雨中的山色，其美妙完全在若有若无之中。若说它有，它随着浮动的轻纱一般的云影，明明已经化作蒸腾的雾气。若说它无，它在云雾开豁之间，又时时显露出淡青色的、变幻多姿的、隐隐约约的、重重叠叠的曲线。若无，颇感神奇；若有，倍觉亲切。"

这就是"山色空濛雨亦奇"的具体形象，它可以之于画家米芾所开创的笔墨浑化、不可名状的"米氏云山"。

嘉兴的烟雨楼（图1-13），在南湖的湖心岛上，古朴崇宏的建筑群掩映在郁郁葱葱的绿树丛中，水色空濛，时带雨意，这一独特的园林空间，最宜交感在月夜，特别是雨中，每当烟雨霏渚，在雨帘风幕里，模糊不定的绿、淡然生烟的湖、出有入无的渡船、隐约微茫的楼阁……令人联想起诗人杜牧的名句"江南四百八十寺，多少楼台烟雨中"。烟雨能制造距离，在朦胧之中，岛与四周湖岸的距离拉远了，给人以浩渺无际的空间感。或虚或实的"雨"，成了嘉兴烟雨楼景观建构要素。避暑山庄所仿建的烟雨楼，建筑风格虽各不相同，但也最宜于烟雨，这同样是一种"披之则醇"的朦胧之美，一种特殊的"空间距

图1-13　嘉兴烟雨楼

图1-14　拙政园留听阁

离"之美。

雨不但能构成诉诸视觉的美，而且能构成听觉的美。除了雨打芭蕉的乐奏和疏雨滴梧桐的清韵之外，苏州拙政园有留听阁（图1-14），取李商隐"秋阴不散霜飞晚，留得残荷听雨声"的诗意命名。荷叶受雨面极大，这种水面清音是悦耳的；而入秋的残荷，雨滴打在上面更为清脆动听。

1.2.2.5 雾

雾也是空气中湿度比较大，并且水的颗粒比较小，常在太阳初升前形成。在园林中大的水面，由于水的蒸发量大，白天日照期间也常常出现水雾蒙蒙的景观，极富诗情画意。

雾，如雨、如尘、如烟、如气，似有若无，似无若有，能以其模糊感来增强精深。大的水面形成的雾蒙蒙的景观，把高阁低桥、近花远树的轮廓都模糊了，使建筑物美丽的倩影蒙上了羽纱，影影绰绰，欲藏还露，倒映水中，丰富了景观的层次。于是，空中的雾似水，池中的水似雾，水天一色，景观消融在一片迷蒙之中，恍若梦境，带给人无限的遐想，如同秦观《踏莎行》中描述："雾失楼台，月迷津渡。"最典型的莫过于杭州西湖的三潭印月，每当薄雾轻笼、细雨烟迷之际，湖上优美的塔影从朦朦胧胧的纱幕前跃出，而其后的桥、堤、树……则淡淡地融化在湖水中，衬托着前景，如同一幅优雅的套色木刻。

1.3 园林艺术讲究意境

园林艺术讲究意境。西方的规则式园林中，从喷泉雕塑和树木剪型上表现得比较浅显，以中国和日本为代表的东方自然山水园林则把绘画和文字意境纳入园林之中，突出了园林艺术的含蓄性。

中国园林与中国文化艺术密不可分，通过诗歌、绘画和书法等艺术形式来达到其深远意境，这种意境是诗情画意通过园林中的景物来表达其所蕴藏的艺术境界，使情与景相统一，意与象相统一，形成意境，故而中国园林有"凝固的诗，立体的画"之称。

1.3.1 园林意境的含义

中国园林艺术创作，以自然山水为主题的思想，是很明确的。从园林"意境"的外延来说，就是要以人工创造出具有自然山水精神境界的空间环境。而"意境"的内涵，则十分丰富，由于它是人们"身所盘桓，目所绸缪"的实境，可以直接使人"情缘境发"，思而咀之，感而契之。那么，什么是中国园林的意境？园林意境，是造园主所向往的，从中寄托着情感、观念和哲理的一种理想审美境界。它是造园家将自己对社会、人生深刻的理解，通过创造想象、联想等创造性思维，倾注在园林景象中的物态化的意识结晶。通过园林的形象所反映的情意使游赏者触景生情产生情景交融的一种艺术境界。

中国艺术意境是"无"的境界，这种境界是我们的理性所无法把握的，只能靠体悟。它的独特魅力是西方艺术所不及的，而形成这种独特艺术意境的根基是儒、道、释合一的中国传统文化。

面对艺术的形象时，西方人重的是"形"，而中国人重的是"象"，这是中国文化"气"的宇宙观所使然。在中国文化中，虚体的"象"才能通向宇宙之气。《周易》说："在天成像，在地成形"，也就是说，形是实的，象是虚的。境以象为主，与气相通。意境理论与中国文化相通，它是中国艺术的创作和审美的普遍原则。

从中华民族传统文化来看，儒家所论集中在"意"与"象"的关系问题上，儒家最看重的是意，强调意与象的结合，以意之虚御象之实，虚实结合，即物象而超物象；道家谈论意境集中在"道"与"象"的关系问题上，道家强调由实及虚，以虚御实，要求由对当下物象的体悟中超升上去，以体道的存在；佛家寻求的是彼岸世界的超凡脱俗的安慰和归宿，即由此岸而达彼岸，由实而虚，虚实结合的境界。

从儒、道、释文化理论可以看出，它们三家都是尚空尚虚，中国艺术的意境理论正体现了这三家理论共同的尚空尚虚的文化精神。

意境与中国哲学、美学、文学、绘画等关系甚为密切，它是在此基础上发展起来的。"意境"的思想源头出现于先秦的《老子》、《庄子》、《易经》著作中。进而在魏晋南北朝时期，玄学家王弼在《周易略例》中对于"意"又作了进一步阐释。在这期间，一些文艺理论家深入讨论了文艺创作中的"情"与"物"的关系。南朝刘勰在《文心雕龙》中指出构思规律的奥妙在"神与物游"，首次提出艺术概念"意象"，这个意象即是意境的前身。另外，兴起于魏晋时期的佛学思想在某种程度上促进了"意境"的生成。

意境审美是根植于中国传统文化母体的一种审美追求，是对人生、历史、宇宙产生的一种富有哲理性的感受和领悟，它包括了中国传统的文化内涵。作为中国传统文化三大组成部分的儒、道、佛三教，对于意境的发展至关重要。其实意境的核心就是对"道"的感悟，是对宇宙生命中自然本体及其内在和谐的运作规律的崇拜与体悟，是对这种文化所现出的东方自然生命理论的体验。可见，正是由于意境与中国哲学、美学、文学、绘画的密切关系，使得意境蕴涵着丰富的文化内涵，具有极高的品质和民族特色。

1.3.2　园林意境的结构

园林意境的审美结构如同意境一样，也是多层次的。在园林意境中的表层结构指的是园林景物实体，即指建筑、山石、水体、动植物等具体物象，也可称为实像。园林意境中的第二层结构就是指经过造园家创造性思维后所构的虚像，它借助园林景物来传达审美内容的特定感知信息，即"象外之象"，可称之为园林意象。在园林景物实体的基础上，通过园林意象的表达，最终"得意忘象"，而达到园林艺术的最高境界——园林意境。这就是园林意境的结构层次（图1-15）。

图1-15　园林意境的结构域层次

1.3.3　园林意境的审美机制

中国古典园林追求园林意境有着悠久的历史，园林意境是中国园林的特构，是中国园林区别于世界其他园林的内在魅力，因此，对园林意境审美机制的认识有着重要的理论及实践意义（图1-16）。

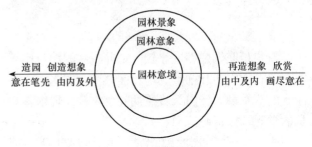

图1-16　园林意境审美机制

1.3.3.1　园林景象

园林意境审美机制之园林景象是指由建筑、山石、水体、动植物等诸因素构成的具体物象。它源于现实，经艺术加工后，又高于现实，蕴藏着造园家对自然和社会的审美理想、审美趣味，"意在笔先"中的"意"就是指蕴涵在园林景象中的属于理性的东西。从审美欣赏过程来看，园林景象所含意蕴是主体产生意境的先决条件。

1.3.3.2　园林意象

审美主体在审美感知过程中，将感知到的直接产物——园林景象，借助联想、想象，注入情感和思想因素，塑造成主体意识中的虚像，即园林意象。从造园角度来看，园林意象是与造园家之审美理想、趣味、经验相关联，是造园家创造性思维所构成的虚像，它借助富有特征意义的物质形态——园林景象，传达出审美内容的特定感知信息，因而园林意象具有规定性一面，即古人所谓"立象以尽意"。另一方面，造园家将丰富的审美内涵熔铸在高度凝练的园林景象中，含而不露、隐而不显，给主体以想象的空间，为意境提供了进一步充实其内容的必要性和可能性，从而能调动主体凭借自己的审美经验去进行再造想象，因而园林意象又具有含蓄性、模糊性的一面，即古人所谓"妙在含糊"（明·谢榛）、"渺茫多趣"（明·王骥德），这也恰是园林意境的魅力所在。

1.3.3.3 园林意境

园林意境是造园主所向往的，从中寄托着情感、观念和哲理的一种理想审美境界。通过造园主对自然景物的典型概括和高度凝练，赋予景象以某种精神情意的寄托，然后加以引导和深化，使审美主体在游览欣赏这些具体景象时，触景生情，产生共鸣，激发联想，对眼前景象进行不断的补充、拓展，"去象取意"思维加工后，感悟到景象所蕴藏的情意、观念，甚至直觉体验到某种人生哲理，从而获得精神上的一种超脱与自由，上升到"得意忘象"的纯粹的精神世界。园林意境是园林审美的最高境界，是造园立意的本质所在，亦是欣赏过程的终点。从造园角度来分析，它是造园家将自己对社会、人生的真切、深刻的理解，通过想象、联想等创造性思维，倾注在园林景象中的物态化的意识结晶。这是一个由内及外的过程，即"意在笔先"。从审美欣赏过程来看，审美主体以园林景象为感知起点，以园林意象为中介，进行再造想象，"得意忘象"，获得对审美客体的哲理化感悟——园林意境的审美体验。这是一个由表及里过程，即"画尽意在"。

由以上分析可以看出，园林景象是创造意境、产生意境的客观基础；园林意象兼有"意"与"象"的双重属性，它一方面联系着景象，是景象在审美主体中的表象、联想所形成的虚像，另一方面它又是导向园林审美终端——意境的桥梁。

例如，扬州个园"四季假山"，运用色泽、质地不同的石料叠砌，再配上花木，借助光影变幻，构成不同的园林景象；由于造园家对四季自然景物的典型提炼和概括，使审美主体通过审美联想，产生"春山淡冶而如笑，夏山苍翠而如滴，秋山明净而如妆，冬山惨淡而如睡"（郭熙）的审美意象，并且由于游览路线呈环形布局，春夏秋冬四季景色巧妙地安排其间，好似经历着周而复始的四季循环变化，使审美主体领悟到四季的轮回、时间的永恒等，并可进一步获得永恒运动的彻悟，体验到某种人生哲理。

1.3.4 园林意境的特性

园林艺术的景不是生活中的自然形态的"景"，是在作者特定情感支配下，经过取舍提炼所创造的"景"，如果只是简单地抄袭自然，就如绘画写生作品一样不能成为一件真正的艺术品。既要看到作者的情、意在对自然特征进行选择、洗练时起着指导作用，还要看到意境形成的前提是生活基础。两者统一，才能见景生情，再缘情而取景，最后寓情于景，创造出有意境的园林艺术作品。由此可见，园林意境有以下特征：

(1) 园林意境的产生源于物境

园林意境的产生，来源于具体而真实的园林境域——物境，园林是有着三度空间的实际境域，是由地形、山石、水体、植物、建筑、小品等物质因素所构成的，各种物质因素的形象各自具有表达个性与情意的特点，在此基础上，由各种物质因素所组成的园林境域基本单元——景，应是经过概括提炼、高度浓缩的艺术形象。

(2) 园林物境形象多变

激发产生意境的园林物境，其形象是多变的。园林是自然的境域，园林是表现时间、季节和天气能力最强的境域，它的形象时刻都在变化着。早、午、晚光影、色彩瞬息万变；阴、晴、风、雨、霜雪气象万千；春、夏、秋、冬有季相变化；植物发芽、展叶、开花、结果、落叶等物候也各不相同，正所谓梅绽迎春，叶落知秋……这些变化，不断地影响着人的心情，使游赏者产生多种不同的意境。

(3) 园林是非描写的艺术

园林是非描写的艺术，引发园林意境的园林艺术形象的表达能力有一定的局限性。园林不是语言文字，也不像绘画、雕塑、戏剧那样，可以详细描写人物、情节、对话，或者直接诉说出作者和作品中角色的思想感情。园林只能给游赏者创造一个具有自然美的环境，不能提供一个完整的故事，即便是想模仿一些具体形象，也贵在似与不似之间。园林意境是由园林作品实物形象引起游赏者触景生情，带有感情色彩的联想和想象。

(4) 融合多种艺术于一身

中国园林艺术的发展与诗、词、书、画等艺术门类之间有着很深的关系，园林意境也与其相融合。例如，中国园林中的景题、楹联、匾额上的诗词、书法为园林意境的产生起到画龙点睛的作用；诗情和画意相结合的各种题字，不仅文字优美，而且书法秀丽，无不令人赏心悦目、回味无穷。

(5) 蕴涵无限内涵哲理

中国文学、中国画均善于"托物寄情"，或称"比"与"兴"，园林同样如此。植物、山石、水体、建筑作为园林造园要素，往往被拟人化，物述人语。如松、竹、梅作为"岁寒三友"，早已人尽皆知；莲"出淤泥而不染"的君子之风也已是做人之本，等等。另外，各种历史典故和文化知识融于园林中，增加了园林的文化内涵。如兰亭的"曲水流觞"，沧浪亭中含有的千古流传的渔歌……

1.3.5 意境的表现形式

由上述意境之诊释，可将意境分为如下4类：

(1) 以情取胜

以情取胜即意境中的情，能引起读者的共鸣和联想，因而产生了"韵外之致，味外之旨"。

例如，"问君能有几多愁，恰似一江春水向东流"、"剪不断，理还乱，是离愁"等诗句，不仅寄托了作者的某种情感，其中的情，一旦引起读者的共鸣，就很容易收到余音绕梁、三日不绝的效果。

(2) 以理取胜

以理取胜即意境中的理反映了作者对生活的独到见解，或是众有所感却难以名状，唯有艺术家率先把它描绘出来，因而使人深受启迪，思索不已。

例如，杜甫的《望岳》，本来写的是泰山风光："山如青屏，连绵不绝；阳面绮丽，阴面如昏；白云层起，归鸟高飞。"但到诗的结尾，他却笔锋一转"会当凌绝顶，一览众山小"，一下子把读者推到了泰山极顶，使人居高临下，回肠荡气，心胸为之开朗，领悟到：世间万事也是这样，一旦攀登上去，把它征服，那些当初看来难以逾越的重重障碍也就不在话下了。这就使得诗的意境不仅"状难写之景如在眼前"，而且"含不尽之意见于言外"。

(3) 以形取胜

以形取胜即意境中景物（包括人物）的形态惟妙惟肖，生动逼真，使人如见其人，如临其境。

例如，北朝民歌："敕勒川，阴山下，天似穹庐，笼盖四野。天苍苍，野茫茫，风吹草低见牛羊"，意境何其动人！它像一幅电影镜头，把西北大草原上那种雄浑辽阔、天地相连的独特风光，一下子推到了读者面前，使人如临其境，如觉其风，闻到了一股浓郁的草原气息。可见，形似之极，意境亦出。

(4) 以神取胜

以神取胜即意境中景物（包括人物）的神采活灵活现，栩栩如生，以至"不著一字，尽得风流"。

例如，李白的许多诗篇，就像一幅幅情思深远的写意画。"故人西辞黄鹤楼，烟花三月下扬州。孤帆远影碧空尽，惟见长江天际流"（唐·李白）。一字未写他当时的模样，却使人似乎看到这位诗人独立江边、遥望孤帆远去的凝神之态；一字未写他当时的心境，却使人感受到他对挚友无限留恋的一片深情。

综上所述，将意境分为如上4类，便一目了然。但是意境是情、理、形、神的有机统一，依据情、理、形、神所分的4种类型，有时也是不可截然分开的。

参考文献

曹林娣. 2009. 中国园林艺术概论 [M]. 北京：中国建筑工业出版社.

金学智. 2005. 中国园林美学 [M]. 北京：中国建筑工业出版社.

张家骥. 2010. 中国园林艺术小百科 [M]. 北京：中国建筑工业出版社.

胡洁. 2011. 移天缩地：清代皇家园林分析 [M]. 北京：中国建筑工业出版社.

周武忠. 2011. 园林美学 [M]. 北京：中国农业出版社.

第2章 风景园林艺术史

园林是人类社会发展到一定阶段的产物，是人们追求物质生活与精神生活的一种物质载体。"上有天堂，下有苏杭"，园林是造在人间的一种天堂，集中体现了人们追求理想生活方式的一种愿望。

在不同的社会历史阶段，园林体现的艺术形式与特征是不同的，世界上各个民族创作的园林是不同的，学习园林艺术，很重要一点，就是要以史为鉴，熟悉不同国家不同时期的造园艺术特点，从而培养自己的园林创作方法。

2.1 中国园林艺术的发展历程及其特征

2.1.1 中国园林艺术的形成背景

中国独特的古典园林艺术体系是在一定的自然条件和人文条件综合作用下形成，并在此基础上生生不息。那么自然条件和人文条件是如何影响并使之有持久的动力、连续不断地沿着一条路线持续向前呢？纵观中国古典园林艺术发展可以概括为以下三点。

2.1.1.1 自然造化

(1) 地理条件

园林，首要的是在尊重自然环境的现状基础上进行创作，地形是形成与决定园林形式与特点的重要因素。

中国疆域辽阔，地形多样，整体表现为西北地高且多大山，大江大河多发源于此，而东南较低，地形起伏平缓，河流由东入海。古人在园林布局中，就营造了体现该地理地貌的特征，多在园西北立高山，且有水源由西北流向东南。在园林风格方面，形成了地域特点，北方园林多山，山是崇高的，且以土为主，土石结合，形成了一种山林风貌；而江南苏州园林中形成的山是低矮的，多平冈缓坡。北方少水，而江南多水，因此，江南园林多水，北方园林少水。在北方营造的园林如若有水，力争达到一种模仿江南山水秀美的生境。

一方水土养育一方人，因而也造就了人们对待环境的态度。中国历来尊崇"天人合一"与"因地制宜"的环境观，在造园中，对地理特征的模仿与营造就形成了一种传统，如西周开始的囿原生于自然怀抱，魏晋南北朝的自然山水园延续了山水主题，唐朝的郊区山水园，明清的诗情画意园、城市山水园无一例外地秉承了山水的特征，逐步扩充和加深的只是在人文方面的内容。

(2) 气候条件

北方夏季炎热，冬季寒冷，四季分明，常绿阔叶树较少；南方夏季炎热多雨，冬季不冷，四季不明显，且常绿阔叶树多。所以北方对园林植物的使用在春夏秋是不成问题的，在严寒冬季里，满目萧条中，只有松柏与竹子带来一抹绿衣。南方四季花木葱茏，为了营造四季变化的景观，苏州古典园林多使用一些落叶树来营造秋冬季景观，如银杏、朴树、栾树、榉树、榔榆、枫树等大乔木营造山林顶层空间，而用一些中低花木如梅、牡丹、松、芍药、杜鹃花、桂花、蜡梅、山茶、迎春、黄馨、玉兰、紫玉兰、海棠、翠竹等来营造四季如花的景观。

2.1.1.2 社会条件

(1) 封建集权

中国长期的封建集权制、皇权思想浓厚，等级制度森严，普通人的资财不足以与皇家相比，因此，私家园林与皇家园林的造园思想、风格等呈现了迥异的差别。皇家园林表现的规模庞大、华丽、纳自然与人工于一体，如颐和园、圆明园、北海、承德避暑山庄，且这些园林中贯穿着浓厚的儒家文化，蕴涵着极强的象征含义。私家园林形成了规模小、精巧细致等特点，适合一个家族或一户人家集住宅、花园于一体的居住。

中国园林在发展过程中，每个朝代对上一朝代的园林艺术的精髓，都进行了很好的集成与吸收，典型是中国园林的"一池三山"的神仙模式始终贯穿在中国皇家园林与大型私家园林里，促使园林承前启后地发展，没有断层；园林艺术总是在魏晋南北朝开创的自然山水园林基础上不断地向前开拓，不断地强化与完善空间内的园林景观。

(2) 隐逸风气

在中国近二千多年的封建集权制度下，皇权、集权制度对士人阶层的绝对制约从封建社会形成至结束，一直存在，在某些时候，其控制力更强。春秋以前的"士"，绝大多数是整个宗法贵族中最下层的力量，士本人及其宗族都直接依附于某一卿大夫宗族，并在其封邑中占有固定的小块封地以作为自己的经济来源，"王臣公，公臣大夫，大夫臣士"，"士大夫有常宗"。春秋以后，士变身为以俸禄为纽带依附于诸侯的新士人阶层"士大夫"的前身。秦朝以后，士大夫与专制国家间的直接统属关系被完全固定下来。

士人在封建社会中，有着服务集权、服务皇权的需要，以实现他们在政治上的抱负及社会地位，但是他们作为一个阶层，又有相对独立的意志、道德、人格、情感、审美等精神生活。秦汉以前，士人朝可自愿，离朝也可，也可发表不同见解，因此卞随、务光遁迹于深渊，伯夷、叔齐采薇于高山，抑或屈原离乡而远游，以期摆脱现实政治的束缚，保持自己独立的人格和理想。但是秦汉以后，士人的仕与隐的矛盾不好协调，士人对于隐逸的需求反而更为迫切，因此，士大夫的仕与隐首先是一个生活中的现实问题，要找到一个平衡矛盾的现实方法。东方朔提出了"避世于朝廷间"的"朝隐"理想，汉中后期开始的隐逸之风在魏晋以后的士大夫阶层中，成为普遍的时尚。魏晋以后，园林成了士人对自己生命和人格价值以及社会理想的执著追求，成了士人"隐"的场所，白居易倡导的"中隐"成为了后世士大夫隐逸生活的主流，园林是实现士人内心精神与现实生活平衡的场所。

中国园林是"适心"的，不是看山即山，看水即水的，而是用心感受的，因此，园林这种人化自然在中国人的精神中承担着"境由心造"的功能。

2.1.1.3 文化背景

中国园林是山水园林，在很大程度上归功于魏晋南北朝时期的士人，当时社会动乱，思想意识活跃，人们喜欢郊游，促进了对自然山水的认识，进而影响了审美倾向，形成了自然美的审美风格，使得园林向着自然山水的风格转变。

中国传统文化精深，典籍丰富，人们从传统文化中吸取着营养，儒家的"天人合一"观念深深地影响着园林的布局，秦汉时期的体天象地、唐宋时期的囊括宇宙、明清时期的芥子纳须弥的空间格局，是园林格局形成的动力。在这个发展过程中，始终将人置于天地之间，强调天与人的和谐，强调人是自然中的一部分，自然中的万物都是和谐共存的，但是从宏观向微观转变过程中，更注重人性的觉醒，人们把对宇宙对自然的认识物化为对园林中一草一木的感受，从花开花落中感受生命，感受四季的轮回。道家思想中的"无为"与"清心寡欲"更是将园林变成一个人化的自然，自然气息浓郁。

中国文人是园林的设计者，他们自身的素质与修养，促使园林成为了一个具有诗情画意的境界，同时，文人生活中所需要的文房四宝、琴棋书画以及他们的生活气息始终在园林里存在，形成了中国的文人园林。

中国士人的隐逸思想，在中国古代有强大生命力，进而演化成一种文化，山、水就成了隐逸的一种符号，因此，在这种文化指导下，中国的园林就形成了与之相适应的自然山水风格。源于自然，而高于自然，就成了中国园林的创作原则。

2.1.2 中国园林艺术的发展历程

中国园林具有悠久的历史和独特的民族风格，在世界园林艺术体系中占有崇高的地位，以它为源，衍生出了日本和朝鲜的园林，它是东亚园林体系的源头。周维权将中国古典园林的发展划分为生成期、转折期、全盛期、成熟期4个阶段，王毅在此基础上分为了上古时期、殷周时期、秦汉时期、魏晋南北朝时期、隋及初唐时期、中唐两宋时期、元明清时期。本教材按照王毅的阶段简要阐述各时期的园林艺术特点。

(1) 上古时期

上古时期指的是夏商以前。上古时期的园林已无遗迹可考，可引证的仅有文献。从文献来看，台、沼、囿、园圃是园林的最早形式，是作为一种通神的敬仰祭祀而造的，它为后期的殷商园林雏形奠定了基础。

"台"，是用土堆筑而成的方形高台，《吕氏春秋》高诱注："积土四方而高曰台。"台的出现是上古人类对山岳的自然崇拜，成了统治者来往于天地之间，与神沟通，秉承天意的中介。台前常冠以"灵"，合起来是为"灵台"，即神居住的山。台还可以登高远眺，观赏风景。"沼"，则为人工挖的水池，往往环山挖筑，也叫"灵沼"，山则模仿昆仑山。《诗经》毛苌注："囿，所以域养禽兽也。"狩猎和畜牧是上古先民生活中的重要内容，囿具有饲养动物及狩猎、屠宰动物祭祀的功能。"园"，是种植树木（多为果树）的场地，"圃"，是多为种植蔬菜的场地，在西周时代，园、圃并称，其意相同。在上古时代，林木也具有神性，如《庄子·逍遥游》"以五百岁为春，五百岁为秋"的神木"冥灵"，将林木立为"社树"、"社林"，祭祀祖先神或土神。成汤因"天大旱，五年不收，乃以身祷于桑林"。

(2) 殷周时期

殷周时期，园林主要是在"台"、"沼"、"囿"的基础上继续发展完善而形成的，最主要的是在"囿"中营造了"宫"，与"台"和"沼"一起构建了园林。

在商纣王时期，有"沙丘苑台"、"朝歌鹿台"，对鹿台的描述是"其大三里，高千尺"，台已变成游赏娱乐的场所。在周文王时期，台的游观功能上升，成为一种主要的宫苑建筑物，并结合绿化种植而形成以它为中心的空间环境。经历了漫长的发展，在东周时期，即春秋战国时期，台、沼等的功能和性质，更是由娱神转变到了娱人，诸侯国君兴建了许多"高台榭美宫室"，名称有台、宫、苑、囿、馆等。这时期的园林主要为诸侯及王等拥有。如楚灵王的章华台，吴王夫差的姑苏台与馆娃宫。

(3) 秦汉时期

秦汉两代出现了中国园林史上第一个造园活动高潮，园林逐步变成了专供帝王贵族生活的地方，所建园林逾300余处，园林艺术也毫无例外地体现着"秦汉风韵"。

秦汉以礼为核心的艺术称为大，汉朝贾谊形容秦的艺术时，用"席卷天下，包举宇内，囊括四海，并吞八荒"。第一，在园林方寸之间，尽显宇宙之包容万物的风格。如秦始皇在灭六国的过程中，在咸阳建设了荟萃六国地方建筑风格的特殊宫苑群。汉武帝时期的上林苑是中国历史上最大的一座集锦式皇家园林，苑墙长130～160km，地跨西安市和咸宁、周至、户里、蓝田四县的县境，具备了早期园林的全部功能——狩猎、通神、求仙、生产、游憩、居住、娱乐，还兼军事训练，苑内山水、植物、动物、苑、宫、台、观、生产基地都具备。第二，秦汉时期宫苑的建设以南北轴线为中心，以先秦的"天人合一"的宇宙观进行"体天象地"、"经纬阴阳"的时空艺术进行宫苑园林建设，如天极宫、阿房宫等。第三，在秦始皇时代，宫与苑已有明显的分离，且各有用途，在兰池宫开始"一池三山"的建设，汉武帝时代的建章宫也营造了太液池，模仿"一池三山"的格局进行造园。第四，建设离宫御苑。秦朝时期，在骊山营造了离宫，汉武帝时期，营造了甘泉宫与甘泉苑等离宫御苑。第五，先秦两汉时期的私家园林极少，并非造园主流。《汉书·梁孝王传》记载，西汉时期梁孝王刘武建有兔园，也称梁园，园内开始用土、石堆叠假山，《西京杂记》记述了汉武帝时茂陵富人袁广汉所筑私家园林已经开始使用精巧的造景技巧了。

(4) 魏晋南北朝

魏晋南北朝是中国历史上一个思想十分活跃的时期，儒、道、佛、玄争鸣，彼此阐发，促进了园林的发展，而且升华到艺术创造的境界，造园活动逐渐普及广大民间。这个时期乃是承先秦、汉写实为主之后，启唐宋的本于自然、高于自然，诗情画意之前的中国古典园林发展史上一个承前启后的转折期。

这时期的园林艺术呈现了以下特点：首先是士人山水园林风格的形成。此时，战乱频繁，文人儒士崇尚清淡，礼佛养性，高逸遁世，居城市而迷恋自然山林野趣，山居别业层出，官僚贵族园林大多扬弃了秦汉时代以宫室建筑为中心的构图法，转向以山水为主体的新园林风格。其次，园林空间观变小，造景手法艺术化。人们不再关注宏观的宇宙、阔大的空间，也不再追求空间内的填充，而是关注身边的生活环境，对一花一草都赋予了感情，一勺水即可构景，一峰石就可领略大好河山。在人工环境中利用"回沼"、"修竹"等自然山水、林野某一片段尽可能真切地模仿自然，使人工环境与自然协调，尽量消除人工痕迹，表现出士大夫借此将自己融入无穷宇宙的意趣，将空间上的远近、高下、阔狭、开阔、幽显等组合穿插在一起，从而形成"还回往匝"、"辗转幽奇"的空间艺术。第三，诗画艺术开始影响园林创作，诗画艺术与园林的融合并非始于魏晋，但在这个时期，表现则更为突出，如陶渊明的《归田园居》、宗炳的《画论》对造园起着方法学的指导。诗、画、音乐等与园林相互融合，追求的都是天趣自然的情韵和萧散简远的格调，为士大夫文化体系的形成和完善找到了实现手段。第四，皇家园林、士人私家园林、寺观园林等形式已齐备，皇家园林继续沿着东汉开始的向着规模小的方向发展，但是造园艺术却自觉地接受士人园林的风格与技巧；佛教世俗化、汉化、与儒道沟通，士人官僚舍宅为寺，士人栖身于寺，嗜佛言空等一系列的社会现象，使得寺院园林在美学上、格局形制上都与士人园林趋于一致，直到明清，寺院园林始终是在融合皇家园林与士人园林的基础上发展的。

(5) 隋至盛唐时期

经历了魏晋南北朝文化艺术的灿烂繁荣后，隋朝及唐朝，政治、文化、经济、艺术又进入了秦汉以来的又一个气势壮观的恢弘时代，皇家园林艺术典型地展现了与魏晋南北朝迥异的风格，再一次展现出气吞山河的气魄，如隋朝的西苑仍沿袭湖中三仙山的传统，但山、海的景观及组成方式较秦汉时更为丰富，西苑中水体迂曲变幻，水景丰富，水成了组织与划分空间的手段，将苑内分为山海区、渠院区、无水宫室区、山景区等几大部分，每一景区都自成体系，同时又与其他景区相互映带，这是第一次对园林进行明确的分区。唐朝盛期的宫苑在隋西苑的基础上，更加恢弘壮观，宫城建筑与自然景观充分结合在一起。形成了大内御苑（长安禁苑、洛阳西苑等）、行宫御苑（曲江、九成宫等）、离宫御苑（华清宫等）3个类别的皇家园林。士人园林继续延续着魏晋以来的山水园林的美学宗旨和园林艺术创作手法，但更纯熟广泛综合地运用，如理水技巧、叠石方法、景观组合方法等都在细节上开始形成，在此基础上，园林在唐诗的影响下，更富有诗情画意，园林表达的是豪迈、浪漫、丰富的园居生活，透漏着欢快的气息。

另外，在长安城东南的乐游原、曲江池一带，建有芙蓉园、杏园、慈恩寺、青龙寺、曲江池等园林，游人如织，具有一定的公共园林的功能。城市寺观园林进一步世俗化，发挥了城市公共园林的职能，郊野寺观的园林把寺观本身由宗教活动的场所转化为兼有点缀风景的手段，吸引香客和游客，促进了风景区建设，也使中国特有的"园林寺观"获得了长足发展。

(6) 中唐两宋时期

在唐安史之乱后，国力衰落，宫苑毁于战乱，哲学、文学、艺术、诗歌表现出明显不同于盛唐的内容，史学界谓之为中唐，园林也与此一样，进入了一个明显不同于初唐盛唐的风格，开启了一个

"壶中天地"的空间艺术格局，而宋朝园林沿着中唐开创的风格继续完善着在狭小空间内创作景观、创作宇宙体系的技巧，两个时期的园林艺术风格一致。中国园林艺术在中唐两宋进入了成熟前期。

白居易开拓了亦官亦隐的园林境界，人们醉心于"壶中天地"狭小空间内景观的创作，在狭小园林空间中建立包括山、水、建筑、花木等的景观体系，文人在园林中胸怀万物、抒情达意，假山象征了空间上的包容世界，相承着南北朝以来的隐逸思想，满足人们在物质与精神生活方面的需求。在小空间内创作，形成了一套技艺。如置石，是在中唐开始的，常在城市宅院中罗列，或堆叠成假山，或点苍松奇卉下，视"怪石"为美。而理水呢？在方寸之间，能再造池、峡、浦、洲、叠瀑等诸景，而且叠瀑之飞动、池沼之澄静、峡间之急澜、平处之缓波等，多种艺术形式对比相映成趣。唐五代皎然《咏小瀑布》"瀑布小更奇，潺溪二三尺。细脉穿乱沙，丛声咽危石。初因智者赏，果会幽人迹。不向定中闻，哪知我心寂。"道破了中唐以后园林的空间审美倾向。艮岳筑山，以山为主体，两侧宾山峰与之呼应形成主峰的余势，构成宾主分明、远近呼应、由余脉延展的完整山系，即天然山脉的典型概括，园内形成一套完整的水系，几乎包罗了内陆水体的全部形态，河、湖、沼、溪、涧、瀑、潭等，与山系配合形成山嵌水抱的整体。植物配置中的孤植、丛植、对植、群植等方法都广为使用。

(7) 元明清时期

园林在金元王朝时期发展不大，进入明清以后，中国古典园林进入了成熟中后期。目前国内现存的古典园林大多是明清时期的造园作品。此时期的园林艺术主要表现为以下特点：

园林空间发展方向由"壶中天地"向"芥子纳须弥"发展。明朝王世贞建有"弇公楼"，而清朝苏州"残粒园"、李渔的"芥子园"等都是典型的"芥子纳须弥"。这时候的人们将自己容身于更小的栖身之所，不再关注宏观宇宙，但仍旧将"天人合一"、"天人之际"的宇宙体系和传统文化体系用造景元素体现，造景手法的变化体现大千世界的变化。为了使"壶天"和"芥子"给人以尽可能大的空间感，造园家极重视各种景观体量尺度的对比与匹配。即使在皇家园林里，也是使用该空间观，如颐和园中有"须弥灵境"（图2-1）、"四大部洲"（图2-2），北海有"小西天"、"琼华岛"、"观音殿"、"西方梵境"等景区，也有表现日常生活起居的环境"画舫斋"、"静心斋"等，表现隐逸山林的"濠濮间"等，传统文化生活的要素均包含在内了。

崇祯年间计成写的《园冶》、文震亨写的《长物志》中对造园技巧的章节记叙，明清小说里园林场景的描述，以及造园家文征明、李渔、戈裕良、张南垣父子等的出现，使园林艺术从具体景物的塑造到整座园林空间的经营日趋程式化，处理得非常好，使之"虽由人作，宛自天开"。在造园技艺程式化后，园林技艺也容易被推广，但是所造园林的布局大同小异。为了使园林有独特性，每座园林也注意自己的特色，如拙政园是以山水田园式取胜，个园是以四季假山为佳构，环秀山庄是以"咫尺山林"氛围胜出。

明清以后，皇家园林与私家园林技艺的交融更是趋于频繁与成熟，清朝乾隆时期，江南园林的布局与技艺在北京皇家园林与承德避暑山庄都有体现，如颐和园的谐趣园模仿无锡寄畅园。乾隆时期圆明园内修建了西洋楼、海宴堂、迷园等，这些西式园林很好地与周围的中国传统园林结合在一起，彼此间相互辉映，造就了圆明园的"万园之园"。私家园林园主也有赶时髦、猎奇的心理，在园中的建筑形式及装饰上掺杂了不少西方的元素。

园林的地域特色也很明显，出现了北方园林、江南园林、岭南园林等典型的地方园林，园林由陶冶性情为主的游憩场所转化为园主的生活社交活动中心。

2.1.3 中国园林艺术的特征

中国古典园林有着丰富的内涵和独特的艺术构思，具有许多鲜明的个性特点。这些造园艺术特点可以概括为4个方面：①源于自然、高于自然；②建筑美与自然美的统一；③诗情画意的展现；④思想意境的蕴涵。

图2-1　颐和园须弥灵境　　图2-2　颐和园四大部洲　　图2-3　郊野之景色　　图2-4　建筑与花木的融合

(1) 源于自然、高于自然

中国古典园林注重"师法自然"，园林里的山、水、植物的形态均是从自然中来，山有山坡、山麓、山顶、峭壁，以及洞穴之分，在园林里就做得惟妙惟肖，与自然的山在地貌形象方面未有差异；水有溪流、飞瀑、湖泊、泉、大河、池塘等形式，因此，在理水方面也是从自然之中来；植物的配置也是讲究高低、色彩搭配、季节变换等（图2-3）。这山、这水、这树木，看似熟悉，但在每一座园林里，又找不出形式相同者，这些元素绝不是简单地进行模仿，而是经过写意画的处理，分不清这一山是从哪座名山剪裁而来，这水是从哪处大河分流而来，它是有意识地加以改造、加工，从而表现一个精练概括的自然、典型化的风景。源于自然、高于自然是中国古典园林创作的主旨，目的在于求得一个概括、凝练典型的而又不失其自然生态的山水环境。这样的创作又必须合乎自然之理，方能获得天成之趣。这样的园林形象，可以称之为"清水出芙蓉，天然去雕饰"。

(2) 建筑美与自然美的融糅

中国古典园林建筑，不论是单体建筑，还是组合建筑、也不论功能如何，都能够与山、水、花木这3个造园要素有机地组织在一系列风景画面之中，突出彼此协调、互相补充的积极的一面；限制彼此对立、互相排斥的消极的一面，并把后者转化为前者（图2-4），从而在园林总体上达到一种人工与自然高度和谐的境界，一种"天人合一"的理想境界。

亭，在园林中随处可见，不仅具有点景的作用和观景的功能，而且其特殊的形象体现了以圆法天、以方相地、纳宇宙于芥子的哲理；园林里面的那些楔入水面、飘然凌波的"水廊"，婉转曲折、通花渡壑的"游廊"，蜿蜒山际、随势起伏的"爬山廊"等各式各样的廊，像纽带一般把建筑与山水花草结合起来。建筑的镶隅抱角如自然天成般与建筑结合，如建筑从山石中生成，或山石是建筑的一部分一样，分不清是先有建筑，还是先有山石。江南园林里随处可见的廊、窗与墙在转折处形成的小天井，随意点缀少许山石花木，顿成绝妙小景，粉墙上所开的种种漏窗，阳光透射，影子在墙，随着早晚变化，倍觉玲珑明澈，而在诸般样式的窗洞后面衬以山石数峰、花木几本，就是"尺幅窗，无心画"，尤为楚楚动人。中国古典园林随处可见这种建筑与自然的融合，这种建筑与自然的和谐，在一定程度上反映了中国人"天人合一"的自然观，体现了道家对大自然"为而不持，主而不宰"的态度。这种艺术方式也可以称为"虽由人作，宛自天开"，充分代表了古典园林造园技法的最高水平。

(3) 诗画的情趣

中国古典园林是多门艺术协作的结晶，融诗画艺术于园林艺术，使得园林从总体到局部都包含着浓郁的诗、画情趣，这就是通常所谓的"诗情画意"，即具有诗歌的情调与感情，具有中国山水画的写意特征，把园林物化为一个可观、可听、可触摸的空间。

在园林里，诗歌的情调概括为韵律与节奏，而感情则是情景交融生发出的激动兴奋、平淡质朴、浪漫等。人们游览中国古典园林时，对空间的联系、对景色的连续所得到的感受，往往如诵读诗文一样酣畅淋漓，这也是园林所包含着的"诗情"。优秀的园林作品，则无疑是凝固的音乐、无声的诗歌。画意就是具有写意画的特征，园林景色如风景般美丽，但它是以最简约的笔墨与形象获得深远广大的艺术效果。

(4) 意境的蕴涵

意境是中国艺术的创作和鉴赏方面的一个重要的美学范畴，意即主观的理念、感情，境即客观的生活、景物。意境是创作者把自己的感情、理念熔铸于客观生活、景物之中，从而引发鉴赏者类似的情感激动和理念联想。园林讲究的是抒情表意，将情和意借景抒情、情景结合。"是景语皆情语也"，古典园林不仅借助于具体的景观如山、水、花木、建筑所构成的各种风景画面来间接传达意境的信息，而且还运用园名、景题、刻石、匾额、对联等文字方式来表达深化意境的内涵。游人在园林中所领略的已不仅是眼睛能看到的景观，而且还有不断在头脑中闪现的"景外之景"；不仅满足了感官（主要是视觉感官）上的美的享受，还能够获得不断的情思激发和理念联想，即"象外之旨"，园林中随处可见、随处皆能"见景生情"。

2.2 西方园林艺术的发展历程及其特征

2.2.1 西方园林艺术的形成背景

西方园林在形成的时候，也受到了各自国家的地理特征与文化的熏陶，形成了各自的艺术特点，影响它们的主要因素可以概括为以下几点：

(1) 独特的自然条件

多山多雨是意大利地理条件和气候的典型特征，意大利传统园林的产生与发展与之密不可分。大面积山地的存在促进台地园的产生（图2-5）；而意大利的跌水、喷泉艺术也与其多雨的气候特征有着密切的关系。意大利著名的庄园多在罗马、米兰和佛罗伦萨附近，罗马、佛罗伦萨所在地南部半岛区和马丹平原区夏季炎热，因而庄园内的植物大都以不同深浅的绿色为基调，使人在视觉上感到宁静和凉爽，又起到了遮阴降温的作用，而阿尔卑斯山麓湖区冬暖夏凉，气候宜人，因此米兰台地中央的水池周围出现了精美的花坛，还栽有柑橘等南方植物。

英国是个多低山多丘陵的国家，要想得到勒诺特尔式园林（图2-6）那样宏伟壮丽的效果，必须大动土方改造地形，从而耗费巨资；多雨潮湿的气候对植物自然生长十分有利，草坪地被植物无须精心管理就能取得很好的效果，而修剪整形植物的维护费高，因此草地、花园、林园成为了英国人对自然的模仿之物，表现自然、再现自然、回归自然，形成了自然风景园。

法国巴黎郊区多平地、低洼之地，因此成就了勒诺特尔式园林中的毛毡花坛及沟渠等景观。自然条件为园林形成提供了得天独厚的条件，不同地域、不同民族的园林各以不同的方式利用着自然造化。

(2) 社会历史发展

园林的发展与社会发展是密切相联的，战争的影响会促进交流，如古埃及与古西亚、古波斯与古埃及、古希腊与古埃及、古希腊与古罗马等之间发生的战争，这些战争促进了地区园林形式与元素的交流，使得彼此的园林形式在对方园林中出现。如意大利南部早在公元前800年就开始受到希腊文明的影响。罗马帝国形成时，希腊则沦为其一部分，当时比较落后的意大利有机会更进一步地学习接受希腊文化与希腊园林。另外，皇权意识促进法国古典主义园林勃兴（图2-7），英国资产阶级革命则促进了英国自然风景园（图2-8）的发展。文艺复兴运动也使园林艺术得到了极大的发展，16世纪，文艺复兴的中心由佛罗伦萨转移至罗马，促进了罗马台地园的建设。建筑和雕刻艺术到达了鼎盛时期，逐渐向巴洛克风格转化，这种风格后来影响到造园，以致出现了所谓的巴洛克式庭园，庭园洞窟、水剧场、水风琴、惊愕喷泉、神秘喷泉应运而生。对建筑与绘画中的几何形式的追求，也是促使园林形成今日规则式风格的原因。以培根和洛克为

图2-5　意大利台地式园林

图2-6　法国勒诺特尔式园林

图2-7　法国古典主义园林

图2-8　英国自然风景园林

代表的经验主义"否认先天理性的至高无上的作用，相信感性经验是一切知识的来源"，给18世纪的英国风景式造园艺术革命奠定了哲学基础和美学基础。资产阶级启蒙主义思想声势浩大，批判封建专制制度的一切方面，启蒙主义思想家卢梭认为自然状态优于文明，对自然的奴役即对人的奴役。因此，反对园林中一切不自然的东西，作为宫廷文化的古典主义失去了它的政治基础。规则式园林被看做是专制主义的象征而遭否定。

2.2.2　西方园林艺术的发展历程

中国、伊斯兰、欧洲园林是世界三大园林体系，中国、古希腊和西亚是世界园林三大系统的发源地，欧洲园林是在古希腊园林和西亚园林基础上发展起来的。西方欧洲园林的发展历程经历了以下几个阶段：古代园林（4世纪之前），中世纪欧洲园林（5～15世纪），文艺复兴时期园林（15～17世纪）、法国古典主义园林（17世纪）、英国风景式园林（18世纪）、近代城市公园（19世纪）、现代风景园林（20世纪）。本节主要介绍19世纪以前的欧洲园林艺术发展脉络。

（1）古代园林

古代园林指的是约前3000—500年时期的园林，主要包括古埃及园林、古西亚园林、古希腊与古罗马园林。

在埃及古王国时代（约前2686—前2034年），出现了种植果木、蔬菜和葡萄的实用园，考古资料发现，公元前14世纪的埃及阿美诺菲斯三世时代陵墓壁画上画着中轴线两旁对称布置的凉亭和几何形的水池，池中养鱼和水禽，种植睡莲，甬道两侧和庭院周围成行种植椰枣、棕榈、榕树、无花果等，园中以矮树分隔成大小不一的8个小区，整体布局规则对称，成几何形，成为古埃及园林形式的标志。

公元前6世纪，新巴比伦国王建造的空中花园是西亚园林的代表。据推测，该花园呈台形，分3层，每个台层以石拱廊支撑，台层上面覆土，种植花木，顶上有提水装置，抽取幼发拉底河水至台顶，用以浇灌花木，整座花园如同覆盖着森林的人造山。波斯帝国时期，园林以十字形道路交叉点上的水池为中心，水体经常处于缓慢流动状态，发出声音，建筑物大半通透开敞，园林景观具有深邃凉爽的气氛，成为伊斯兰园林的传统，这一传统，被阿拉伯人继承。

公元前5世纪波希战争后，波斯的园林风格传到希腊，发展了柱廊园，古希腊园林主要有庭园园林、圣林、公共园林、学术园林等种类。柱廊园的场地布局规划方整，以柱廊环绕，形成中庭，庭中有喷泉、雕塑、瓶饰等，种植有蔷薇、罂粟、百合、三色堇、荷兰芹、番红花、风信子等，还有芳香植物。圣林则是在庙宇周围种大片树林，在郁郁葱葱的圣林中设置了小祭坛、雕像、瓶饰和瓮等，被称为"青铜、大理石雕塑的圣林"，既是祭祀圣林的场所，又是人们休闲娱乐的园林。公共园林多是体育运动场地增加建筑设施和绿化而发展起来的，在帕加蒙（Pegamon）城的季纳西蒙体育场则建设了三层台地，上层为柱廊园，中层为庭园，下层为游泳池，周围有大片森林，林中有神像、雕塑和瓶饰，这是文艺复兴时期意大利台地园的源头。

古罗马在公元前190年征服了希腊之后，全盘接受了希腊文化，罗马在学习希腊的建筑、雕塑和园林艺术基础上，进一步发展了古希腊园林艺术。1～2世纪是罗马帝国的鼎盛时代，古罗马园林主要有宫苑园林、别墅庄园园林、中庭式庭园（柱廊式）和公共园林四大类型。宫苑园林以哈德良山庄最为有名，全园各种功能建筑顺应自然，随山就水布局，以水体统一全园，有溪、河、湖、池、喷泉等，有附属于建筑的规则式庭园、中庭式庭园，也有布置在建筑周围的花园，花园中央有水池、凉亭、花架、柱廊、雕塑等在周围点缀，富有古希腊园林艺术风味。别墅庄园园林以小普林尼的托斯卡纳庄园为代表，庄园依自然地势形成一个巨大的阶梯剧场，别墅前面有花坛、林荫道、喷泉、藤架、水池、黄杨绿篱、黄杨造型、草坪等，整体布局呈中轴对称，形成了在建筑附近是规则式，而远离建筑的则是自然的牧场田园式风光。而柱廊园和公共园林则接受了希腊园林艺术的风格。

(2) 中世纪园林

中世纪是指西欧历史上从5世纪罗马帝国的瓦解，到14世纪文艺复兴前，历时约1千年的时期。中世纪前期，园林是以实用性为主的寺院庭园，主要以意大利为中心；后期以城堡庭园为特点，主要以法国和英国为中心。寺院园林主要是修道院及教堂，教堂及僧侣住房等建筑围绕着中庭，中庭内由十字形或交叉形的道路将庭园分成4块，正中的道路交叉处为喷泉、水池或水井。4块园地以草坪为主，点缀着果树和灌木、花卉等。此外，还有专设的果园、草药园及菜园等。城堡庭院由最初的防御性城堡向居住性府邸转变，庭院也由实用性向装饰性、娱乐性转变，如用低矮的绿篱组成花坛图案，图案呈几何形、鸟兽形状及徽章纹样，在其空隙填充各种颜色的碎石、土、碎砖或者色彩艳丽的花卉等。此时迷园、结节园、猎园、果园、菜园、药园等形式在庭院中得以使用。

(3) 文艺复兴时期的意大利园林

14～16世纪欧洲文艺复兴时期，随着文艺的世俗化和对古代文化的继承，欧洲园林艺术也进入了新时代，园林艺术的变革首先是在意大利开始的，意大利文艺复兴时期园林经历了初期的发展、中期的鼎盛和末期的衰落3个阶段，在各阶段表现出一定的差异。但是总体来说，文艺复兴时期意大利的园林主要表现为以下特点：

意大利文艺复兴时期园林主要表现为台地式园林，台地园一般建于河流周边风景秀丽的丘陵山坡上，庄园布局一般采取中轴对称、均衡稳定、主次分明、变化统一、比例协调、尺度适宜的构图方式，反映着古典主义的美学原则。庭园轴线有时只有一条主轴，有时分主、次轴，甚至也有几条轴线或直角相交、平行、呈放射状。中轴线上常有各种水景，以不同形式的水景贯穿全园的轴线，在台地园的最高层设水池，有时处理成洞府的形式，洞中设雕像，作为泉眼；沿斜坡可形成水阶梯，在高差大的地方可形成奔泻的瀑布或叠瀑，在不同台层的交界处可以有溢流、壁泉；在下层台地上，利用水位差可形成喷泉，还有惊愕喷泉、神秘喷泉等应用形式；在平坦的地面上，沿等高线做成水渠、小运河等；另外，水剧场、水风琴也是常见的形式。意大利园林中多使用常绿树种而极少使用花卉，常用的植物有松、柏、月桂、青冈栎、冬青、黄杨等，造园师常将植物当做建筑材料来对待，代替砖、石、金属等，起着墙垣、栏杆的作用，修剪出动物、人物、建筑等各种造型。绿丛植坛一般设在低层台地上，以黄杨等耐修剪的常绿植物修剪成矮篱，组成种种方案、花纹、家族徽章、主人姓名等，以便居高临下清晰地欣赏其图案和造型，增加了庄园的情趣。

(4) 17世纪的法国古典主义园林

法国在17世纪以前一直在学习与模仿欧洲其他国家的园林形式，到了16世纪末和17世纪上半叶，建筑师埃蒂安·杜贝拉克（Etienne du Perac）和园艺家族莫莱家族（Les Mollets）、勒诺特尔等将法国园林带进了一个辉煌的古典主义园林时代。在18世纪初，由勒诺特尔的弟子勒布隆（Le Blond）协助德扎利埃（Dezallier d'Argenville）写作了《造园的理论与实践》一书，标志着法国古

图2-9　沃-勒-维贡特府邸花园

图2-10　凡尔赛宫

典主义园林艺术理论的完全建立，此时的园林也称为勒诺特尔式园林。

勒诺特尔式园林着重表现的是路易十四统治下的秩序，是庄重典雅的贵族气势，是完全人工化的，勒诺特尔风格的代表作是沃-勒-维贡特府邸花园（图2-9），以及凡尔赛宫勒诺特尔式花园（图2-10）。在园林的构图中，府邸总是中心，起着统率的作用，通常建在地形的最高处，建筑前的庭院与城市的林荫大道相衔接，后面的花园，在规模、尺度和形式上都服从于建筑。贯穿全园的中轴线，是全园的视觉中心，最美的花坛、雕像、泉池等都集中对称布置在中轴上，横轴和一些次要轴线两侧，轴线多是道路，大道和小径编织在条理清晰、秩序严谨、主从分明的几何网格之中。地形设计成平坦或略有起伏，平坦的地形有利于在中轴两侧形成对称的效果；起伏的地形，高差一般不大，整体上有着平缓而舒展的效果。在花园中主要展示静态水景，有意识地应用了法国平原上常见的湖泊、河流的形式，并以护城河、水渠、运河等人造河流出现，形成镜面似的水景效果，同时还使用了大量形形色色的喷泉，在缓坡地上也设计出一些跌水的布置。在靠近府邸的花园里布置以花卉为主的大型刺绣花坛，有时也用黄杨矮篱组成图案，以彩色的砂石或碎砖为底，整个花坛富有装饰性，犹如图案精美的地毯。从府邸到花园、林园，人工味及装饰性逐渐减弱，林园既是花园的背景，又是花园的延续。林园中采用丰富的阔叶乔木，形成茂密的丛林，明显地体现出植物季相美,充分表现了法国平原森林的外貌,丛林边缘经过修剪,同时被直线形道路所围合,形成整齐的外观。丛林内部又辟出许多丰富多彩的小型活动空间,丛林的尺度与巨大的宫殿,花坛相协调,形成统一的效果。

(5) 18 世纪的英国风景园林

在 17 世纪以前,英国没有自己民族风格的园林,只是效仿欧洲其他国家规则式的造园,如意大利时期的台地园、法国勒诺特尔式宫苑、荷兰的宫苑和中国的自然山水园,同时还保留着中世纪英国修道院及都铎时代沉床园的园林风格。17 世纪时期,则是模仿法国古典主义园林。直到 18 世纪初,法国古典园林风格形式仍然深受英国人的喜爱。18 世纪 20 年代后,坎特(Willam Kent)、布朗(Lancelot Brown)、钱伯斯(William Chambes)、列普顿(Hunphry Repton)等人开创了一个新的园林风格,即风景式园林。

英国风景园的特点是发挥和表现自然美,回归自然,是自然风光的再现,追求的是广阔的自然风景构图,较少表现风景的象征性,而注重从自然要素直接产生的情感,虽然也有模仿中国园林创作风格的园林,却少有中国园林的意境。成熟期的英国风景园林排除直线条园路、几何形水体和花坛,中轴对称布局和等距离植物种植形式,尽量避免人工痕迹,园内利用自然湖泊或设置人工湖,湖中有岛屿,并用桥堤连接,湖面辽阔,有曲折的湖岸线,近处草地平缓,远处丘陵起伏,森林茂密,湖泊下游有河流,岸上有庙宇、雕塑、桥、亭、农舍等。以自由流畅的湖岸线、动静结合的水面、缓慢起伏的草地和草地上高大稀疏的乔木孤植或丛植的灌木取胜,开阔的缓坡草地散生着高大的乔木和树丛,起伏的丘陵生长着茂密的森林,树木以乡土树种为主,如山毛榉、椴树、七叶树、冷杉、雪松等。在本土植物种类丰富的条件下,大力对世界各地的植物引种驯化,综合运用对自然地理、植物生态群落的研究成果,把园林建立在生物科学的基础上,创建了各种不同的自然环境,发展了以某一风景为主题的专类园,如岩石园、高山植物园、水景园、沼泽园以及以某类植物为主题的蔷薇园、百合园等。

2.2.3　西方园林艺术的特征

西方园林艺术,代表性的当推法国、意大利、英国园林,3 个国家园林艺术风格有着各自独特的特点,但是从其形式及造园的手法来看,可以概括为以下几个特点:

(1) 整体对称性

西方园林的造园艺术,身受数理主义美学思想的影响,在规划中排斥自然,力求体现出严谨的理性,一丝不苟地按照纯粹的几何结构和数学关系发展,"大自然必须失去它们天然的形状和性格,强迫自然接受对称的法则",成为西方造园艺术的基本信条。

欧洲美学思想的奠基人亚里士多德认为,美要靠体积与安排,他在《西方美学家论美和美感》一书中说:"一个非常小的东西不能美,因为我们的观察处于不可感知的时间内,以致模糊不清;一个非常大的东西不能美,例如一个千里长的活东西,也不能美,因为不能一览而尽,看不到它的整一性。"他的这种美学时空观念,在西方造园中得到了充分的体现。西方园林中的建筑、水池、草坪、花坛,无一不讲究整体性,无一不讲究一览而尽,并以几何形的组合达到数的和谐。西方这种造园意趣,被德国大哲学家黑格尔正确地概括为"露天的广厦",它们照例接近高大的宫殿,树木栽成有规律的行列,形成林荫大道,修剪得很整齐,围墙也用修剪整齐的篱笆,这样,就把大自然改造成为一座露天的广厦。尤其法国古典园林,是最彻底地运用建筑原则于园林艺术的典型。

(2) 建筑统率园林

在典型的西方园林里,总是有一座体积庞大的建筑物(或城堡兼宫殿,或城堡兼宅邸),矗立于园林中十分突出的中轴线的起点或终点处,整座园林以此建筑物为基准,构成整座园林的主轴。园林的主轴线,只不过是城堡建筑轴线的延伸。园林整体布局服从建筑的构图原则,在园林的主轴线上,伸出几条副轴,布置宽阔的林荫道、花坛、河渠、水池、喷泉、雕塑等。

(3) 整体布局体现严格的几何图案

在西方园林里，笔直的通路，在纵横道路交叉上形成小广场，呈点状分布水池、喷泉、雕塑或其他类型的建筑小品，水面被限制在整整齐齐的石砌池子里，其池子被砌成圆形、方形、长方形或椭圆形，池中布设人物雕塑和喷泉。园林树木严格整形修剪成锥体、球体、圆柱体，草坪、花圃则勾画成菱形、矩形、圆形等图案，一丝不苟地按几何图形修剪、栽植，绝不容许自然生长形状，被誉为刺绣花圃与绿色雕刻。大面积的草坪被广泛使用，园林中布局的大面积草坪被视为室内地毯的延伸，故有室外地毯的美誉（图2-11）。

(4) 追求形似与写实

西方绘画追求的是再现自然，将事物真实地表现出来，达·芬奇认为艺术的真谛和全部价值就在于将自然真实地表演出来，事物的美"完全建立在各部之间神圣的比例关系上"。西方人的审美情趣追求形似与写实，截然不同于中国人的审美情趣。因此，在园林中看到的风景如同自然中的风景，没有中国园林的意境与模糊性，而是非常准确无误地告诉人们园林要表现什么，因此它更多地是通过对视觉与触觉的打动，来表达景物的魅力。

综上所言，西方园林艺术提出"完整、和谐、鲜明"三要素，体现出严谨的理性，完全排斥了自然，但也运用这些原则创作出一座座宏伟壮观的园林，在世界园林史上占有独特的地位。

2.3 中西方园林艺术的比较

东方园林以中国古典园林为代表，西欧园林则以法国古典园林为代表，中西方传统园林在各自地域、思想、文化的基础上形成了不同的形态与类别，同时在各自发展历程上也表现出了不同的艺术特点，其园林造园理论、布局形式与其审美情趣及风格既有差异，又有共性，十分鲜明。本节从以下几个方面来进行比较。

2.3.1 中西园林艺术的差异

(1) 自然美与人工美

中国园林是一种自然山水式园林，追求天然之趣是中国园林的基本特征。中国人审美不是按人的理念去改变自然，而是强调主客体之间的情感契合点，即"畅神"，它可以起到沟通审美主体和审美客体的作用。从更高的层次上看，还可以通过"移情"的作用把客体对象人格化，庄子提出"乘物以游心"就是认为物我之间可以相互交融，以至达到物我两忘的境界。

中国园林虽从形式和风格上看属于自然山水园，但绝非简单地再现或模仿自然，而是在深切领悟自然美的基础上加以萃取、抽象、概括、典型化，顺应自然并更加深刻地表现自然。

西方园林，尤其法国古典园林，追求的是人工美，以勒诺特尔园林为代表，其布局对称、规则、严谨，就连花草都修整得方方正正，构图呈现出一种几何图案美。中国古典园林则完全不同，既不求轴线对称，也没有任何规则可循，相反却是山环水抱、曲折蜿蜒，不仅花草树木任自然之原貌，即使人工建筑也尽量顺应自然而参差错落，力求与自然融合，"虽由人作，宛自天开"是中国古典园林造园所遵循的基本原则与理念（图2-12）。

西方美学中自然美只是美的一种素材或源泉，自然美本身是有缺陷的，非经过人工的改造，便达不到完美的境地，也就是说自然美本身并不具备独立的审美意义。"美是理念的感性显现"，所以自然美必然存在缺陷，不可能升华为艺术美。而园林是

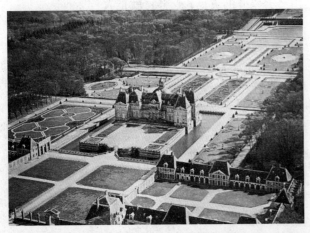

图2-11　西方规则式园林布局

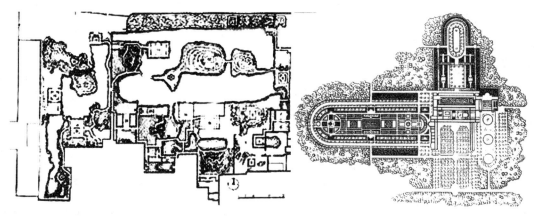

图2-12 中国古典自然式园林与西方规则式园林平面图对比

人工创造的,它理应按照人的意志加以改造,才能达到完美的境地。

正如西蒙德所说:"西方人对自然作战,东方人以自身适应自然,并以自然适应自身"(《景园建筑学》)。西方造园的美学思想是人化自然,而中国园林则是自然拟人化。

(2) 意境美与形式美

意境美与形式美的差异,实质表现是造园的出发点与目的不同。

由于对自然美的态度不同,反映在造园艺术追求上便各有侧重。中国造园虽也重视形式,但倾心追求的却是意境美。中国园林追求的是通过园林景和情交融,使人物化为自然的一部分,在有限的空间内营造出无限的意趣,创造出具有诗情画意的意境。这显然不同于西方造园追求的形式美,西方园林也可生出情,但是这种情比较中国园林来说,只可以称得上是"生境"或"画境"这两个层次,上升不到"意境"。这种差异主要是中西方文化的差异造成的。西方园林可以复制中国的苏州园林,但是离开了苏州的那片沃土,西方的中国园林只具备了形,始终得不到中国园林的神,它只是作为一种园林形式存在罢了,它缺乏触动西方人产生"诗情画意的"的那种民族文化与思维。意境是要靠"悟"才能获取,而"悟"是一种心智活动,"景无情不发,情无景不生"。

西方造园虽不乏诗意,但刻意追求的却是形式美。早在古希腊,哲学家毕达哥拉斯就从数的角度来探求和谐,并提出了黄金率。罗马时期的维特鲁威在他的《建筑十书》中也提到了比例、均衡等问题,提出"比例是美的外貌,是组合细部时适度的关系"。文艺复兴时的达·芬奇、米开朗琪罗等人还通过人体来论证形式美的法则。而黑格尔则以"抽象形式的外在美"为命题,对整齐一律、平衡对称、符合规律、和谐等形式美法则作抽象、概括的总结,于是形式美的法则就有了相当的普遍性。它不仅支配着建筑、绘画、雕刻等视觉艺术,甚至对音乐、诗歌等听觉艺术也有很大的影响。因此,与建筑有密切关系的园林更是奉之为金科玉律。西方园林轴线对称、均衡的布局,精美的几何图案构图,强烈的韵律节奏感都明显地体现出对形式美的刻意追求。西方园林追求的是通过规整的形式美表达人对自然的改造,表达世俗社会,为生活创造一种有别于自然的园林,通过形式来表现世间的辉煌。

一个好的园林,无论是中国或西方的,都必然会令人赏心悦目,但由于侧重不同,西方园林给我们的感觉是悦目,而中国园林则意在赏心。

(3) 含混与明晰

中国园林的造景借鉴诗词、绘画,力求含蓄、深沉、虚幻,并借以求得大中见小、小中见大、虚中有实、实中有虚、或藏或露、或浅或深,从而把许多全然对立的因素交织融会,浑然一体,而无明晰可言,人们置身其内有扑朔迷离和不可穷尽的幻觉。与西方人不同,中国人认识事物多借助于直接的感性认识,认为直觉并非是感官的直接反应,而是一种心智活动,不可能用推理的方法求得,处处使人感到朦胧、含混。

中国园林在审美情趣上,追求神似,不追求形似;只追求"似",而不要求"是"。"妙在似与不似之间:太似为媚俗,不似为欺世"(齐白石语)。惟其神似,才会"以少胜多"、"其貌无疑"。而西方园林艺术受西方绘画写实的特点影响,追求的是一种科学的"是"与"不是",从而造就了中西方园林的明晰与含混的差异。

西方园林追求形式美,遵循形式美的法则,园林显示出一种规律性和必然性,所以西方园林主从分明,重点突出,各部分关系明确、肯定,边界和空间范围一目了然,空间序列段落分明,给人以秩序井然和清晰明确的印象。

2.3.2 中西园林艺术的共性

(1) 由娱神转向娱人

园林在起源的时候,都具有祭祀神灵、为神创造优美风景的功能,但在后期发展的过程中,园林逐步地转变为为世人服务,不再作为祭祀的场所了。中国园林的"台"、"沼"、"囿"等都具有娱神的功能,在发展中,演变出了"一池三山"的神仙模式,这是封建帝王为自己修建的模仿神仙境界的园林,是园林由娱神向娱人转变的第一步。在以后的发展中,进一步以人为本,为人创造优美的生活环境。

在西方,园林也是逐步由娱神向娱人转变的。如《圣经·创世纪》提及了上帝为亚当、夏娃建造的伊甸园。《古兰经》中的"天国"、古希腊园林中的圣林等,无不具有祭祀与娱乐的功能。随着历史的发展,西方园林逐渐脱离了祭祀功能,转变为世人服务。法国的古典园林最为明显,园林成了宴请宾客、开舞会、演戏剧的场所,丝毫见不到天国乐园的超脱尘世的幻觉。

(2) 在园林发展的成熟期都曾有过巴洛克式风格

当中国园林发展到明清时期,在"芥子纳须弥"的空间格局下,造园技术高度完善并日益程式化后,传统的空间结构艺术中可供开拓的天地日渐狭小,为了维持"壶中天地"的生机,园林转向了对装饰风格的追新逐异和细微景观方面的玄奇斗巧。例如,李渔《闲情偶寄·居室部》叙述了各式各样的花窗(图2-13),以便使窗间尺幅之地能变幻出不尽的山水花卉之景。在故宫御花园中,园路与场地上的铺装样纹,既有冰裂纹、海棠花瓣纹,还有铜钱式样等(图2-14);而在彩绘上,既有苏式彩绘,也有和玺彩绘,绘图内容有龙、凤、仙鹤、蝙蝠、鹿等动物,还有西番莲、梅、牡丹、芍药、葡萄等植物,笔墨书砚也进入了其内(图2-15)。在乾隆时期,园林为了标新立异而经常使用的手法之一就是尽可能追求多变甚至是奇特的建筑造型,如圆明园中"万方安和"的"卍"形建筑、"淡泊宁

图2-13 花 窗

图2-14 铺装图案

图2-15 和玺彩绘

图2-16　道路交叉点的喷泉水池

图2-17　剪形植物

"静"的田字形斋堂,"汇芳书院"中的偃月形"眉月轩"等建筑形式,充分发挥了木结构建筑造型灵活的特点,但很少是因为园林空间艺术的需要,而是装饰式样的玩弄和罗列。诸如此类的炫奇竞诡在私家园林争相趋鹜,尤其是在江南的富商和官僚豪绅的园林里,比比皆是。

而在西方园林艺术里,有一种艺术风格被称为巴洛克风格。巴洛克风格典型的特点是:花园里盛行林荫路,笔直的中轴道路,联系着建筑物和自然,在道路的交叉点,设置雕像或喷泉水池等(图2-16),体现严格的几何性;树木进行精心的修剪,并修剪成各式绿雕与图案(图2-17)。对水的处理,则形成各式的喷泉、跌水,同时还流行水风琴、水剧场,在水剧场设计上集岩洞、雕像、嬉水装置于一体,尽显水的各种喷、淋、溅、洒的姿态。意大利、法国、英国等其他国家也都在不同时期流行过巴洛克风格,尤其是在17世纪下半叶路易十四时代的法国古典园林时代,巴洛克风格更是多姿多样。

虽然中国园林里没有明确的巴洛克风格,但是按照巴洛克风格的特点衡量中国园林成熟期的艺术特点,可以发现,中国园林有着与巴洛克风格一样的特点,这是园林艺术发展的必然性。在进入园林的成熟期后,空间格局形成,造园技巧成熟,而又没有质的飞跃时,必不可少地就在成熟园林的细节上进行精雕细琢,完善着园林艺术。

(3) 具有高度的象征性

在16～17世纪的康乾盛世时代,政治稳定,经济繁荣,文化艺术又进入了大发展时代,国家呈现一派欣欣向荣的景象。为了表达、赞誉这个时代,为了生活和精神上的舒适,康熙、雍正、乾隆3位皇帝修建了几处大的皇家园林,如西苑、畅春园、圆明园、避暑山庄、清漪园等,既有宫廷生活区,又有游玩花园区,用建筑、布局、题名、元素表达着皇家园林的华丽及玉宇琼楼般的神仙境界。避暑山庄占地564hm^2,融山区、草原、平原、湖泊于一体,山岭、平原、湖泊三者的位置关系充分体现了"负阴抱阳、背山面水"的原则,山庄的宏观山水格局,足以烘托帝王之居的磅礴气势。圆明园西北角的紫碧山房,堆筑有全园最高的假山,象征昆仑,万泉庄水系与玉泉山水系汇于园的西南角,向北流淌,到西北角而分为两股,两股水最终都直向东从西北方汇入前、后湖和福海,最终从福海分出若干支流向南,自东南方流出园外。这个水系与山形相呼应,呈自西北而流向东南的布局,合中国的地理特征,合中国的天下山川之势。这种体天象地的布局不仅在清代园林里使用,在汉武时期的上林苑、魏晋时期的华林园、宋朝的艮岳、乾隆时期清漪园,山水布局均呈现西北高山,水自西北流向东南的格局。使用题名来象征社会安康、赞誉皇帝文治武功的更是不计其数，如圆明园内的正大光明、勤政亲贤、九州清晏、万方安和、茹古涵今、慈云普护等无不在赞誉与体现着国家当时的昌盛。

17世纪下半叶，法国路易十四彻底巩固了君主专制制度，经济上繁荣，政治上稳定，进入了法国的"伟大时代"，形成了古典主义文化，一切古典主义的文学艺术都歌颂路易十四，古典主义的造园艺术也主要是为君主服务的。古典主义园林的特点首先是大，凡尔赛园林有670hm^2，轴线约长3000m，花园里面形式多样，将世间的一切都表现出来，简直就是会客厅与舞台；第二个特点是总体布局像建立在封建等级制之上的君主专制政体的图解，宫殿统率一切，花园是建筑沟通自然的过渡；第三个特点是在花园里用各种元素来象征王权，赞誉路易十四及那个时代的光辉，使用图案来装饰象征时代的繁华，用轴线来赞誉王权的伟大，用阿波罗驾马车出巡的雕塑象征路易十四，将路易十四比喻为太阳神，法国的古典主义造园艺术确实是国家气运昌盛的反映。

虽然中国和法国的哲学、文化不同，但是在园林里都表现出了高度的象征性，不仅在皇家园林如此，在私家园林也是一样，只不过表现的是另外一种风格与主题。

(4) 注重选址

园林在建设前期，非常注意选址，这一点，中西方园林里都是非常看重的。意大利园林多建在山坡丘陵地带，背山面水，夏季海风吹拂，凉意绵绵，水源丰富，形成一处处跌水喷泉，地形高低起伏，建筑与树木形成优美的天际线，站在高处远望，是绝好的风景画面。中国园林也是极其讲究选址的，如在北京西郊一带，西面和北面远有香山环绕，中心腹地泉水丰沛，湖泊罗布，又有玉泉山和瓮山平地突起，远山近水烘托映衬，宛似江南风光。因此，在辽金时期，香山就有许多寺庙建立，而在清朝以后，康熙帝建立香山行宫，在玉泉山建立静明园，后又建成畅春园，充分利用山水，并因地制宜，低处挖湖，高处堆山，建立了优美的山水园林。

随着中西方文化的交流，园林艺术也在交融着，在17~18世纪法国出现了"中国热"，在英国和法国园林中出现了"中英式"园林，同时，中国圆明园中第一次使用了西方的造园艺术，形成了中西合璧、万园之园的园林，这都是中西方园林艺术思想、形式的交融与碰撞，为现代园林的发展作出了重要的贡献，为新的园林形式的诞生奠定了基础。

参考文献

王毅．2004．中国园林文化史［M］．上海：上海人民出版社．

周维权．1999．中国古典园林史［M］．2版．北京：清华大学出版社．

陈志华．2001．外国造园艺术［M］．郑州：河南科学技术出版社．

章采烈．2004．中国园林艺术通论［M］．上海：上海科学技术出版社．

GEOFFREY, SUSAN JELLICOE．2006．图解人类景观——环境塑造史论［M］．刘滨谊，主译．上海：同济大学出版社．

郭凤平，方建斌．2005．中外园林史［M］．北京：中国建材工业出版社．

梁隐泉，王广友．2004．园林美学［M］．北京：中国建材工业出版社．

苏雪痕．1987．英国园林风格的演变［J］．北京林业大学学报，9（1）：100-108．

陈媛，秦华．2010．意大利台地园解析［J］．现代农业科技，6：200-201．

王殊，佟跃．2009．意大利传统园林源流探析［J］．现代农业科技，5：48-49．

郑德东，周武忠，等．2010．环境·绘画·园林——中西方文化背景下艺术差异之比较研究［J］．艺术百家，5：157-161．

徐萱春．2008．中国古典园林景名探析［J］．浙江林学院学报，25（2）：245-249．

第3章 园林形式

园林形式，字面上理解即为园林存在的形式。构成园林的主要内容是其内在的诸要素的总和，园林的形式是其内容存在的方式，园林的形式依赖于园林内容，表达主题。

尽管世界造园艺术具有世界文化的一般内容与特征，有着园林艺术的统一性，但由于世界各民族和国家有着不同的自然地理条件、文化传统、意识形态等因素，因此，各民族的园林艺术就形成了不同的艺术表现风格，即不同的园林形式。

英国造园家杰利克（G.A.Jellicoe）在1954年国际风景园林联合会第四次会议致辞中将传统世界造园史划分为三大流派，分别是：中国、西亚和古希腊。上述流派归纳起来可以将传统园林形式分为3类：规则式、自然式和混合式。

3.1 传统园林形式

3.1.1 规则式

规则式又称为整形式、几何式、对称式、建筑式，西方园林自埃及、巴比伦、希腊、罗马起到18世纪英国风景式园林产生之前以规则式为主，其中以文艺复兴时期意大利台地园和法国"勒诺特"平面几何图案式园林为代表（图3-1，图3-2）。规则式园林在现代园林中也广泛应用（图3-3至图3-5，彩图1，彩图2）。规则式园林的基本特征如下：

(1) 中轴线

全园在平面规划上有明显的中轴线，并大体依据中轴线的前后左右对称或拟对称布置，园地的划

图3-1 法国园林中轴线（1）

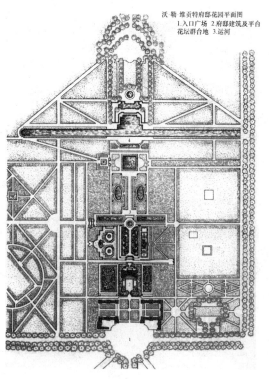

图3-2 法国园林中轴线（2）

分大多为几何形体。

(2) 地形、地貌

①在平原地区,由不同标高的平地和缓坡组成;②在山地、丘陵地区,由阶梯台地、倾斜地面与石级组成。其剖面线呈直线组合(图3-6)。

(3) 水体(水景)

其外形轮廓均为几何形,主要是圆形和长方形。水体的驳岸多整形、垂直,有时加以雕塑;水景的类型有整形水池(图3-7)、整形瀑布、喷泉(图3-8)、壁泉(图3-9)及水渠运河(图3-10)等。现代园林中运用的水景如图3-11,图3-12所示。

(4) 建筑

强调建筑控制轴线。主体建筑组群和单体建筑多采用中轴对称均衡设计,多以主体建筑群和次要建筑群形成与广场、道路相组合的主轴、副轴系统,形成控制全园的总格局(图3-13)。如印度泰姬玛哈尔陵(图3-14)。

(5) 道路广场

广场多呈规则对称的几何形,主轴和副轴上的广场形成主次分明的空间;道路均为直线形、折线形或几何曲线形。广场与道路构成方格形式、环状放射形,中轴对称或不对称的几何布局,它的曲线部分有圆心,是一段圆弧。建筑主轴线和广场轴线常常合二为一。如意大利埃斯特庄园道路广场系统(图3-15,图3-16)。

(6) 种植设计

配合中轴对称的总格局,全园树木配置以等距离行列式、对称式为主(图3-17至图3-19),树木修剪整形多模拟建筑形体、动物造型、绿篱、绿墙、绿门、绿柱等为规则式园林较突出的特点。

规则式园林常运用大量绿篱、绿墙等划分和组织空间;花卉布置常以图案为主,有时布置大规模的花坛群;大量使用剪型模纹花坛(图3-20)。

图3-3 园林中轴线

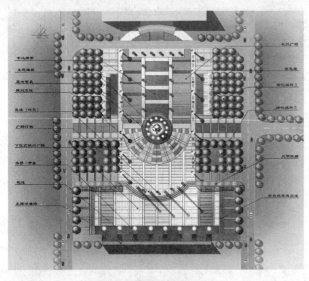

图3-4 规则式园林(1)

图3-5 规则式园林(2)

图3-6 规则式园林剖面

图3-7　意大利水池喷泉

图3-8　意大利整形瀑布与喷泉

图3-9　意大利壁泉

图3-10　意大利园林水渠

图3-11　整形瀑布

图3-12　整形水池喷泉

图3-13　沃-勒-维贡特庄园

图3-14　印度泰姬陵

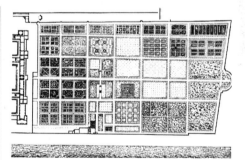
图3-15　文艺复兴时期丢勒里花园

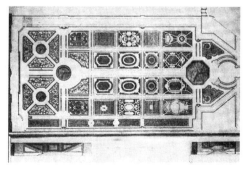
图3-16　经勒诺特尔改造后的丢勒里花园平面图

图3-17　行列式种植

图3-18　法国文艺复兴时期园林

图3-19 西方园林行列式种植

图3-20 模纹花坛

图3-21 中轴线上的水池和喷泉

(7) 园林小品

雕塑、瓶饰、园灯、栏杆等装饰，点缀了园景。雕塑常设于轴线的起点、交点、终点上。西方传统园林的雕塑主要以人物雕像布置于室外，（图3-21）常与喷泉、水池构成水体的主景。

总之，规则式园林强调人工美、理性整齐美、秩序美。给人严整、庄重、雄伟、开朗的景观效果。由于它过于严整，对人产生一种威慑力量，使人拘谨，空间变化少，一览无余。

3.1.2 自然式

自然式又称为风景式、不规则式、山水派。自然式园林的典型代表为中国的自然山水园林。中国园林从商周开始，经历代的发展，不论是皇家宫苑，还是私家宅院，都是以自然山水园林为源。发展到清代，保留至今的皇家园林如颐和园（图3-22）、承德避暑山庄（图3-23）、圆明园，私家园林如拙政园、网师园等都是自然山水园林的代表作品。自然式园林的主要特征如下：

图3-22 承德避暑山庄平面图

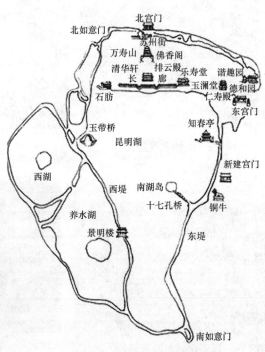
图3-23 颐和园平面图

(1) **地形、地貌**

自然式园林讲究"因高堆山"、"就低挖湖",追求因地制宜,以利用为主、改造为辅,力求"虽由人作,宛自天开"(图3-24)。地形的剖面线为自然曲线。

(2) **水体**

自然式园林水景的主要类型有:河、湖、池、潭、沼、汀、溪、涧、洲、渚、港、湾、瀑布、跌水等(图3-25至图3-29)。在建筑附近或根据造景需要也部分采用条石砌成直线或折线驳岸。自然式园林中的水体是独立的空间,自成一景,形式多样,人可接近。水体轮廓为自然的曲线,水岸为自然曲线的斜坡,如设驳岸亦为自然山石堆砌(图3-29)。

图3-26 瀑布水景

图3-24 自然式园林地形剖面

图3-27 跌水水景

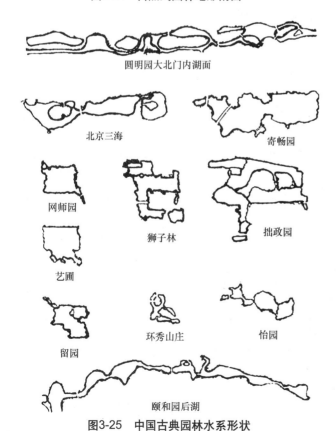

图3-25 中国古典园林水系形状

图3-28 溪流水景

图3-29 驳岸

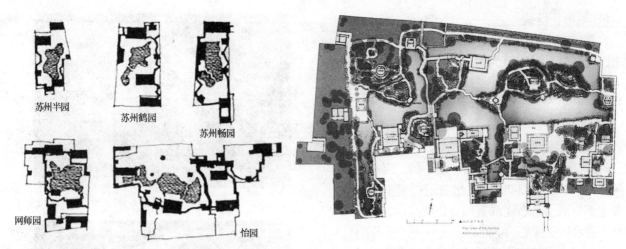

图3-30　苏州部分园林建筑布局

图3-31　拙政园建筑布局及类型

(3) 建筑

单体建筑多为对称或不对称的均衡布局；建筑群或大规模建筑组群，多采用不对称均衡的布局（图3-30，图3-31）。全园不以轴线控制，但局部仍有轴线处理。

中国自然式园林中的建筑类型有：亭、廊、榭、舫、楼、阁、轩、馆、台、塔、厅、堂等（图3-32至图3-34）。

(4) 道路广场

以不对称的建筑群、山石、树丛、林带组成自然形空间，道路的平面与竖向剖面均为自然曲线。除有些建筑前广场为规则式外，园林中的空旷地和广场的外形轮廓为自然式（图3-35，图3-36）。

(5) 种植

自然式园林种植要求反映自然界植物群落之美，不成行成排栽植，树木不修剪。以孤植、丛

图3-32　苏州留园组合建筑　　　图3-33　颐和园长廊　　　图3-34　苏州拙政园小飞虹

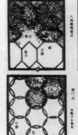

图3-35　自然园林道路与场地（左）

图3-36　苏州古典园林铺地类型（右）

图3-37 苏州私家园林一角

图3-38 自然式种植

图3-39 苏州留园冠云峰

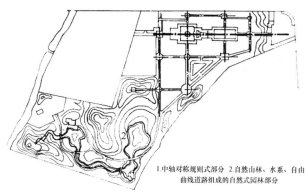

1.中轴对称规则式部分 2.自然山林、水系、自由曲线道路组成的自然式园林部分

图3-40 混合式园林平面图

植、群植、林植为主要形式，花卉的布置以花丛、花群为主要形式。庭院内也有花台的应用（图3-37，图3-38）。

（6）园林小品

多采用自然峰石、假山、桩景、盆景、雕像，并多置于风景视线的焦点上。碑文、石刻、崖刻、匾额、楹联等对中国园林独有的"意境"的形成至关重要。意旨追求自然而高于自然（图3-39）。

总之，自然式园林空间变化多样，地形起伏变化复杂，山前山后自成空间，引人入胜；自然式园林追求自然，给人轻松、亲切的感受。

3.1.3 混合式

实际上绝对的规则式与自然式是少有的，只有以规则式为主或以自然式为主的区别，当两者比重相接近时便称作混合式。

在混合式园林中，全园没有或形成控制全园的轴线，只有局部景区、建筑以中轴对称布局；全园没有明显的自然山水骨架，未形成自然格局。如北京奥林匹克公园、上海徐家汇公园（图3-40，彩图3）。

一般情况，多结合地形，在原地形平坦处，根据总体规划的需要安排规则式的布局。在原地形条件较复杂，具有起伏不平的丘陵、山谷、洼地等处，结合地形规划成自然式。

3.2 新园林形式的发展

3.2.1 园林功能性质的扩展

从国际上来看，西方国家陆续历经了封建主义时代后进入到资本主义时代，经济大发展，文化繁荣。在园林性质方面出现不同流派的公共性景观设计作品。其主要流派有后现代主义、解构主义、极简主义、艺术整合、科学与艺术的融合等流派。

从国内来看，新中国的园林从性质上已经发生了根本性的改变。园林已不是少数统治阶层所占有的皇家宫苑，私家园林宴请游乐的场所，而是全民所有的公共园林。

3.2.2 西方 20 世纪 70 年代以来景观设计新思潮

主要流派体现在以下几个方面：

(1) 后现代主义与景观设计

20 世纪 60 年代起，资本主义世界的经济进入全盛时期，而在文化领域出现了动荡和转机。一方面，50 年代出现的代表着流行文化和通俗文化的波普艺术在 60 年代蔓延到设计领域。另一方面，进入六七十年代以来，人们对于现代化的景仰也逐渐被严峻的现实所打破，环境污染、人口爆炸、犯罪率高，人们对现代文明感到失望、失去信心。现代主义的建筑形象在流行了三四十年后，已渐渐失去对公众的吸引力。人们对现代主义感到厌倦，希望有新的变化出现，同时，对过去美好时光的怀念成为普遍的社会心理，历史的价值、基本伦理的价值、传统文化的价值重新得到强调。其特征是：历史主义、直接复古主义、新地方风格、因地制宜、建筑与城市背景相和谐、隐喻与玄学及后现代空间。

代表性案例为费城附近的富兰克林纪念馆（图 3-41）、雪铁龙公园（图 3-42，图 3-43）。

1992 年建成的巴黎雪铁龙公园带有明显的后现代主义的一些特征。该园位于巴黎市西南角，原址是雪铁龙汽车厂的厂房，20 世纪 70 年代工厂迁至巴黎市郊后，市政府决定在这块地段上建造公园，并于 1985 年组织了国际设计竞赛。公园是根据参赛的两个一等奖的方案综合建造的。公园的设计体现了严谨与变化、几何与自然的组合。公园中主要游览路的对角线方向的轴线，把公园分为两个部分，又把园中各个主要景色，如黑色园、中心草坪、喷泉广场、系列园中的蓝色园、运动园等联系起来。这条游览路虽然笔直，但是在高差和空间上却变化多端，所以并不感觉单调。两个大温室，作为公园中的主体建筑，如同法国巴洛克园林中的宫殿，温室前下倾的大草坪又似巴洛克园林中宫殿前下沉式大花坛的简化；大水渠变的 6 个小建筑是文艺复兴和巴洛克园林中岩洞的抽象；系列园的跌水如同意大利文艺复兴园林中的水链；林荫路与大水渠更是直接引用了巴洛克园林造园的要素；运动园体现了英国风景园的精神；而黑色园则明显地受到日本枯山水园林的影响。6 个系列还原面积一致，均为长方形。每个小园都通过一定的设计手法及植物材料的选择来体现一种金属和它象征的对应物：一颗行星、一周中的某一天、一种色彩、一种特定的水的状态和一种感觉器官。

雪铁龙公园没有保留历史上原有汽车厂的任何痕迹，但另一方面，雪铁龙公园却是一个不同的园林文化传统的组合体，它把传统园林中的一些要素用现代的设计手法重新组合展现，体现了典型的后现代主义的设计思想。

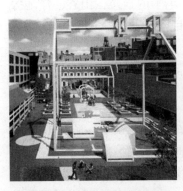

图3-41 富兰克林纪念馆

图3-42 巴黎雪铁龙公园对角线轴线

图3-43 雪铁龙公园中的小花园

图3-44 拉·维莱特公园

(2)"解构主义"与景观设计

解构主义大胆向古典主义、现代主义、后现代主义提出质疑，认为应当将一切既定的设计规律加以颠倒。如反对建筑设计中的统一与和谐，反对形式、功能、结构、经济彼此之间的有机联系。认为建筑设计可以不考虑周围环境或文脉等，提倡分解、片段、不完整、无中心、持续地变化……结构主义的裂解、悬浮、消失、分裂、拆散、位移、斜轴、拼接等手法，确实产生了一种特殊的不安感。

解构主义典型的案例是拉·维莱特公园（图3-44）。

为纪念法国大革命200周年巴黎建设的九大工程之一的拉·维莱特公园是解构主义的景观设计的典型案例。屈米对传统意义上的秩序提出了质疑，他用分离与解构的方法把园内外的复杂环境有机统一起来，并且满足了各种功能的需要。他把公园要素通过"点"、"线"、"面"3层体系来分解，各自组成完整的系统，然后又以新的方式叠加起来。3层体系各自都以不同的几何秩序来布局，相互之间没有明显的关系，这样三者之间便形成了强烈的交叉与冲突，构成了矛盾。

屈米首先把基址按120m×120m画了一个严谨的方格网，在方格网内约40个交会点各设置了一个耀眼的红色建筑，屈米把它们称为"Folie"（风景园中用于点景的小建筑），它们构成园中"点"的要素。各Folie的形状都是在长宽高各为10m的立方体中变化。有些Folie仅仅作为"点"的要素出现，它们没有使用功能。而有些Folie作为问询、展览室、小卖饮食、钟塔、图书室、医务室使用，这些使用功能也可随游人需求的变化而变化。一些Folie的形象让人联想到各种机械设备。公园中"线"的要素有两条长廊、几条笔直的林荫路和一条贯通全园主要部分的流线型的游览路。这条精心设计的游览路打破了由Folie构成的演进的方格网所建立起来的秩序，同时也联系着公园中的10个主题小园，包括镜园、恐怖童话园、风园、雾园、龙园、竹园等。屈米以他的设计提出了一种新的可能性，不管人们喜欢与否，至少它证明了不按以往的构图原理和秩序原则进行设计也是可行的。

(3)极简主义与景观设计

20世纪60年代初，美国出现了极简主义艺术（Mininal Art）。极简主义通过把造型艺术剥离到只剩下最基本元素而达到"纯粹抽象"。极简主义艺术家认为，形式的简单纯净和简单重复，就是现实生活的内在韵律。极简主义的特征如下：

①非人格化、客观化，表现的只是一个存在的物体，而非精神，摒弃任何具体的内容、反映、联想；

②使用工业材料，如不锈钢、电镀铝、玻璃等，在审美趣味上具有工业文明的时代感；

③采用现代机器生产中的技术和加工过程来制造作品，崇尚工业化的结构；

④形式简约、明晰，多用简单的几何形体，具有纪念碑式的风格；

⑤颜色尽量简化，作品中一般只用黑白灰色，色彩均匀平整；

⑥在构成中推崇非关联构图，只强调整体、重复、系列化地摆放物体单元，没有变化或对立统一，排列方式或依等距或按代数、几何倍数关系递进；

⑦雕塑不使用基座和框架，将物体放在地上

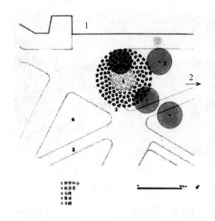

图3-45 哈佛大学的泰纳喷泉平面图（左）

图3-46 哈佛大学的泰纳喷泉（右）

或靠在墙上，直接与环境发生关系。在景观设计领域，设计师在形式上追求极度简化，以较少的形状、物体、材料控制大尺度的空间，形成简洁有序的现代景观。另外有一些景观设计作品，运用单纯的几何形体构成景观要素或单元，不断重复，形成一种可以不断生长的结构；或者在平面上用不同的材料、色彩、质地来划分空间，也常使用非天然材料，如不锈钢、铝板、玻璃等。

彼得·沃克作品中最富极简主义特征的无疑是泰纳喷泉（Tanner Fountain）（图3-45，图3-46）。该项目1984年建成，位于哈佛大学一个步行道交叉口，沃克在路边用159块石头排成了一个直径18m的圆形的石阵，雾状的喷泉设在石阵的中央，喷出的细水珠形成漂浮在石间的雾霭，透着史前的神秘感。沃克说："泰纳喷泉是一个充满极简精神的作品，这种艺术很适合于表达校园中大学生们对于知识的存疑及哈佛大学对智慧的探索。"沃克的意图就是将泰纳喷泉设计成休息和聚会的场所，并同时作为儿童探索的空间及吸引步行者停留和欣赏的景点。

另一个典型案例是在1983年建成的福特沃斯市伯纳特公园（图3-47，图3-48），沃克用网格和多层的要素重叠在一个平面上来塑造一个不同以往的公园。他将景观要素分为3个水平层，底层是平整的草坪层；第二层是道路层，由方格网状的道路和对角线方向的斜交道路网来组成；第三层是偏离公园中心的由一系列方形水池并置排列构成的长方形的环状水渠，是公园的视觉中心。水渠中有一排喷泉柱，为公园带来生动的视觉效果和水声，每到夜晚，这些喷泉柱如同无数支蜡烛，闪烁着神秘的光线，引人遐想。

此外，沃克在1990年设计了位于得克萨斯州的索拉纳IBM研究中心园区（图3-49至图3-51）。沃克保存了尽可能多的现有环境的景观，在外围与自然的树林草地衔接，在建筑旁使用一些极端几何的要素，与周围环境形成强烈的视觉反差。办公建筑群由3组轴线相错的建筑组成，沃克在它周围建

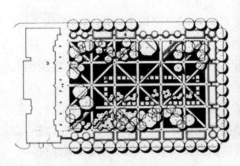

图3-47 福特沃斯市伯纳特公园

图3-48 福特沃斯市伯纳特公园喷泉

图3-49 索拉纳IBM研究中心销售中心入口喷泉

立了两套系统：一是由两个水池、两条水渠和一条贯穿前两者的自然式小溪组成的水的系统；二是由一条笔直的主路和垂直于建筑的3组平行的小路组成的道路系统。两套系统交织在一起，将3组建筑有机地联系起来。在销售中心的入口，沃克设计了一座被切开的圆形石山，整齐的切口中飘出来袅袅的雾气，透出一种无法抗拒的神秘力量，成为一个极简艺术的雕塑。

(4) 艺术的综合——玛莎·施瓦茨的景观设计

玛莎·施瓦茨的作品魅力在于设计的多元性。她的作品受到极简主义、大地艺术和波普艺术的影响，她根据自己对景观设计的理解，综合运用这些思想中她认为合理的部分。

从本质上说，她更是一位后现代主义者，她的作品表达了对现代主义的继承和批判。她批判现代主义的景观思想，即不注重建筑外部的公共空间设计，排斥那些与建筑竞争的有明显形式的景观；赞赏现代主义的社会观念，即优秀的设计必须能为所有的阶层所享用。

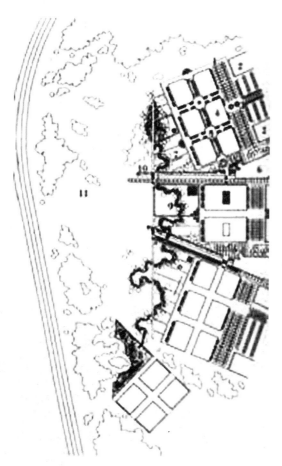

图3-50 索拉纳IBM研究中心平面图

图3-51 索拉纳IBM研究中心

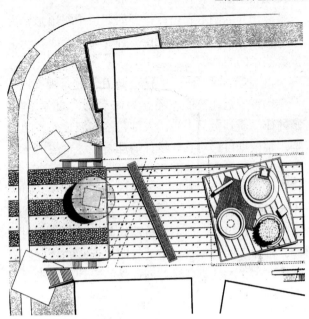

图3-52 亚特兰大的里约购物中心庭院

1979年施瓦茨为自己在波士顿的家设计了面包圈花园（Bagel Garden）（见彩图4），引起了激烈的争论。这是一个位于住宅北面的6.7m见方的小花园。花园中原有两个40cm高的黄杨绿篱方环。在内外环绿篱之间，施瓦茨布置了75cm宽的紫色碎石地面，上面等距放置了96个做过防水处理的面包圈。内层绿篱中，等距种植了30株紫色的藿香，两棵紫杉和日本槭是花园的背景。施瓦茨认为，面包圈是一种廉价的、易维护的、不需要阳光的材料，经过海焦油涂抹之后还具有防水的特征，同时它又富有家庭的亲情。她用这种她丈夫最喜爱的食品作为对他一周工作归来的欢迎。尽管花园面积很小，但却不容易遗忘。

1988年建成的亚特兰大的里约购物中心庭院（图3-52）是施瓦茨最具影响的作品之一。施瓦茨将长条形的庭院分为3段，前1/3是连接街道与庭院的由草地和砾石间隔铺装的坡地，高12m的钢网架构成的球体放置在斜坡的下部，作为庭院中的视觉中心（见彩图5）。院子中间的1/3是水池，黑色的池底上用光纤条画出了一些等距的白色平行线，光纤条在夜晚可放出条状的光芒。一个黑白相间的步行桥与水池斜交着，漂浮于水面之上，连接水池一侧建筑一层的回廊，步桥上方一座黑色螺旋柱支撑的红色天桥以反向与水池斜交，联系建筑的二层回廊（图3-53）。后面的1/3是屋顶覆盖下的斜置于水池之上的方形咖啡平台，平台铺装的图案有强烈的构成效果，色彩也非常大胆。最具争议的是，施瓦茨在整个庭院中呈阵列式放置了300多个镀金的青蛙，这些青蛙的面部都对着坡地上的钢网架球，好像表示着尊敬。遗憾的是，设计构成中的镀金青蛙已经不存。

1996年建成的纽约亚克博亚维茨（Hacob Javits）广场（图3-54）面积约3700m²，位于一个地下车库和一些地下服务设施上面，主要用于附近办公楼中工作人员的午间休息。施瓦茨认为需要加入运动和色彩使之生动。她精心选择了设计要素：长椅、街灯、铺地、栏杆等，以法国巴洛克园林的大花坛为创作原型，用不同寻常的手法来再现这些传统的景观要素。施瓦茨用绿色木质长椅围绕着广场6个草丘卷曲、舞动，产生了类似模纹花坛的图案。不过在这里，弯曲的长椅替代了修剪的绿篱，球形的草丘代替了黄杨球。座椅形成内向和外向两种不同的休息环境，适合不同的人群（图3-55，图3-56）。草丘的顶部有雾状喷泉，为夏季炎热的广场带来丝丝凉意。广场尺度亲切，为行人和附近的

图3-53 亚特兰大里约购物中心庭院水池与桥

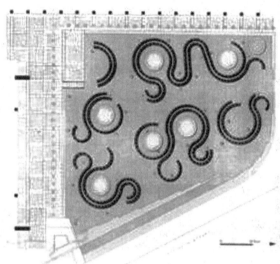

图3-54　纽约亚克博亚维茨广场

图3-55　纽约亚克博亚维茨广场长椅

图3-56　纽约亚克博亚维茨广场长椅与草丘

职员提供了大量休息的地方，深得公众的喜爱。

(5) 艺术与科学的结合——哈格里夫斯的景观设计

哈格里夫斯的设计表达了他独特的设计哲学。他认为，设计就是要在基址上建立一个舞台，在这个舞台上让自然要素与人产生互动作用，他称之为"环境剧场"。在这里，人类与大地、风、水相互交融，这样就产生了一种自然的景观。然而，这种景观看上去并不是自然的。用非自然的形式表达人与自然的交融，这与大地艺术的思想如出一辙。

同时，他的设计还渗透着对基地和城市的历史与环境的多重隐喻，体现了文脉的延续。作品深层的文化含义使之具有了地域性和归属性，易于被接受和认同。

哈格里夫斯的设计结合了许多生态主义的原则，但又不同于一般的生态规划的方法，他认为生态主义不应忽视文化和人类生活的需要，人造的景观永远不可能是真正自然的，景观设计不仅要符合生态原则，还应当考虑文化的延续和艺术的形式。他常常通过科学的生态过程分析，得出合理而又夸张的地表形式和植物布置，在突出了艺术性的同时，也遵循了生态原则。

哈格里夫斯的作品将文化与自然、大地与人类联系在一起，是一个动态的、开放的系统。他的作

图3-57　纳帕山谷中匝普别墅鸟瞰

图3-58　加州圣何塞市中心的广场公园

品有意识地接纳相关的自然因素的介入,将自然的演变和发展的进程纳入开放的景观系统中。

1986年哈格里夫斯完成了加利福尼亚纳帕山谷中匝普别墅的景观设计（图3-57,图3-58）。建筑位于山顶,周围的地面缓缓下降,外围是葡萄园和森林。哈格里夫斯以5层的塔楼建筑为中心,呈同心圆形状种植了两种高矮和颜色都不同的多年生的乡土草坪,圆圈逐渐展开成蛇状,一直到入口的转角处。这两种草能够留存当地宝贵的降水,并不需要太多的养护。从空中看,两种加州的草形成螺旋和蛇纹的地毯,随地形起伏,如同一幅大地的抽象图画,让人联想到山谷里在风中摇曳的葡萄园。

图3-59　加州拜斯比公园的大地之门

1988年建成的位于加州圣何塞市（San Jose）中心的广场公园（Plaza Park）（图3-59）面积约1.4hm^2,这里不仅是个大交通岛,同时也是周围艺术博物馆、会议中心、旅馆等一些重要建筑环绕的中心。场地是一个狭长的长方形,在西边有一个三角形的交通岛。哈格里夫斯的设计满足了不同的功能,同时蕴涵着深刻的寓意。一条宽的园路构成公园东西向的长轴,沿路边设置维多利亚风格的双灯灯柱和木质座椅,这些旧式的园灯和座椅隐喻着城市300多年的历史。在公园的东端,分成两岔的园路中间夹着一块三角形的硬质场地,是一处公共演出的平台。在公园中部,新月形的花坛将场地切开,形成一个有限但生动的高差变化、台阶的下面是一个1/4圆的方格铺装的喷泉广场。每天,广

图3-60　圣何塞市瓜达鲁普河公园

场上22个喷头随时间的推移喷出逐渐成长的水的形态，以隐喻着历史上曾带来这个地区繁荣的水资源。这个花园广场为各种功能提供了场所，如穿越、休息、演出、聚会和周末市场，同时寓意着圣何塞市的自然环境、文化和历史。

20世纪80年代后期，哈格里夫斯在旧金山湾区许多工程都涉及废弃地的环境整治问题。他认为，这些退化的景观同样面临艺术的挑战。在这些项目中，他常将一种强烈的雕塑语言融入到敏感的环境进程和社会历史之中，创作富含了隐喻和符号的公共空间，表现出一种将后工业景观转变成优质景观的能力。代表性的案例有1991年建成的拜斯比公园（图3-59）、圣何塞市瓜达鲁普河公园（图3-60）悉尼奥林匹克公园。

3.3 决定园林形式的因素

3.3.1 园林性质和内容

园林性质不同，必然有相应的园林形式与之对应。所谓"内容决定性质，形式表现内容"。纪念性园林、植物园、动物园、社区公园以及主题游乐园，由于各自的园林性质不同，决定了与其他类型不同的园林形式。以纪念性园林为例，其主要性质是缅怀先烈革命功绩，激励后人发扬革命传统，如比较著名的有南京雨花台烈士陵园、德国柏林苏军烈士陵园等。

3.3.2 地区的自然环境条件

不同国家和地区独有的自然环境造就了不同的园林形式。如伊斯兰园林采用规则式水渠应对干旱炎热的气候；意大利复杂的地形给台地式园林创造了良好的条件；法国平坦的地势为勒诺特尔式园林提供了可能；英国广袤的草原和牧场为英式自然园林提供了绝好的园林基址。

3.3.3 文化传统与意识形态

各国家、民族之间的文化、艺术传统的差异，决定了园林形式的不同。中国古典园林是中国传统哲学思想的具体体现。中世纪欧洲城堡园林是当时处于黑暗教皇统治下的产物。

3.3.4 国际融合与一体化

不同文化间的交流与融合也是促成园林形式的原因之一。园林是不同区域文化交流及融合的产物之一。古往今来，跨国界的文化交流从未中断过。例如，中国古典园林对西方国家的影响，如在美国纽约大都市博物馆中以网师园殿春簃庭院为蓝本营建中国古典园林。自进入近代社会开始，不同国家的经济、社会、文化的交流更加密切与广泛。尤其是进入21世纪后，随着新科技发展，跨国界的交流与日俱增。例如，不同主题风格的居住区出现在世界的各个角落。又如上海的泰晤士小镇等。

参考文献

唐学山，李雄，曹礼昆. 1997. 园林设计 [M]. 北京：中国林业出版社.

叶振启，许大为. 2000. 园林设计 [M]. 哈尔滨：东北林业大学出版社.

马克·特雷布. 2008. 现代景观——一次批判性的回顾 [M]. 丁力扬，译. 北京：中国建筑工业出版社.

王向荣. 2002. 西方现代景观设计的理论与实践 [M]. 北京：中国建筑工业出版社.

克莱尔·库柏·马库斯，卡罗琳·弗朗西斯. 2001. 人性场所——城市开放空间设计导则 [M]. 俞孔坚，孙鹏，王志芳，等译. 北京：中国建筑工业出版社.

李建伟. 1989. 中国园林的传统与未来——关于园林形式问题的思考 [J]. 中国园林 (4)：41-45.

章敬三. 1989. 初探西方园林形式的演变 [J]. 中国园林 (3)：47-50.

吴克宁. 1991. 中国现代城市园林形式探讨 [J]. 时代建筑 (2)：12-13.

第4章 风景园林景源类型

4.1 风景

风景是以自然物为主体所形成的能引起美感的审美对象,而且必定是以时空为特点的多维空间,令人赏心悦目,使人流连。然而,并不是大自然的每一部分本体都是风景。一片原野或大自然的一角,只代表一种客观存在的地貌或景观;而一片风景,是人的感情渗入自然的产物,如果没有人的主观力量的合作,风景的概念也就无从产生。当某些人以毫无兴趣和毫不动情的眼光观看原野与自然时,就不见得会从这里看出什么"风景"及其种种概念。尽管风景本身是多种多样和千差万别的、风景评价有高低之分,但是,风景应该是能够引起美感的"大自然的一角",也就是凡是能够引起我们给予正面审美评价或欣赏的自然环境和物象,都可以认为是风景。

4.1.1 风景的特征

4.1.1.1 环境特征

风景不同于音乐、舞蹈、绘画等,它不能随意搬动,只产生于特定的环境之中。它是一个四维空间,只能在其整体环境中进行欣赏。把环境破坏了,风景亦即不存在。

我国历史上形成的风景名胜区,多是自然奇观与寺庙丛林相结合,用自然之神力来为创造人间"仙境"服务。现在新开辟的风景区,多为欣赏风景优美的自然奇观为主的自然风景区,如"武陵源"的砂岩峰林奇观、九寨沟的水景奇观、黑龙江的五大连池、云南的石林等,均是大自然的造化,不需人工斧琢,只要对其景点进行提炼即可。

4.1.1.2 时间特征

自然风光美景,随着时间的迁移变化万千,日出、日落、云雾、月夜等随时间而变幻多姿。植物的色、香、形因四季而不同,动态水景在雨季和旱季的效果各异,许多历史名胜随历史的久远程度而价值有异,人们对风景的欣赏也随游人的行进而逐渐展现,所以,风景是在特殊的时空中展开的,是一个具有时间要素的序列。

4.1.1.3 观赏效果的"距离"特征

美学概念上有"心理距离"之说,从"距离太近"直至"丧失距离"。如舞蹈,有高度技巧、富于表现力,同时寓意深刻,谓之"距离正确";反之,未加工过的日常生活中的行为动作,直接搬上舞台,谓之"距离太近"。又如雕塑,表现出人体完美造型的,谓之"距离正确";反之,与真人一样的人体模型,谓之"距离太近"。

最佳距离指最佳的主客体会合点(交叉点),即最佳境界、最佳感受。心理距离和时间距离的关系,存在着两种情况:

①客体是古代作品,主体是当代人,因历史相隔久远,不熟悉,不理解而感到疏远(心理距离远);

②但也正因为其历史久远,造成人对近代事物的差异感到新奇,而吸引人去了解(心理距离近);人文风景之所以还受到当代人的喜爱,除了人们对自然环境的追求之外,历史造成的差异和奇

异感，常是吸引人们去游览观光的重要因素。这种心理距离的因素，常为自然风景带来永恒的效益。

4.1.1.4 综合特征

风景是一种综合性的资源，为了充分发挥风景的科学和艺术价值，需要有社会学、生态学、地理学、植物学、建筑学、园林学、画家、诗人等各行各业的专家协同作业。

为了使游人在风景中能获得良好的休憩效果，以满足人们对舒适环境的需求，园林、环保、医学、气象以及旅游等方面的学科也要渗透进来。所以，风景是人们对自然环境多学科的综合的巧妙利用，只有这样，才能充分展示风景多方面的效益。园林是由许多孤立的、连续的或断续的风景，以某种方式剪接和联系所构成的空间境域。风景的形象是多种多样的，如高山峻岭之景、江河湖海之景、林海雪原之景、高山草原之景、花港观鱼之景、文物古迹之景、风土民情之景等。

园林是山水风景的集锦，是自然界优美景观的艺术再现，是供人们游憩赏乐的自然环境。园林中的风景，不论是因借自然为主，或模拟自然为主，都是经过了人们的组织加工而构成的。

风景园林学对风景的探讨表明，所谓风景，实质上是在一定的条件中，以山水景物以及某些自然和人文现象所构成的足以引起人们审美与欣赏的景象。因此，风景构成的基本要素有3类，即景物、景感和条件。

4.1.2 风景的构成

4.1.2.1 景物

景物是风景构成的客观因素、基本素材，是具有独立欣赏价值的风景素材的个体。不同的景物、不同的排列组合，构成了千变万化的形体与空间，形成了丰富多彩的景象与环境。景物的种类是十分繁多的，主要可以归纳为下述8种：

山——包括地表面的地形、地貌、土壤及地下洞岩，如峰峦谷坡、岗岭崖壁、丘壑沟涧、洞石岩隙等。山的形体、轮廓、线条、质感常是风景构成的骨架。

水——长的有江河川溪，宽的有池沼湖塘，动的有瀑布跌水，地下有河湖涧潭，还有涌射滴泉、冷温沸泉、云雾冰雪等。水的光、影、形、声、色、味常是最生动的风景素材。

植物——包括各种乔木、灌木、藤本、花卉、草地及地被植物等。植物是造成四时景象和表现地方特点的主要素材，是维持生态平衡和保护环境的重要因子，植物的特性和形、色、香、音等也是创造意境、产生比拟联想的重要手段。

动物——包括所有适宜驯养和观赏的兽类、禽鸟、鱼类、昆虫、两栖爬虫类动物等。动物是风景构成的古远而有机的自然素材。动物的习性、外貌、声音使风景情趣倍增。

空气——空气的流动、温度、湿度也是风景素材。如春风、和风、清风是直接描述风的；柳浪、松涛、椰风、风云、风荷是间接表现风的；南溪新霁、桂岭晴岚、罗峰青云、烟波致爽又从不同角度反映了清新高朗的大气给人的异样感受。

光——日月星光、灯光、火光等可见光是一切视觉形象的先决条件。在岩溶风景中，人人都可以体会到光对风景的意义。旭日晚霞、秋月明星、花彩河灯、烟火渔火等历来是风景名胜的素材；宝光神灯和海市蜃楼更被誉为峨眉山、崂山的绝景。

建筑——广义的可泛指所有的建筑物和构筑物。如各种房屋建筑、云垣景洞、墙台驳岸、道桥广场、装饰陈设、功能设施等。建筑既可满足游憩赏玩的功能要求，又是风景组成的素材之一，也是装饰加工和组织控制风景的重要手段。

其他——凡不属于上述7种的景物可归为此类，如雕塑碑刻、胜迹遗址、自然纪念物、机具设备、文体游乐器械、车船工具及其他有效的风景素材。

4.1.2.2 景感

景感是风景构成的活跃因素、主观反应，是人对景物的体察、鉴别、感受能力。虽然大自然的物象是独立于主体和人的主观意识而存在的，但是，美的自然——风景，不仅仅是客观素材，自然风景美是大自然物象带给人类意识的一种主观体验。景物以其属性对人的眼耳鼻舌身脑等感官起作用，通过感知印象、综合分析等主观反应与合作，从而产生了美感和风景等一系列观念。人类的这种景感能力是在社会发展过程中培养起来的，是含有审美能力的，是多样的和综合的，据其特点分析大致有如下8种：

视觉——尽管景物对人的官能系统的作用是综合的，但是视觉反应却是最主要的，绝大多数风景都是视觉感知和鉴赏的结果：如独秀奇峰、香山红叶、花港观鱼、云容水态、旭日东升等景主要是观赏效果。

听觉——以听赏为主的风景是以自然界的声音美为主，常来自钟声、水声、风声、雨声、鸟语、蝉噪、蛙叫、鹿鸣等，如双桥清音、南屏晚钟、夹镜鸣琴、柳浪闻莺、蕉雨松风，以及"蝉噪林愈静，鸟鸣山更幽"等境界均属常见的以听觉景感为主的风景。

嗅觉——为其他艺术类别难有的效果，景物的嗅觉作用多来自欣欣向荣的花草树木，如映水兰香、曲水荷香、金桂飘香、晚菊冷香、雪梅暗香等都是众芳竞秀四时芬的美妙景象。

味觉——有些景物名胜是通过味觉景感而闻名于世的。如崂山、鼓山的矿泉水，诸多天下名泉或清洌甘甜的济南泉水、虎跑泉水等都需品茗尝试。

触觉——景象环境的温度、湿度、气流和景物的质感特征等都是需要通过接触感知才能体验其风景效果的。如叠彩清风、榕城古荫的清凉爽快，冷温沸泉、河海浴场的泳浴意趣，雾海烟雨的迷幻瑰丽，岩溶风景的冬暖夏凉，"大自然肌肤"的质感，都是身体接触到的自然美的享受。

联想——当人们看到每一样景物时，都会联想起自己所熟识的某些东西，这是一种不可更改的知觉形式。"云想衣裳花想容"就是把自然想象成某种具有人性的东西。园林风景的意境和诗情画意即由这种知觉形式产生。所有的景物素材和艺术手法都可以引起联想和想象。

心理——由生活经验和科学技术手段推理而产生的理性反应，是客观景物在脑中的反映：如野生猛兽的凶残使人见之无暇产生美感，但当人们能有效地保护自身安全或其被人驯服以后，猛兽也就成为生动的自然景物而被观赏；又如浓烟滚滚的烟囱曾被当做生产发展的象征而给以赞美，但是当环保学科兴起以后，人们对它的心理反应就变了；再如水面倒影的绚丽多彩历来被人赞颂，但是被印染工业污染的水面色彩却令人懊丧。这里，人们遵循着一个理性景感，只有不危害人的安全与健康的景象素材和生态环境才有可能引起人的美感。

其他——人的意识中的直观感觉能力和想象推理能力是复杂的、综合的、发展的，除上述7种外，如错觉、幻觉、运动觉、机体觉、平衡觉、日光浴、泥疗等对人的景感都可能会有一定作用。

4.1.2.3 条件

条件是风景构成的制约因素、原因手段，是赏景主体与风景客体所构成的特殊关系。景物和景感本身的存在与产生就包含条件这个因素，景物素材的排列组合和景感反映的印象综合又是在一定的条件之中发生的。条件不仅存在于风景构成的全过程，也存在于风景鉴赏与发展的全过程。条件既可限制风景，也可促进与强化风景。条件的变化必然影响到风景的构成、效果、发展。风景构成的主要条件有下述8个方面：

个人——风景的概念是因人而产生与存在的，显然，风景意识也因人而异。不同个体的性别、年龄、种族、职业、爱好、经历与健康状况等都会影响其直观感觉和想象推理的能力。这种能力不仅在风景的影响下有所发展，而且很可能正是风景影响的产物。

时间——风景受时间的制约是最全面、最明显、最生动的。这里的时间包括了时代年代、四时季相、昼夜晨昏、盛期衰期等极为丰富的变化与发展。

地点——地理位置、环境特点同景物的种类、风景的构成、内容、特色、发展等关系十分密切。视点、视距、视角的变化可能性很多，足以改变风景的特性。角度和方位的变化艺术，正是最直接地反映园林风景创作特点的所在。所以"地点"对风景效果的影响非常重要。

文化——不同的文化历史、艺术观念、民族传统、宗教信仰、风土民俗对大自然的认识和理解显然是不同的，因而对风景意识及其发展的影响是至关重要的。

科技——人对八类景物属性的了解与掌握，对自然规律的认识与理解，风景意识的形成与发展，风景资源的鉴赏与评价，园林风景的创作与管理维护等，都要依赖科学技术、设备器材、工具交通及能源等条件。

经济——财力、物力、劳力、动力等经济条件直接影响着风景的构成、发展、维护。

社会——风景能直接反映出社会制度和生活方式及群体意识，体现出社会的需要和功能及其文化心理结构，表现出时代的思想和精神。

其他——除上述7种以外的条件。

4.1.2.4 风景构成的特征

综合上述的景物、景感、条件诸项内容，关于风景构成的特征，似乎可以用一个"三圆三环"图式来概括表示，如图4-1所示。

尽管景物、景感、条件都是风景构成的基本要素，但是三者的地位与作用并非等量齐观的；另一方面，景物种类的多样性、景感特点的发展性、条件情况的变化性等又是错综复杂的。也正是由于这些原因，风景才是那样的五彩缤纷，陶冶激励着人类去创造更加美好的人化自然环境。

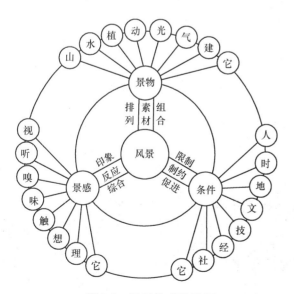

图4-1 风景构成的特征

4.2 景源

景源，也称景观资源、风景资源，是指能引起社会审美与欣赏活动，可以作为风景游览对象和风景开发利用的事物与因素的总称。因而也可以说，风景构成的三类基本要素都可以视作景源。其中，景物是主要的物质性景源，也是景源的主体；景感是可以物化的精神性景源，例如，游赏项目与游赏方式就是对游人景感的调度和组织；条件是可以转化的媒介性景源，例如，赏景点与游线组织就是对赏景关系的肯定和赏景条件的规定。

尽管如此，通常应用和研究最多的仍然是物质性景源，其他景源仅在深化研究时才专门论及，本教材也将仅针对物质性景源进行阐述。

4.2.1 景源的特征

(1) 整体与地区并存的特征

整体与地区并存即各类景源要素均有不同程度的相互联系，并形成有机整体，动其一或用其一均会影响其整体；同时，景源的时空分布很不平衡，并有鲜明的个性特点，其贫富之别或特色差异均难以相互替代。因而景源的保育和利用有着相当的复杂性。

(2) 有限与无限并存的特性

有限性与无限性并存即景源的规模和容量均有一定限度，而景源的内涵和潜能却随着人类社会的进步而不断发展。因而既需要严格而有效的保护，又需要节约并合理地利用，还要看到科学管理中有发挥其潜能的前景。

(3) 优势与劣势并存的特征

中国景源的优势是总量大、类型齐全、价值高、独特景源多。例如，中国有地球第三极与世界最高峰，有世界第一的雅鲁藏布大峡谷及其大转弯，有大量的世界自然与文化遗产。

中国景源的劣势是人均景源面积少、景源的分布与利用不均衡、景源面临的冲击与压力多。例如，中国风景区的平均人口密度比国土平均人口密度高出约1倍，比美国国土平均人口密度高出约10倍，由此引发的人财物流压力可想而知。

4.2.2 景源分类

4.2.2.1 景源分类的原则

景源分类既应遵循科学分类的通用原则，又应遵循风景学科分类或相关学科分类的专门原则，适应基础资料可以共用、通用与互用的社会需求。

景源分类的具体原则是：①性状分类原则，强调区分景源的性质和状态；②指标控制原则，特征指标一致的景源，可以归为同一类型；③包容性原则，即类型之间有较明显的排他性，少数情况有从属关系；④约定俗成原则，社会和学术界或相关学科已成习俗的类型，虽不尽然合理而又不失原则尚可以意会的则保留其类型。

4.2.2.2 景源的分类

中国景源可以概括为3大类型，12个中类，98个小类，797个子类。其中，大类按习俗分为自然、人文和综合景源3类；中类基本上属景源的种类层，分为12个中类，在同一中类内部，或其自然属性相对一致、同在一个自然单元中，或其功能属性大致相同、同是一个人工建设单元和人类活动方式及活动结果。小类基本上属景源的形态层，是景源调查的具体对象，分为98个小类，还可以进一步划分798个子类，详见表4-1。

(1) 自然景源

中国地大物博，自然景源众多。所谓自然景源，是指以自然事物和因素为主的风景资源。中国天地广阔，从寒温带的黑龙江到临近赤道的南海诸岛，纵跨纬度近50°，南北气候差异显著；从雪峰连绵的世界屋脊到水网密布的东海之滨，海拔高差8km，东西高程变化悬殊；从鸭绿江口到北仑河口的万经海疆，渤海、黄海、东海、南海等中国海域总面积$472×10^4 km^2$，四海相连通大洋；这种地理位置和海陆间热力差异，形成了特有的季风气候，使高温多雨的华南成为世界上亚热带最富庶的地区；在这高山平原纵横、江河湖海交织的疆域里，保存与繁育着世界上最古老而又复杂繁多的生物种群和地下宝藏。正是这些因素，中国兼备雄伟壮丽的大尺度景观和丰富多彩的中小尺度景象。

为了便于调查研究与合理利用，依据景源的自然属性和自然单元特征，将其提取、归纳、划分为4个中类、40个小类、417个子类。其中，4个中类是：

天景 是指天空景象（图4-2）。
地景 是指地文和地质景观（图4-3）。
水景 是指水体景观（图4-4）。
生景 是指生物景观（图4-5）。

(2) 人文景源

中国历史悠久，人文景源丰富。所称人文景源，是指可以作为景源的人类社会的各种文化现象与成就，是以人为事物因素为主的景源。古老而又充满活力的中华民族，在上下五千年的社会实践中创造了博大的物质财富和精神财富，并成为人类社会重要而又独特的文化成果。在内容非常丰富、门类异常复杂的成就中，与景源关系比较密切的有：在各个历史进程中，遗留下了大量人类创造或者与人类活动有关的物质遗产——文物史迹；在不同历史、自然、环境条件下，人们创造的生存、生活和工作空间——建筑艺术成就；

图4-2 天景

图4-3 地景

图4-4 水景

图4-5 生景

表 4-1 景源分类细表

大类	中类	小类	子类
一、自然景源	1. 天景	1) 日月星光	(1)旭日夕阳 (2)月色星光 (3)日月光影 (4)日月光柱 (5)晕（风）圈 (6)幻日 (7)光弧 (8)曙暮光楔 (9)雪照云光 (10)水照云光 (11)白夜 (12)极光
		2) 虹霞蜃景	(1)虹霓 (2)宝光 (3)露水佛光 (4)干燥佛光 (5)日华 (6)月华 (7)朝霞 (8)晚霞 (9)海市蜃楼 (10)沙漠蜃景 (11)冰湖蜃景 (12)复杂蜃景
		3) 风雨晴阴	(1)风色 (2)雨情 (3)海（湖）陆风 (4)山谷（坡）风 (5)干热风 (6)峡谷风 (7)冰川风 (8)龙卷风 (9)晴天景 (10)阴天景
		4) 气候景象	(1)四季分明 (2)四季常青 (3)干旱草原景观 (4)干旱荒漠景观 (5)垂直带景观 (6)高寒干景观 (7)寒潮 (8)梅雨 (9)台风 (10)避寒避暑
		5) 自然声象	(1)风声 (2)雨声 (3)水声 (4)雷声 (5)涛声 (6)鸟语 (7)蝉噪 (8)蛙叫 (9)鹿鸣 (10)兽吼
		6) 云雾景观	(1)云海 (2)瀑布云 (3)玉带云 (4)形象云 (5)彩云 (6)低云 (7)中云 (8)高云 (9)响云 (10)雾海 (11)平流雾 (12)山岚 (13)彩雾 (14)香雾
		7) 冰雪霜露	(1)冰雹 (2)冰冻 (3)冰流 (4)冰凌 (5)树挂雾凇 (6)降雪 (7)积雪 (8)冰雕雪塑 (9)霜景 (10)露景
		8) 其他天景	(1)晨景 (2)午景 (3)暮景 (4)夜景 (5)海滋 (6)海火海光　　　　　　（合计84子类）
	2. 地景	1) 大尺度山地	(1)高山 (2)中山 (3)低山 (4)丘陵 (5)孤丘 (6)台地 (7)盆地 (8)平原
		2) 山景	(1)峰 (2)顶 (3)岭 (4)脊 (5)岗 (6)峦 (7)台 (8)崮 (9)坡 (10)崖 (11)石梁 (12)天生桥
		3) 奇峰	(1)孤峰 (2)连峰 (3)群峰 (4)峰丛 (5)峰林 (6)形象峰 (7)岩柱 (8)岩碑 (9)岩嶂 (10)岩岭 (11)岩墩 (12)岩蛋
		4) 峡谷	(1)涧 (2)峡 (3)沟 (4)谷 (5)川 (6)门 (7)口 (8)关 (9)壁 (10)岩 (11)谷盆 (12)地缝 (13)溶斗天坑 (14)洞窟山坞 (15)石窟 (16)一线天
		5) 洞府	(1)边洞 (2)腹洞 (3)穿洞 (4)平洞 (5)竖洞 (6)斜洞 (7)层洞 (8)迷洞 (9)群洞 (10)高洞 (11)低洞 (12)天洞 (13)壁洞 (14)水洞 (15)旱洞 (16)水帘洞 (17)乳石洞 (18)响石洞 (19)晶石洞 (20)岩溶洞 (21)熔岩洞 (22)人工洞
		6) 石林石景	(1)石纹 (2)石芽 (3)石海 (4)石林 (5)形象石 (6)风动石 (7)钟乳石 (8)吸水石 (9)湖石 (10)砾石 (11)响石 (12)浮石 (13)火成岩 (14)沉积岩 (15)变质岩
		7) 沙景沙漠	(1)沙山 (2)沙丘 (3)沙坡 (4)沙地 (5)沙滩 (6)沙堤坝 (7)沙湖 (8)响沙 (9)沙暴 (10)沙石滩
		8) 火山熔岩	(1)火山口 (2)火山高地 (3)火山孤峰 (4)火山连峰 (5)火山群峰 (6)熔岩台地 (7)熔岩流 (8)熔岩平原 (9)熔岩洞窟 (10)熔岩隧道
		9) 蚀余景观	(1)海蚀景观 (2)溶蚀景观 (3)风蚀景观 (4)丹霞景观 (5)方山景观 (6)土林景观 (7)黄土景观 (8)雅丹景观
		10) 洲岛屿礁	(1)孤岛 (2)连岛 (3)列岛 (4)群岛 (5)半岛 (6)岬角 (7)沙洲 (8)三角洲 (9)基岩岛礁 (10)冲积岛礁 (11)火山岛礁 (12)珊瑚岛礁（岩礁、环礁、堡礁、台礁）

(续)

大类	中类	小类	子类
一、自然景源		11) 海岸景观	(1) 枝状海岸 (2) 齿状海岸 (3) 躯干海岸 (4) 泥岸 (5) 沙岸 (6) 岩岸 (7) 珊瑚礁岸 (8) 红树林岸
		12) 海底地形	(1) 大陆架 (2) 大陆坡 (3) 大陆基 (4) 孤岛海沟 (5) 深海盆地 (6) 火山海峰 (7) 海底高原 (8) 海岭海脊（洋中脊）
		13) 地质珍迹	(1) 典型地质构造 (2) 标准地层剖面 (3) 生物化石点 (4) 灾变遗迹（地震、沉降、塌陷、地震缝、泥石流、滑坡）
		14) 其他地景	(1) 文化名山 (2) 成因名山 (3) 名洞 (4) 名石　　　　　　　　（合计149子类）
	3. 水景	1) 泉井	(1) 悬挂泉 (2) 溢流泉 (3) 涌喷泉 (4) 间歇泉 (5) 溶洞泉 (6) 海底泉 (7) 矿泉 (8) 温泉（冷、温、热、汤、沸、汽）(9) 水热爆炸 (10) 奇异泉井（喊、笑、羞、血、药、火、冰、甘、苦、乳）
		2) 溪涧	(1) 泉溪 (2) 涧溪 (3) 沟溪 (4) 河溪 (5) 瀑布溪 (6) 灰华溪
		3) 江河	(1) 河口 (2) 河网 (3) 平川 (4) 江峡河谷 (5) 江河之源 (6) 暗河 (7) 悬河 (8) 内陆河 (9) 山区河 (10) 平原河 (11) 顺直河 (12) 弯曲河 (13) 分汊河 (14) 游荡河 (15) 人工河 (16) 奇异河（香、甜、酸）
		4) 湖泊	(1) 狭长湖 (2) 圆卵湖 (3) 枝状湖 (4) 弯曲湖 (5) 串湖 (6) 群湖 (7) 卫星湖 (8) 群岛湖 (9) 平原湖 (10) 山区湖 (11) 高原湖 (12) 天池 (13) 地下湖 (14) 奇异湖（双层、沸、火、死、浮、甜、变色）(15) 盐湖 (16) 构造湖 (17) 火山口湖 (18) 堰塞湖 (19) 冰川湖 (20) 岩溶湖 (21) 风成湖 (22) 海成湖 (23) 河成湖 (24) 人工湖
		5) 潭池	(1) 泉溪潭 (2) 江河潭 (3) 瀑布潭 (4) 岩溶潭 (5) 彩池 (6) 海子
		6) 瀑布跌水	(1) 悬落瀑 (2) 滑落瀑 (3) 旋落瀑 (4) 一叠瀑 (5) 二叠瀑 (6) 多叠瀑 (7) 单瀑 (8) 双瀑 (9) 群瀑 (10) 水帘状瀑 (11) 带形瀑 (12) 弧形瀑 (13) 复杂型瀑 (14) 江河瀑 (15) 涧溪瀑 (16) 温泉瀑 (17) 地下瀑 (18) 间歇瀑 (19) 冰雪瀑
		7) 沼泽滩涂	(1) 泥炭沼泽 (2) 潜育沼泽 (3) 苔草草甸沼泽 (4) 冻土沼泽 (5) 丛生嵩草沼泽 (6) 芦苇沼泽 (7) 红树林沼泽 (8) 河湖漫滩 (9) 海滩 (10) 海涂
		8) 海湾海域	(1) 海湾 (2) 海峡 (3) 海水 (4) 海冰 (5) 波浪 (6) 潮汐 (7) 海流洋流 (8) 涡流 (9) 海啸 (10) 海洋生物
		9) 冰雪冰川	(1) 冰山冰峰 (2) 大陆性冰川 (3) 海洋性冰川 (4) 冰塔林 (5) 冰柱 (6) 冰胡同 (7) 冰洞 (8) 冰裂隙 (9) 冰河 (10) 雪山 (11) 雪原
		10) 其他水景	(1) 热海热田 (2) 奇异海景 (3) 名泉 (4) 名湖 (5) 名瀑 (6) 坎儿井　（合计118子类）
	4. 生境	1) 森林	(1) 针叶林 (2) 针阔叶混交林 (3) 夏绿阔叶林 (4) 常绿阔叶林 (5) 热带季雨林 (6) 热带雨林 (7) 灌木丛林 (8) 人工林（风景、防护、经济）
		2) 草地草原	(1) 森林草原 (2) 典型草原 (3) 荒漠草原 (4) 典型草甸 (5) 高寒草甸 (6) 沼泽化草甸 (7) 盐生草甸 (8) 人工草地
		3) 古树名木	(1) 百年古树 (2) 数百年古树 (3) 超千年古树 (4) 国花国树 (5) 市花市树 (6) 跨区系边缘树林 (7) 特殊人文花木 (8) 奇异花木
		4) 珍稀生物	(1) 特有种植物 (2) 特有种动物 (3) 古遗植物 (4) 古遗动物 (5) 濒危植物 (6) 濒危动物 (7) 分级保护植物 (8) 分级保护动物 (9) 观赏植物 (10) 观赏动物

(续)

大类	中类	小类	子类
一、自然景源	4. 生境	5) 植物生态类群	(1) 旱生植物 (2) 中生植物 (3) 湿生植物 (4) 水生植物 (5) 喜钙植物 (6) 嫌钙植物 (7) 虫媒植物 (8) 风媒植物 (9) 狭湿植物 (10) 广温植物 (11) 长日照植物 (12) 短日照植物 (13) 指示植物
		6) 动物群栖息地	(1) 苔原动物群 (2) 针叶林动物群 (3) 落叶林动物群 (4) 热带森林动物群 (5) 稀树草原动物群 (6) 荒漠草原动物群 (7) 内陆水域动物群 (8) 海洋动物群 (9) 野生动物栖息地 (10) 各种动物放养地
		7) 物候季相景观	(1) 春花新绿 (2) 夏荫风采 (3) 秋色果香 (4) 冬枝神韵 (5) 鸟类迁徙 (6) 鱼类洄游 (7) 哺乳动物周期性迁移 (8) 动物的垂直方向迁移
		8) 其他生物景观	(1) 典型植物群落（翠云廊、杜鹃花坡、竹海……）(2) 典型动物种群（鸟岛、蛇岛、猴岛、鸣禽谷、蝴蝶泉……）　　　　　　　　　　　　　（合计67子类）
二、人文景源	5. 园景	1) 历史名园	(1) 皇家园林 (2) 私家园林 (3) 寺庙园林 (4) 公共园林 (5) 文人山水园 (6) 苑囿 (7) 宅园圃园 (8) 游憩园 (9) 别墅园 (10) 名胜园
		2) 现代公园	(1) 综合公园 (2) 特种公园 (3) 社区公园 (4) 儿童公园 (5) 文化公园 (6) 体育公园 (7) 交通公园 (8) 名胜公园 (9) 海洋公园 (10) 森林公园 (11) 地质公园 (12) 天然公园 (13) 水上公园 (14) 雕塑公园
		3) 植物园	(1) 综合植物园 (2) 专类植物园（水生、岩石、高山、热带、药用）(3) 特种植物园 (4) 野生植物园 (5) 植物公园 (6) 树木园
		4) 动物园	(1) 综合动物园 (2) 专类动物园 (3) 特种动物园 (4) 野生动物园 (5) 野生动物圈养保护中心 (6) 专类昆虫园
		5) 庭宅花园	(1) 庭园 (2) 宅园 (3) 花园 (4) 专类花园（春、夏、秋、冬、芳香、宿根、球根、松柏、蔷薇……）(5) 屋顶花园 (6) 室内花园 (7) 台地园 (8) 沉床园 (9) 墙园 (10) 窗园 (11) 悬园 (12) 廊柱园 (13) 假山园 (14) 水景园 (15) 铺地园 (16) 野趣园 (17) 盆景园 (18) 小游园
		6) 专类游园	(1) 游乐场园 (2) 微缩景园 (3) 文化艺术景园 (4) 异域风光园 (5) 民俗游园 (6) 科技科幻游园 (7) 博览园区 (8) 生活体验园区
		7) 陵园墓园	(1) 烈士陵园 (2) 著名墓园 (3) 帝王陵园 (4) 纪念陵园 (5) 祭祀公园
		8) 其他园景	(1) 观光果园 (2) 劳作农园　　　　　　　　　　　　　　　　　　　（合计69子类）
	6. 建筑	1) 风景建筑	(1) 亭 (2) 台 (3) 廊 (4) 榭 (5) 舫 (6) 门 (7) 厅 (8) 堂 (9) 楼阁 (10) 塔 (11) 坊表 (12) 碑碣 (13) 景桥 (14) 小品 (15) 景壁 (16) 景柱
		2) 民居宗祠	(1) 庭院住宅 (2) 窑洞住宅 (3) 干阑住宅 (4) 碉房 (5) 毡帐 (6) 阿以旺 (7) 舟居 (8) 独户住宅 (9) 多户住宅 (10) 别墅 (11) 祠堂 (12) 会馆 (13) 钟鼓楼 (14) 山寨
		3) 文娱建筑	(1) 文化宫 (2) 图书阁馆 (3) 博物苑馆 (4) 展览馆 (5) 天文馆 (6) 影剧院 (7) 音乐厅 (8) 杂技场 (9) 体育建筑 (10) 游泳馆 (11) 学府书院 (12) 戏楼
		4) 商业建筑	(1) 旅馆 (2) 酒楼 (3) 银行邮电 (4) 商店 (5) 商场 (6) 交易会 (7) 购物中心 (8) 商业步行街
		5) 宫殿衙署	(1) 宫殿 (2) 离宫 (3) 衙署 (4) 王城 (5) 宫堡 (6) 殿堂 (7) 官寨
		6) 宗教建筑	(1) 坛 (2) 庙 (3) 佛寺 (4) 道观 (5) 庵堂 (6) 教堂 (7) 清真寺 (8) 佛塔 (9) 庙阙 (10) 塔林

(续)

大类	中类	小 类	子 类
二、人文景源	6.建筑	7）纪念建筑	(1) 故居 (2) 会址 (3) 祠庙 (4) 纪念堂馆 (5) 纪念碑柱 (6) 纪念门墙 (7) 牌楼 (8) 阙
		8）工交建筑	(1) 铁路站 (2) 汽车站 (3) 水运码头 (4) 航空港 (5) 邮电 (6) 广播电视 (7) 会堂 (8) 办公 (9) 政府 (10) 消防
		9）工程构筑物	(1) 水利工程 (2) 水电工程 (3) 军事工程 (4) 海岸工程
		10）其他建筑	(1) 名楼 (2) 名桥 (3) 名栈道 (4) 名隧道　　　　　　　　　　　（合计93子类）
	7.史迹	1）遗址遗迹	(1) 古猿人旧石器时代遗址 (2) 新石器时代聚落遗址 (3) 夏商周都邑遗址 (4) 秦汉后城市遗址 (5) 古代手工业遗址 (6) 古交通遗址
		2）摩崖题刻	(1) 岩画 (2) 摩崖石刻题刻 (3) 碑刻 (4) 碑林 (5) 石经幢 (6) 墓志
		3）石　窟	(1) 塔庙窟 (2) 佛殿窟 (3) 讲堂窟 (4) 禅窟 (5) 僧房窟 (6) 摩岸造像 (7) 北方石窟 (8) 南方窟 (9) 新疆石窟 (10) 西藏石窟
		4）雕　塑	(1) 骨牙竹木雕 (2) 陶瓷塑 (3) 泥塑 (4) 石雕 (5) 砖雕 (6) 画像砖石 (7) 玉塑 (8) 金属铸像 (9) 圆雕 (10) 浮雕 (11) 透雕 (12) 线刻
		5）纪念地	(1) 近代反帝遗址 (2) 革命遗址 (3) 近代名人墓 (4) 纪念地
		6）科技工程	(1) 长城 (2) 要塞 (3) 炮台 (4) 城堡 (5) 水城 (6) 古城 (7) 塘堰渠陂 (8) 运河 (9) 道桥 (10) 纤道栈道 (11) 星象台 (12) 古盐井
		7）古墓葬	(1) 史前墓葬 (2) 商周墓葬 (3) 秦汉以后帝陵 (4) 秦汉以后其他墓葬 (5) 历史名人墓 (6) 民族始祖墓
		8）其他史迹	(1) 古战场　　　　　　　　　　　　　　　　　　　　　　　　（合计57子类）
	8.风物	1）节假庆典	(1) 国庆节 (2) 劳动节 (3) 双周日 (4) 除夕春节 (5) 元宵节 (6) 清明节 (7) 端午节 (8) 中秋节 (9) 重阳节 (10) 民族岁时节
		2）民族民俗	(1) 仪式 (2) 祭礼 (3) 婚仪 (4) 祈禳 (5) 驱祟 (6) 纪念 (7) 游艺 (8) 衣食习俗 (9) 居住习俗 (10) 劳作习俗
		3）宗教礼仪	(1) 朝觐活动 (2) 禁忌 (3) 信仰 (4) 礼仪 (5) 习俗 (6) 服饰 (7) 器物 (8) 标识
		4）神话传说	(1) 古典神话及地方遗迹 (2) 少数民族神话及遗迹 (3) 古谣谚 (4) 人物传说 (5) 史事传说 (6) 风物传说
		5）民间文艺	(1) 民间文学 (2) 民间美术 (3) 民间戏剧 (4) 民间音乐 (5) 民间歌舞 (6) 风物传说
		6）地方人物	(1) 英模人物 (2) 民族人物 (3) 地方名贤 (4) 特色人物
		7）地方物产	(1) 名特产品 (2) 新优产品 (3) 经销产品 (4) 集市圩场
		8）其他风物	(1) 庙会 (2) 赛事 (3) 特殊文化活动 (4) 特殊行业活动　　　　（合计52子类）
三、综合景源	9.游憩景地	1）野游地区	(1) 野餐露营地 (2) 攀登基地 (3) 骑驭场地 (4) 垂钓区 (5) 划船区 (6) 游泳场区
		2）水上运动区	(1) 水上竞技场 (2) 潜水活动区 (3) 水上游乐园区 (4) 水上高尔夫球场
		3）冰雪运动区	(1) 冰灯雪雕园地 (2) 冰雪游戏场区 (3) 冰雪运动基地 (4) 冰雪练习场
		4）沙草游戏地	(1) 滑沙场 (2) 滑草场 (3) 沙地球艺场 (4) 草地球艺

(续)

大类	中类	小 类	子 类
三、综合景源	9. 游憩景地	5) 高尔夫球场	(1) 标准场 (2) 练习场 (3) 微型场
		6) 其他游憩景地	(1) 游人中心　　　　　　　　　　　　　　　　　　　　　　　　（合计21子类）
	10. 娱乐景地	1) 文教园区	(1) 文化馆园 (2) 特色文化中心 (3) 图书楼阁馆 (4) 展览博览园区 (5) 特色校园 (6) 培训中心 (7) 训练基地 (8) 社会教育基地
		2) 科技园区	(1) 观测站场 (2) 试验园地 (3) 科技园区 (4) 科普园区 (5) 天文台馆 (6) 通信转播站
		3) 游乐园区	(1) 游乐园地 (2) 主题园区 (3) 青少年之家 (4) 歌舞广场 (5) 活动中心 (6) 群众文娱基地
		4) 演艺园区	(1) 影剧场地 (2) 音乐厅堂 (3) 杂技场地 (4) 表演场馆 (5) 水上舞台
		5) 康体园区	(1) 综合体育中心 (2) 专项体育园地 (3) 射击游戏场地 (4) 健身康乐园地
		6) 其他娱乐景地	（合计29子类）
	11. 保健景地	1) 度假景地	(1) 郊外度假地 (2) 别墅度假地 (3) 家庭度假地 (4) 集团度假地 (5) 避寒地 (6) 避暑地
		2) 休养景地	(1) 短期休养地 (2) 中期休养地 (3) 长期休养地 (4) 特种休养地
		3) 疗养景地	(1) 综合慢性疗养地 (2) 专科病疗养地 (3) 特种疗养地 (4) 传染病疗养地
		4) 福利景地	(1) 幼教机构地 (2) 福利院 (3) 敬老院
		5) 医疗景地	(1) 综合医疗地 (2) 专科医疗地 (3) 特色中医院 (4) 急救中心
		6) 其他保健景地	（合计21子类）
	12. 城乡景观	1) 田园风光	(1) 水乡田园 (2) 旱地田园 (3) 热作田园 (4) 山陵梯田 (5) 牧场风光 (6) 盐田风光
		2) 耕海牧渔	(1) 滩涂养殖场 (2) 浅海养殖场 (3) 浅海牧渔区 (4) 海上捕捞
		3) 特色村街寨	(1) 山村 (2) 水乡 (3) 渔村 (4) 侨乡 (5) 学村 (6) 画村 (7) 花乡 (8) 村寨
		4) 古镇名城	(1) 山城 (2) 水城 (3) 花城 (4) 文化城 (5) 卫城 (6) 关城 (7) 堡城 (8) 石头城 (9) 边境城镇 (10) 口岸风光 (11) 商城 (12) 港城
		5) 特色街区	(1) 天街 (2) 香市 (3) 花市 (4) 菜市 (5) 商港 (6) 渔港 (7) 文化街 (8) 仿古街 (9) 夜市 (10) 民俗街区
		6) 其他城乡景观	（合计40子类）
3大类	12中类	98小类	800子类

注：资料来源于《风景名胜区规划规范》，1999；《风景园林设计资料集——风景规划》，2006。

在崇尚自然的精神活动中，中华民族创造了丰富的天人哲理、山水文化和艺术的生态境域——园林艺术成就；在多样化的地域环境和历史轨迹中，多民族团结奋进的中国，还有着丰富多彩的风土民情和地方风物。

在实际工作中，依据人文景源的属性特征，按其人工建设单元或人为活动单元，将其归纳、划分为4个中类、34个小类、270个子类。其中，4个中类是：

园景　是指园苑景观（见彩图6）。
建筑　是指建筑景观（见彩图7）。
史迹　是指历史遗迹景观（见彩图8）。
风物　是指风物景观（见彩图9）。

(3) 综合景源

中国文化璀璨，综合景源荟萃。所谓综合景源，是由多种自然和人文因素综合组成的中、小尺度景观单元，是社会功能与自然因素相结合的景观或景地单元。综合景源大都汇合于一定用地范围，常有一定的开发利用基础，然而尚有相当的价值潜力需要进一步发掘评价和开发利用。

中国文化的重要特征之一是重视人与自然的和谐统一，强调人与自然的协调发展。在历史发展进程中，人类不断地认识、利用、改造自然，使原生的自然逐渐增加了人的因素，并日益成为人化的自然。然而，在这个"自然的人化"过程中，人类自身也逐渐地被自然化了，风景旅游日益成为人的一种基本需求。人们追寻自然、回归自然，就是为了使身体和精神更多地与自然交融，从而使个人和社会更加健康而愉快的生存与发展。随着人口增加和社会进步，这种需求更加重要，并向多元化发展，从而产生多种类型的社会功能与自然因素相结合的景观环境或地域单元，其中不乏可以作为综合景源看待者。

对待综合景源，可以依据其主导功能属性，按其活动特征和自然单元，将其归纳为 4 个中类、24 个小类、逾 111 个子类。其中，4 个中类是：

游憩景地 是指野游探胜、求知求新的景观或景地（见彩图 10）。

娱乐景地 是指游戏娱乐、体育运动、求乐求新的景观或景地（见彩图 11）。

保健景地 是指度假保健和休养疗养的景观或景地（见彩图 12）。

城乡景观 是指可以观光游览的城市和乡村景观（见彩图 13）。

参考文献

褚泓阳．2002．园林艺术 [M]．西安：西北工业大学出版社．

张国强．2003．风景规划——《风景名胜区规划规范》实施手册 [M]．北京：中国建筑工业出版社．

魏民．2008．风景名胜区规划原理 [M]．北京：中国建筑工业出版社．

张国强．2006．风景园林设计资料集——风景规划 [M]．北京：中国建筑工业出版社．

中华人民共和国建设部．1999．GB 50298—1999．风景名胜区规划规范 [S]．

第5章 风景园林艺术设计原理

5.1 中国传统园林造园技艺的理论引导

从园林发展史的角度来分析,中国传统园林是指中国古典园林,即在中国的农耕经济、封建集权制度、封建文化及意识培育下成长起来的园林,主要是民国以前的园林,包括皇家园林、自然园林、私家园林、寺观园林,以及一些书院园林、陵寝园林等。从其造园风格及造园手法来说,中国传统园林也可指在造园中,使用了中国传统造园技艺及形式的园林。

本节将着重讨论中国传统园林的造园技艺及方法。

5.1.1 运用多种元素进行造景

园林的造景元素,主要有山石、花木、水、建筑、园路与地形等,再结合风、雨、雪、雾、霜等天气变化来表现出园林的季节与时间变化,为园林增添更多的魅力(图5-1)。

中国传统园林里的建筑不同于住宅等功能性建筑,更多的是从造景艺术性来考虑的,它是属于园林整体环境的,有机地组织在一系列风景画面中。中国建筑的木构架结构决定了中国建筑的形象之美异于其他建筑形式。形象通过单体建筑的形式多样以及屋顶与屋顶之间形成的优美的轮廓线来表现,然后再借助树木、山石等的掩映,表现出独特的意境。利用建筑内部空间与外部空间的通透、流动的可能性,

图5-1 拙政园山水花木建筑融为一体

把建筑的小空间与自然界的大空间沟通起来。建筑的类型形式多种多样,可以满足各种地形及环境对建筑体量与形式的要求,使得建筑成为园林中的主题因素。

山石在园林中被艺术地使用,以北方皇家宫苑和南方私家园林为多,在世界园林中独树一帜,从历史文献记载和现存假山的堆叠技法来看,主要有以下一些方法:假山布局方面讲究从园林整体布局出发,安排山体在园林中的具体位置。根据园的大小来安排是采用土山还是土石兼用或是叠石为山,大园多采用土山或土石兼用,以做建筑营造或植物种植的基础,小园则采取叠石为山或置石为架构。堆山讲究山之深远、平远与高远。在石质假山方面,讲究山之纹理,采用绘画之皴法。山是自然之山,

因此有山麓、山坡、山顶、山谷之分，更是模仿悬崖峭壁、峰峦、山洞、溪涧与瀑布之自然之貌，取天然之趣。在置石方面，则讲究石之形态、颜色、放置方式、放置的位置。置石尤以江南园林中的特置与散置的艺术性较高，如苏州的太湖石，是常用的石材，常作为特置或散置。特置石一般被称为"峰石"，以大块高耸俏立的整石为美，陈从周先生称之为"美人峰"，该峰可放于庭院空间，或点乔松奇卉下，也可立于水际。园林无水不活，中国传统园林是极其重视水的，对水的创作形成了独特的技法，称之为理水。探寻水源，将其合理地布置于园中，如在小园中多集中用水，在大园内分散用水；但是对于水体的形式则是以相对的方式概括为点、线、面3种形式，具体表现为瀑布、溪涧、河流、湖泊与池塘等；而在理水技法方面又形成了相互联系的方法，概括为"分、隔、破、绕、掩、映、近、静、声、活"十字箴言，在建筑、花木、山石等的配合下，形成了一个穿花渡水、水陆迂回、烟雨迷离的自然山水园林。

在体现园林季节变化与历史感方面，植物表现出了极其独特的一面，计成则说"斯谓雕栋飞楹构易，荫槐挺玉难成"，说明大树与古树的独特价值，树木在中国园林里被赋予独特的人格品格，传统园林追求的是步步成景，面面可观，植物在园林里，可做主景，如以植物为主题的"玉兰堂"、"樱花园"等，也可做建筑、山石、水等的配景。而在植物配置方式上则形成了以植物形体为美的孤植树，表现植物枝叶交错的丛植、表现树木群体的群植，如西湖花港观鱼的雪松大草坪。中国传统园林里偏好木本植物，并少使用绿篱，多注意植物的姿态，更注重植物与建筑、山水等的协调。

5.1.2 营造诗情画意的艺术境界

中国园林追求的境界表现为3个层次，第一个层次是"生境"（图5-2），即表现的是活泼的境界，草木滋润、生机勃勃、鸟儿欢叫、泉水叮咚、鲜花怒放、树木葱茏、远山在青黛中。在这样的环境下，设置了能为人们提供各种功能活动的符合生活美的元素，如舒适的坐椅、能遮蔽夏日酷暑的凉棚、能遮挡冬日寒风的小亭、跨越小溪的汀步或小桥，如此等等。生境也就是自然美与生活美的结合，还没有上升到艺术美的境界。在这种境界下，人们享受到的是欢快与愉悦，感受到的是生命，是生活多么的舒适。

中国园林的第二个层次就是"画境"（图5-3），就是把从自然和生活中发现和体验到的美，通过取舍、概括、熔炼和提高，使之成为一个有主次、有烘托、有呼应的多样统一的完整布局，把生境美的素材通过艺术加工，融入中国山水画的笔意，上升到艺术美的境界，就上升到了画境。中国古典园林都是根据中国山水画的布局理论来造景布局的。中国园林的造景，力求达到"一峰而太华千寻，一勺则江湖万里"的神似境界。画境是中国园林的第二层次艺术境界，是生境的提高和升华。它是在生境美的基础上艺术加工各元素，使园林创作臻于完美、成熟。

中国园林不但要创造富有生机的生境和富有画意的画境，而且更要创造"触景生情"能产生浪漫主义的激情和理想主义的追求，"寻找可以显现心灵方面的深刻而重要的旨趣"（黑格尔《美学》），进入情景交融的境界，这就是中国园林的第三层次艺术境界——意境（图5-4）。

那么如何创造意境，我们在中国文学诗歌书法等与园林艺术的关系中已有叙述了，不再赘述。

5.1.3 组景手法多样

园林中的景点不是单一的，往往是多个景点或景区结合在一起形成了完整的格局的（可以简单地把这种方法称为组景）。具体的方法主要有以下几种：

(1) 突出主景

突出主景，主景是重点、是核心、是空间构图中心，能够体现园林的功能与主题，是全

图5-2　西湖某桥春色

图5-3　苏州金鸡湖，树木具有画意

图5-4　拙政园塔影亭

园视线控制的焦点，也是精华所在，具有压倒群芳的气势，富有艺术上的感染力，是观赏者视线集中的焦点；配景起着陪衬主景的作用，对主景应该起到"烘云托月"的作用，配景的存在能够使主景"相得益彰"时，才能对构图有积极意义，如果配景扰乱主景，就应该坚定抛弃。突出主景的方法有：主景升高法、中轴对称法、对比与调和法、动势集中法、渐进法、重心处理法、抑景法。

(2) 增强景深

景深可分为3层，即前景、中景与背景，也叫近景、中景与远景。前景是用来装点画面的，中景的位置宜于安放主景，背景都是有助于衬托突出中景的，不论远景与近景或前景与背景，都能起到增加空间层次和深度感的作用，使景色深远、丰富而不单调。远景距离较远，轮廓的概括

性虽强，但缺乏细部的感染力，有时远景前方，没有近景、中景的陪衬，缺乏空间景深的感染力，有时由于远景视域广阔，在广阔的视域中一时很难选择最富于画意的构图（图5-5）。因此，对前景的艺术加工，就十分必要，在这方面，我国传统园林中的方法主要有以下几种：添景、夹景、框景与漏景。

(3) 借景

借景，即有意识地把园外的景物"借"到园内视景范围中来。一座园林的面积和空间是有限的，为了扩大景物的深度和广度，丰富游赏的内容，除了运用多样统一、迂回曲折等造园手法外，造园者还常常运用借景的手法，收无限于有限之中。借景有多种方式，如《园冶》所说："如远借、邻借、仰借、附借、应时而借"。远借是指借园外远处的景物，把它引入园内成为全园

图5-5 前景较弱

景观的一个组成部分，从而达到扩大园内空间的效果。

(4) 对景

位于园林轴线及风景线端点的景物叫对景。对景可以使两个景观相互观望，丰富园林景色，一般选择园内透视画面最精彩的位置，用作供游人逗留的场所。如休息亭、树等。这些建筑在朝向上应与远景相向对应，能相互观望、相互烘托。对景可以分为正对和侧对两种。例如，颐和园内谐趣园的饮绿亭与涵远堂两个景观严格互为对景。而侧对比较自由，表现景物的某一面，起到"犹抱琵琶半遮面"的效果。

(5) 障景

障景，是在园内设障景，使视线受阻，令游人产生"山穷水尽"之感。随之改变空间行走的方向，园景逐步展开，达到"柳暗花明又一村"的境界。障景具有双重性，一是屏障景物，改变空间引导方向，二是作为前进方向的对景，所以障景本身的景观效果也是很重要的。

(6) 隔景

隔景，是将园林分隔为大小不同的空间景域，使各空间具有各自的景观特色而互不干扰。隔景是把整个园林化整为零，能起到小中见大、园景深不可测和丰富景观的效果。它与障景的不同之处在于障景是出其不意，而且本身就是景，隔景旨在分隔空间景观，并不强调自身的景观效果。圆明园就是利用隔景的手法，构成大小景区40多个，正因为如此，风格迥异的西洋园能出现于圆明园中。

隔景有虚隔、实隔与虚实隔之分。一般来说，两个相邻的空间互不透露的为实隔，如颐和园中的谐趣园、无锡的寄畅园都用高墙隔开，属实隔。两个空间相互透漏的为虚隔，如用水体、山谷、堤、桥以及道路等分隔，形成空间与空间之间完全通透的形式。两个空间虽隔又连，隔而不断，景色能互相渗透，如用开漏窗的墙、长廊、铁栅栏、花墙、疏林、花架等分隔的空间称为虚实隔。

5.1.4 空间变化，景观契合和谐

中国古典园林的核心在于通过丰富景观要素间自然、和谐、富于变化的空间关系，表现出"天人"淡泊的精微韵律。实现从整个园林空间乃至宇宙空间与一花一石的高度契合，实现整个园林境界与每一景观要素风格的高度统一。因此，造园艺术最重要的内容与技巧就是各园林局部空间的相互组合、转换等。

为了在园林方寸间构建出精巧完美的景观，努力使园林中的每一个细节与园林总格局更为适应、和谐。如网师园中部水院（图5-6），空间狭小，但是人们身处其内时，并不感觉其小，相反觉得亲切宜人，这是因为园内的景物与空间遵守符合比例、符合尺度的法则，既然无力去扩大面积，那么就在狭小的面积内，通过对植物种类、体量、数量、姿态及搭配进行合理的设计（图5-7），对假山的规模、水面的面积、建筑的数量等进行合理的裁剪，形成了以水为中心，环池亭阁，廊庑回环，岸上古树花卉古、奇、雅、色、香、姿著见，并与建筑、山池相映成趣，构成主园的闭合式水院，东、南、北方向的射鸭廊、濯缨水阁、月到风来亭及看松读画轩、竹外一枝轩，集中了春、夏、秋、冬四季景物及朝、午、夕、晚一日中的景色变化，在方寸之间尽显宇宙之奥妙。

颐和园万寿山前后集各类殿宇、亭阁、汉式及

藏式宗教建筑、买卖街之诸如商肆、仿田园农舍的景区、仿江南私园的小园等，内容之多，规模之庞大，完全是整个社会文化体系的高度浓缩。这是因为园内使用了空间分隔与变化的方法。在大园之中有园中园之分，而在小园内，则通过空间的曲折、收缩与开放、狭长与阔大、虚实相交等手法，形成一个空间序列，而这一切则是建立在园路与周围建筑或植物等元素的距离远近的基础上，如此就形成了一个多变的空间，进而达到步移景异的动态观赏效果。

5.1.5 因地制宜，因景制宜

园林造景的指导思想是因借自然、效法自然而又高于自然，做到"虽由人作，宛自天开"的艺术水平。那么如何做到呢？

计成在《园冶》中提出园林造景要因地制宜进行，要利用自然地貌和周边景物，同时还要运用借景的方法将好的景物组织到园林构图中。"因者，随基势高下……宜亭则亭、宜榭则榭。""高方欲就亭台，低凹可开池沼。""园地惟山林最胜，有高有凹、有曲有深、有峻而悬、有平而坦。……入奥疏源，就低凿水。"则"自成天然之趣，不费人事之工"。在种植设计方面，"新筑易乎开基，只可栽杨移竹；旧园妙于翻造，自然古木繁花"。这生动地说明了在进行园林布局时，要提前相地，把每一块地的现状都了解清楚，根据地形来安排山水、植物、建筑与道路等，而且在安排的时候，要师法自然，使作出的每一景都生动，符合自然。如对树木的栽植方式，就表现了因地制宜的原则（图5-8），布置群落以体现林际线和季相变化，孤植表现孤立树的姿态，丛植则表现树木间的俯仰、胖瘦等差异，或者修剪树木，使之具有各种形态，造花木景。

因地制宜是在未构筑风景时，按着地形来进行布局。若已有景色，这就要用到因景制宜的方法了，因景制宜是为了表现景点突出景点，对周边环境所采取的一些措施。如园林里开辟透景线，随景开路，为景点添加前景或背景等。

5.1.6 象征手法的使用

中国古典园林是一个处处有主题的园林。主题，更多的是通过园的题名或景点名表现出来的，这些主题不仅表现风景，更表现了情景交融的意境美，透过主题，我们看到的是园林里处处使用的象征手法。

图5-6 网师园中心水院

图5-7 网师园殿春簃庭院

图5-8 墙角栽种体量小的竹子

象征是从生活、从现实中抽丝剥茧,观察并提取到事物的本质与内涵,将两个本不相关的事物放在一起进行比喻或比拟,借助汉字表意独特的特点,获得了富有韵律美的名称。

造园的元素本身就极具象征意义,典型的如太湖石,仪态万千、玲珑剔透,因而在狮子林里被广为使用,以象征佛家所说的狮子吼(图5-9)。古人擅用"君子比德"给大自然的一草一木赋予人的品格,使得植物有了精神,植物成了人品德的象征,竟而有了"岁寒三友"对松竹梅的赞美,也衍生了"远香堂"、"梧竹幽居"、"海棠春坞"等以植物为主题的园林景点。圆明园中"九州清晏"、"万字楼"等无不表现大清江山永固的象征手法。颐和园乐寿堂里"扬仁风"的扇面亭,寓意和宣扬的是皇家恩推四海、惠泽万民,体现和粉饰的是帝王"仁者爱人"的情怀;而拙政园"与谁同坐轩"的扇面亭,则蕴涵的是人傲然立于天地间,只与明月清风为伍,表现出孤高的气质。"与谁同坐"反问,拨动了游客的心弦,使我们都要问下自己内心"谁与我同坐,我与谁同坐呢?"使之与山水共鸣,人们要去捕捉、去聆听清风明月下的天籁之音,去咀嚼醇美的诗意,去眺望举目入画的景色,真是美不胜收。

在构景手法方面如"一勺则江湖万里,一峰则太华千寻",就是典型的象征手法,以移天缩地手法,来表现祖国山河的壮美(图5-10)。环秀山庄的大假山不仅表现了山林的氛围,更是以"丈山尺树"表现了"咫尺山林",在方寸之间,营造了一座集幽静与壮美于一体的假山。

中国传统园林的造园技艺博大精深,是融合多

图5-9 狮子林太湖石

图5-10 苏州博物新馆连绵起伏的山

门艺术及科学技术方法形成的，以上介绍的 6 类方法看似简单，实则不然，造园技艺是"有法无式"，需要融会贯通，在实践中学习，在实践中提高，6 类方法互相交织，互相配合，才能创造出中国传统园林。在当前新时代下，造园的条件、材料、技术已经发生了很大的变化，但是这些造园的理论与技法是放之四海而皆准的，是中国传统园林的精髓，需要我们孜孜不倦地去学习、去实践。

5.2　园林形式美的设计原理

园林中有各种功能需要及各种景观需要。为了满足这些需要，构图应是多种多样的。正是由于构图的变化多端，才使园林景致丰富多彩。园林设计构图要在统一的基础上灵活多变，在调和的基础上创造对比的活力，使园中整个景点序列富有一定的韵律和节奏，这就要求在设计时按照一定的美学法则进行。

形式美是指各种形式要素（点、线、面、体、色彩等）有规律的组合，是许多美的形式的概括反映，是多种美的形式所具有的共同特征，适用于所有的艺术创作。园林设计的构图与其他艺术表现形式一样，都遵循形式美的构图规律，即变化统一规律或称多样统一规律。不同的艺术门类因物化结构与符号体系的差异，在形式美的规律体现上有不同的侧重和形式特点。在运用这些艺术法则时，要以园林的自身特点、使用功能和审美要求作为主要依据，根据园林绿地的性质、功能要求和景观要求，把各种内容和各种景物，因地制宜地合理布局，实现园林设计多样统一的形式美感。"有法无式"乃是中国古典园林艺术创作的重要法则，"法"即法则，指总的艺术法则及原则；"式"是指呆板机械的规则图式。造园必须按一定的艺术形成规律进行组织创作。园林设计的形式美法则主要表现在以下几个方面：整体与局部、重点与一般、对比与协调、分隔与联系、层次与序列、韵律与节奏、比例与尺度。

5.2.1　整体与局部

整体与局部是形式美变化统一规律在园林整体布局中的具体应用。统一与变化的关系也是整体与局部的关系。统一意味部分与部分及整体与整体之间的和谐关系；变化则表明其间的差异。统一应该是整体的统一，变化应该是局部的变化。整体是由不同的局部组成的，每个组成整体的局部都有自己的个性，表现在功能和艺术构图上。但它们又要有整体的共性，体现在功能的连续性、分工关系和艺术内容与形式的完整协调方面。园林中每个局部的功能发挥和艺术效果的展现都受到整体的制约，而每个局部又都影响到整体的效果发挥，二者相辅相成。过于统一易使整体单调乏味、缺乏变化；变化过多则使整体杂乱无章、无法把握。可见在园林设计中要抓住整体的重要性，也要在整体的统一中寻求局部的多样性。

5.2.2　重点与一般

自然界的一切事物都呈现出主与从的关系，这种差异对比，形成了一个协调的整体。当主角和配角关系很明确时，心里也会安定下来；如果两者的关系模糊，便会令人无所适从。所以，主从关系是景观布置中需要考虑的基本因素之一。

5.2.2.1　达到统一的重要手法——建立良好的主从关系

在众多的园林构景空间中，必有一个空间在体量或高度上起主导作用，其他大小空间起陪衬或衬托作用。同样，在一个空间中也要有主体和客体之分，主体是空间构图的重心或重点，起主导作用，其余的客体对主体起陪衬或烘托作用，这样才能主次分明，相得益彰地共存于统一的构图之中（图 5-11，图 5-12）。

凡成为名园的构图，重点必定突出，主次必定分明。中国古典皇家园林中的颐和园、北海重点突出，能给人以极深刻的印象。在特定的空间宜形成视觉中心，使人的注意范围有一个中心点，才能造成主次分明的层次美感，这个视觉中心就是布置上的重点。但要注意，重点过多就会变成没有重点，主体孤立即形成孤家寡人。配角的一切行为都是为了突出主角，切勿过分强调客体，喧宾夺主。在园

图5-11 颐和园（山体高出地面60m，佛香阁高30m）

图5-12 北海琼华岛

林构图中常采取对位和呼应的手法以取得主从之间的联系，采取对比与衬托的手法以显出两者之间的差异。

对位是通过关系线按一定规律处理各组成部分相互间的位置关系。轴线对称的布置，容易体现出较强的对位关系；自由布置，则往往要求更高的手法，来取得其间的对位关系。对位得宜能使整个构图统一协调。如在天安门广场的构图中，天安门、人民大会堂、革命历史博物馆列居左右，而形成广场的次轴线，人民英雄纪念碑位于广场中心，而天安门、革命历史博物馆、正阳门、人民大会堂又恰在以人民英雄纪念碑为圆心的圆周上，这些对位关系，表明人民英雄纪念碑为广场的构图中心。常用的对位关系可以是轴线、圆形、方形、矩形、三角形等，规则式构图的主体位于几何中心，而自然式构图的主体位于其自然重心上。

呼应是指组成部分之间在对位上的主从关系，采用呼应的关系引导对位，以取得主从之间的联系，使构图统一协调。呼应的手法很多，有布局上的呼应，造型风格上的呼应，种植上的呼应，色彩上的呼应等。如两个相对的山头，一主一从，在布局上取得呼应。

5.2.2.2 重点处理

重点处理是园林构图中运用最多的手法之一。对园林的主体和主要部分采用重点处理，使其更加突出；一般部分加强其表现力，在统一上求变化。园林的主体和主要部分是指园林的主要出入口、主景区、主景、主要道路、水体等。一般部分指园林的关键部位，如道路的交叉口、转折处、游人视线的焦点（图5-13）。

5.2.3 对比与协调

对比与协调是园林艺术布局的一个重要手法，是运用多样统一基本规律去安排景物形象的具体表现。或者说是利用人的错觉来互相衬托，再进行整体协调。组成整体的要素之间在同一性质的表现上都有不同程度的比较关系。

在同一性质上有共性也有个性，当个性大于共性时，人的错觉差异程度就越大，对比就越强烈，

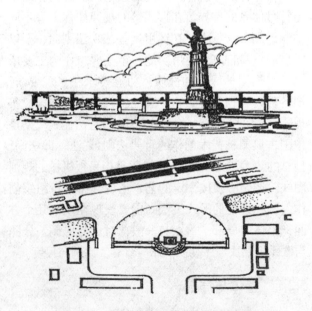

图5-13 哈尔滨市防洪纪念塔突出主景

越能突出各自的特点；如果共性占有优势，个性的成分较少时，错觉差异程度就越小，彼此就越和谐，越易产生完整的效果。所以园林景物的对比与协调，是一种差异程度的变化。

5.2.3.1 对比与协调的原则

对比原则是把迥然不同的事物并列在一起，通过彼此对照、互相衬托，更加鲜明地突出各自的特点，令人感到醒目、鲜明、强烈和活跃。协调原则是把相似的事物放在一起，达到多样化的统一，使人感到协调统一。微差的积累能使景物逐渐变化，或升高、壮大、浓重而不会感到生硬。微差是借助彼此间的细微变化和连续性以求得协调。园林建筑中冰裂纹窗户，花纹比较自由，每个窗格都相似，既有整体感，又有自然雅致的意蕴。

没有对比会产生单调，而过多的对比又会造成杂乱，只有把对比和微差巧妙地结合起来，才能达到既有对比又有协调的一致效果（图5-14，图5-15，彩图14）。

5.2.3.2 对比与协调的方法

(1) 形象对比和调和

相似或相同的形象容易取得协调的效果，如圆形的广场与圆形的花坛便于形象的协调统一；如果城市广场设计常以方形广场达到大方稳定的效果，中央布置圆形的水池、跳跃的喷泉，又使广场稳定中不乏运动的快感。

园林植物中黑杨与碧桃、合欢与圆柏等都形成对比（见彩图15）。人工修剪的整齐绿篱与自然生长的树姿也形成形体上的对比。古典园林中在建筑围合的庭院内布置自然式水池，其对比使水池的形象得到突出，同时自然式的水池又打破了空间的封闭感，柔媚的水体使生硬的建筑庭院空间活泼起来

(2) 体量对比和调和

景物大小不是绝对的，而是相形之下比较而来。体量不仅是指园林景物的实体大小而言，实际上还有粗细与高低的对比关系等。如同样2m高的杜松和黄刺玫，它们体量的对比也是粗细的对比。两个体量不同的物体放在一起比较，则大者越大，小者也越显其小。但把两个体量相同的物体一个放在空旷的开敞空间中，另一个放在天井中，则反差较大，给人以不同的量感。通过缩小景物尺寸可使景物的体量与小空间达到协调，中国古典园林中就凭借适应小园林空间的设计手法，产生了"一拳则太华千寻"、"一勺则江湖万顷"的立意和效果。同样，园林造景常在一定空间中，通过扩大景物比例，限制视距的手法，巧妙地利用空间体量对比，使景物产生增大的错觉，以小衬大，强调重点。中国古典园林中常以置石为主景，并以一石代表一峰，还常将置石放在小空间中达到以小见大的效果（图5-16）。

(3) 方向的对比和调和

园林中的实体或空间具有线的方向性时，便产生了线与线、线与面的方向性对比。相反的方向或互成直角的方向都有对比的感觉。在园林造景的形

图5-14　颐和园乐寿堂什锦窗的微差

图5-15　十七孔桥的微差

图5-16 冠云峰在小空间内的效果

体、立面、空间上，常运用垂直或水平方向的对比以丰富园林景观。园林规划设计中主副轴线形成平面方向的对比；山与水形成立面上的对比。在建筑组合的立面处理上纵横方向以及交叉处理等，都可使空间造型产生方向上的对比，增加赏景的情趣，打破空间的单调感。

(4) 开合的对比和调和

开合对比是指开敞空间与闭合空间的过渡缓急过程。游览过公园山洞的人都应该感觉到，如果从开敞空间骤然进入山洞的闭合空间，会视线受阻，有一种天地变小的感觉，很压抑；同样，当从山洞的闭合空间转入开敞空间时又会有心情舒畅、豁然开朗的感受。空间的开合变化不但达到了强调变化的目的，同时也增加了空间层次和景深。

利用收、放、开、合，形成了景观空间的变化序列，同时又富于节奏感。如北京颐和园的后湖"苏州河"，便是采取了空间开合变化以求景深。颐和园中苏州河的河道由东向西，随万寿山后山山脚曲折蜿蜒，河道时窄时宽，两岸古树参天，影响到空间时开时合、时收时放、交替向前，通向昆明湖。合者，空间幽静深邃；开者，空间宽敞明朗；在前后空间大小的对比中，景观效果由于对比而彼此得到加强。最后来到昆明湖，则更感空间之宏大，湖面之宽阔，水波之浩渺，使观赏者的情绪，由最初的沉静转为兴奋，再沉静，再兴奋，把游人情绪引向高潮，感到无比兴奋。这种对比手法在园林空间的处理上是变化无穷的。

(5) 虚实的对比和调和

空间的明暗关系有时表现在虚与实的关系上。虚的物体如水、云、雾、门、窗、洞等，给人以轻松、空灵、秀美等感觉。而实的物体如山、石、墙、建筑等给人以厚重、沉稳等感觉。山水对比，山是实、水是虚；建筑与庭院对比，则建筑是实，庭院是虚；建筑四壁是实，内部空间是虚；墙是实，门窗是虚；岸上的景物是实，水中倒影是虚。由于虚实对比，使景物坚实而有力度，空灵而又生动。园林中常用虚实对比布置空间，达到"实中有虚，虚中有实，虚实相生"的目的。园林中有时要扩大心理上的空间层次感，就在实墙处设一假门，这也属于虚中有实的手法。虚实的对比和开合对比、明暗对比又有联系，因为明处有实感，暗处有虚感。例如，圆明园九州"上下天光"用水面衬托庭院，扩大空间感，以虚代实；再如苏州怡园面壁亭的镜借法，用镜子把对面的假山和螺髻亭收入镜中，以实代虚，扩大了境界。此外，还有借用粉墙、树影等产生虚实相生的景色（图5-17，图5-18）。

(6) 色彩的对比和调和

色彩是园林艺术意境中引人注目的重要因素。色彩具有色调、明度、色度3种属性。统一的色调或相近色调进行配色时，可以到达调和的目的。园林植物配置中色彩对比的实例很多，如红色的枫树与绿色的背景对比，圆柏与白丁香的对比。中国皇家园林建筑中，朱红油漆的木装修与汉白玉栏杆，以及江南园林中栗色装修与粉墙的对比等，都会产生不同的意境。如中国古典园林中的白粉墙、小青瓦、湖石等组合，构成了祥和、协调的居家氛围。

图5-17 窗为虚，窗间墙为实

图5-18 实体墙为实，花墙为虚

色彩的对比，包括明度对比、色调对比、色度对比和补色对比。

所谓明度对比，就是利用受光不等所表现的明暗变化和深浅变化使景物层次变化的方法。如白色雕塑与灰色景墙之间的对比，深色植物与浅色建筑物之间的对比等。

所谓色调对比，是将不同色调的景物对比布局的形式。如秋季在红色叶的枫树、黄色叶的银杏树之后，宜有深绿色的背景树来衬托。"溪湾柳间栽桃"，阳春三月，桃红柳绿，红桃依柳，以绿衬红，景色迷人。

所谓色度对比，是把色度不同的两种颜色放在一起时，色度高的颜色看上去更加鲜艳，色度低而浑浊的颜色则比较灰暗。

所谓补色对比，是互补色放在一起时，颜色的鲜艳程度会加强。

色彩具有不同的冷暖感、轻重感、兴奋感和沉静感。一般情况下，暖色系较冷色系的颜色看起来更为活跃，并且物体看起来比实际的大。背景暗时亮的颜色更亮，背景亮时暗的颜色更暗。

色彩的轻重取决于明度，明度越低感觉越重，明度越高则感觉越轻。颜色的兴奋感和沉静感与色调、明度、色度都是关联的，但色度影响最大。在色调上越偏向红色就越加兴奋，越偏向蓝色就越加沉静（表5-1）。

表5-1 色彩的情调表

色彩	情调
红	非常温暖、非常强烈、非常华丽、锐利、沉重、有品格、愉快、扩大
橙	非常温暖、扩大、华丽、柔和、强烈
黄	温暖、扩大、轻巧、华丽、干燥、锐利、强烈、愉快
黄绿	柔和、温润、柔软、扩大、轻巧、愉快
绿	温润
蓝绿	凉爽、温润、有品格、愉快
蓝	非常凉爽、温润、锐利、坚固、收缩、沉重、有品格、愉快
蓝紫	凉爽、坚固、收缩、沉重
紫	迟钝、柔和、软弱

（7）质感的对比和调和

所谓质感，是由于感触到素材的结构而有的材质感。粗糙的材料有稳重、厚实之感，细腻的材料有轻松、欢快感。金属给人坚硬、寒冷、光滑的感觉；草地让人感受到的是柔软、轻盈、温和的感觉；从石头上感受到的是沉重、坚强、强壮等感觉。在园林绿地中，可利用植物与建筑、道路、广场、山石、水体等不同材料的质感，形成对比，增强艺术效果。植物间也因树种的不同，有粗糙与光洁、厚实与透明的不同，产生质感差异。利用材料的质感对比，可形成雄厚、轻巧、庄严、活泼、或以人工胜或以自然胜的不同艺术效果。如云南石林的望峰亭建在密集如林的奇峰怪石之巅,通过形、色、质等的强烈对比,产生了奇丽的景色,吸引了众多的游人登亭远眺。质感受观赏距离的影响较大,因此,在观赏路线上视线距离的恰当与否会影响质感的效果(图5-19,图5-20)。

5.2.4 对称与均衡

处于地球引力场内的人都有这样的认识:平衡(包括动态和静态)是一切物体能够处于某种形态或状态的先决条件。这种认识又逐渐演变成了审美观念,即平衡是一种美,实现平衡的手法可以是多种多样的。在园林绿化上常用的方法是对称和均衡。

对称,是一种通过轴线两侧或中心,四周景物完全一致,而使统一体达到平衡的方法。它有点像天平,力矩相等,砝码一样,从而构成了平衡态。均衡,则是通过感觉上的力的总体平衡而使统一体达到稳定的方法。从外表看,在均衡情况下视中线两侧的景物大小、轻重、高低可能都有差异,但由于力矩、物体比重等的不同而同样可以产生力的平衡感。它有点像中国的秤,秤砣虽小,却可与比它重得多的被称物相匹配,奥妙在于力矩的不同。

5.2.5 韵律与节奏

几乎所有的艺术形式都离不开节奏与韵律的充分使用。节奏本为音乐上的术语,是一种节拍,一种波浪式的律动。当形、线、色、块整齐地有条理地重复出现,富有变化地排列组合,就可获得节奏感。而韵律本为诗歌中的声韵、节律,从广义上讲就是一种和谐。形象在时间与空间中展开时,形式因素的条理与反复表现了一种和谐的变化秩序,像音的高低快慢,形的起伏、转折,色彩的渐变等。节奏与韵律二者均表现出一定的规律、富有变化的美感,园林景点、景物布局时也由组成园区的要素有规律地重复,并在重复中组织变化,类似音乐和诗歌上秩序和变化之美,也就是有节奏和韵律的美感。

节奏与韵律往往互相依存,一般认为节奏带有一定程度的机械美,而韵律又在节奏变化中产生无穷的情趣,如植物枝叶的对生、轮生、互生,各种物象由大到小、由粗到细、由疏到密,不仅体现了节奏变化的伸展,也是韵律关系在物象变化中的升华。对比与协调、分隔与联系等也都与节奏与韵律的表现有关。如园林地形的起伏,空间的曲折和动态的序列演进,园林空间的明暗变化、开合变化、虚实变化、疏密变化等都关系到节奏与韵律的表现。

韵律的表现有简单韵律、交错韵律、起伏曲折韵律和拟态韵律等。

(1) 简单韵律

简单韵律是指同一要素按某种规律简单布局排列形成的韵律。如行道树由同一树种等距离栽培,等高、等距的游廊等(图5-21)。

(2) 交错韵律

两种或两种以上要素间隔布局,循环出现即为交错韵律。如"溪湾柳间栽桃";两个品种相间

图5-19 粉墙、置石、藤本植物等质感对比,充满生机　　图5-20 通过质感对比,假山上的亭子显得轻巧舒展

图5-21　花架的柱子为简单韵律

图5-22　绿地与铺装的交替韵律

图5-23　起伏曲折韵律

种植的行道树；一段阶梯与一段平台交替布置等（图5-22）。

(3) 起伏曲折韵律

一片树林中树木有大有小、有疏有密、有远有近则表现出一种起伏曲折的韵律美。如山脊地形线、林冠线的有起有伏，水岸线、林缘线的有进有退（图5-23）。

(4) 拟态韵律

以相似的要素或形式反复出现形成的韵律为拟态韵律。园林中一面墙上各式各样的漏窗往往以拟态韵律出现，其相邻的两漏窗比较相似，它们之间以渐变的形式演进变化，保证了在人们视觉中漏窗的整体性，但又有丰富的变化，体现出一种秩序美。又如在园林铺地中，卵石、片石、水泥板等不同材料，可按纵横交错的各种花纹，组成连续的图案，设计得宜，能引人入胜（图5-24）。

图5-24　拟态韵律

5.2.6　比例与尺度

比例和尺度法是确定园林构图尺寸大小所遵循的法则。园林构成要素的本身或彼此之间都存在着比例和尺度的关系，直接影响着园林构图与造景。

在人的审美活动中，使客观景象和人的心理经验形成一定的比例关系，即景物整体与局部间存在的关系，是合乎逻辑的必然关系。世界公认的黄金分割比值近似为1∶0.618，但在现实审美过程中不仅仅限于黄金分割比例的关系，而应更多见之于人的心理感受。

园林中的比例，包含两方面含义：一是园林景物整体或局部构件本身长、宽、高之间的比例；二是园林景物整体与局部或局部之间空间形体、体量大小的关系。比例一般只反映景物及各组成部分之间的相对数比关系，而不涉及具体尺寸。

表5-2　景观本身宽与高比例不同给人的不同感受

比例	感受
1∶1	端正感
1∶1.618	稳健感
1∶1.414	豪华感
1∶1.732	轻快感
1∶2	俊俏感
1∶2.236	向上感

尺度是景物、建筑的整体或局部构件以人所习惯的一些特定标准尺寸作为度量大小标准。如人

们日常生活中所接触的房屋踏步、栏杆、窗台、座椅、书桌等尺寸是符合使用功能的，称作不变尺度。用这种不变尺度去衡量高大建筑或建筑模型时，按正常的固定比例，原有的实际尺寸发生了变化，这便是比例和尺度的关系。

园林绿地因规模、用地、功能和艺术意境的不同，尺度的处理大不一样。古典皇家园林为显示其雄伟，建筑、道路、广场都采用宏伟的尺度。如承德避暑山庄、颐和园等皇家园林都是面积很大的园林，其中建筑物的规格也很大。而私家园林仅是为了满足少数人起居、游赏之需，因此园中景物小巧精致，体现亲切宜人的环境。如果将皇家园林中宏大的建筑或广场照搬到私家园林中，或将私家园林中的小桥流水放到宏大的空间中都会因尺度不当而招致失败。同样，在今天的公园中完全照搬古典私家园林的尺度也是不合适的。

尺度是否正确没有一个绝对的标准，要考虑到人的使用、习惯、尺度与环境的关系。掌握一些常规尺寸有利于根据需要适度夸大或缩小尺度，如台阶一般宽度不小于30cm，高12~19cm；窗台高100cm；座椅宽45cm，高不小于45cm；花架宽140cm，高270cm等。

园林设计常常依据不同意境要求有不同的尺寸感。如要取得自然亲切的效果，则应采用正常尺度；如果想取得轻巧有趣味的意图，可采用一些缩小尺度的方法，如月亮门、半亭等；夸大尺寸，常常会达到某种特殊效果。如乐山大佛以72m高的超常尺度，较近的观赏距离，给人强烈的震撼力；又如北京天安门前花坛中的黄杨球直径4m，绿篱宽7m，都超出了正常的尺寸，但是与广场和天安门城楼的比例尺寸是和谐的（图5-25，图5-26）。在大空间里近距离赏景会有雄伟、壮观之感，给人强烈的震撼力；在小于习惯尺度的空间里有亲切和趣味感。

比例和尺度在景观设计中往往是比较复杂的，它牵涉人的视野范围内所有物之间的关系问题，如建筑与植物、植物与雕塑、人与建筑等，同时对象的质地、色彩、环境、造型都会对其比例和尺度产

图5-25　72m高的乐山大佛

图5-26　锦绣中华中的微缩景观

生影响。设计时应抓住主要矛盾，从解决宏观尺度入手，全面考虑，逐步把握。

5.3　生态学原理

人们将世界园林的发展过程归纳为3个阶段，即自然阶段、人工阶段和生态学阶段。3个阶段的划分虽然是以园林的实用功能作为主要依据，但也清楚地说明了园林的社会性和时代性。利用自然林地资源时期称为自然阶段，被认为是最早的园林形式的"囿"，见之于中国和波斯，是人类首先有意识地选择和利用自然林地资源。当人们掌握并不断提高种植技术和建筑技术，审美意识逐渐成熟并开始进行人工造园的时候，便称为人工阶段。这个阶段包括皇家园林、寺庙园林、私家园林、邑郊别墅

和现代的城市公园。由于近代生态学的兴起，使人类开始重新认识人与自然之间的内在关系，开始把城市的园林绿化看做是恢复良性生态循环的重要手段之一，把增添了生态内容的园林称为生态学阶段。因此，生态学原理是现代园林规划设计遵循的重要原理之一。

5.3.1 生态学原理应用的缘起

全球性的环境恶化与资源短缺使人类认识到对大自然掠夺式的开发与滥用所造成的后果，应运而生的生态与可持续发展思想给社会、经济及文化带来了新的发展思路，越来越多的环境规划设计行业正不断地吸纳环境生态观念。以土地规划、设计与管理为目的的园林行业在这一方面并不比其他环境设计行业落后。早在1969年美国宾夕法尼亚大学景观建筑师、城市和区域（regional）规划师及园林教育家伊恩·麦克哈格（Ian McHarg）写出了一本引起整个环境设计界瞩目的经典之作——《设计结合自然》，提出了综合性生态规划思想。麦克哈格在该书中运用生态学的理论解决了人工环境与自然环境相协调的问题，并以此为基础，提出土地使用准则和模式，阐述了规划设计中结合自然环境诸要素的方法。麦克哈格对大城市地区规划中如何尊重和利用场地资源，以使人工创造物自觉地与自然资源相适应问题所进行的探索具有非凡的开创意义。他强调对生态设计规划的使用和实践，总结出将生态学和规划设计清晰地联系起来的方法，这种方法就是现在广为人知的可持续能力分析。具体的技术是将手绘半透明的地形、流域、土壤以及濒危的自然和文化资源因子的地图叠加起来，以揭示不同土地对人类的不同用途的方法。这种将多学科知识应用于解决规划实践问题的生态决定论方法对西方园林产生了深远的影响，诸如保护表土层、不在容易造成土壤侵蚀的陡坡地段建设、保护有生态意义的湿地与水系、按当地群落进行种植设计、多用乡土树种等一些基本的生态观点与知识现已广为普通设计师所理解、掌握并运用。

虽然在行业许多人的记忆中，麦克哈格的见解和精神仍然是革命性的，但他并不是第一个在景观建筑中融合艺术、科学、设计和规划的人。他同样也有榜样，其中最有影响的是刘易斯·茫福德（Lewis Mumford）、劳伦·艾斯利（Loren Eiseley）、查尔斯·艾略特（Charles Eliot）、尤金·奥德姆（Eugene Odum）和帕特里克·格德斯（Patrick Geddes），他们指引他沿着这条道路一直走下去。茫福德在很多书中探究了在城市中人类行为是如何与自然过程错综复杂交织在一起的。他几乎没有使用生态学术语，但他的工作与城市的景观规划紧密相关。还有其他同时代的景观建筑师，如杰斯·詹森（Jens Jensen）的工作，特别是他对乡土植物的理解和应用，重建了现在与过去的联系。实际上詹森1939年在《筛选》（*Siftings*）一书中写到"每一种植物都有它的适应性（fitness），必须做到适地适树才能够展示出它们完全的美丽。做到这一点，景观艺术也就展现在其中了"。詹森长期呼吁的自然设计，即基于利用乡土植物的区域景观规划设计，是设计者今天听到的最强的呼声。

1972年，联合国斯德哥尔摩人类环境会议后，欧美等西方发达国家内掀起了"绿色城市"运动，在这场运动中，人们把保护城市公园和绿地的活动，扩大到保全自然生态环境的区域范围，并将生态学、社会学原理与城市规划、园林绿化工作相结合，形成了一些富有新意的理论。20世纪90年代，在电脑科技的辅助下，更多原来应用于区域规划的生态学方法进入城市领域。推动城市生态理论走向成熟，并更加密切地与实践相结合，景观生态学方法就是其中之一。1987年，世界环境与发展委员会完成《我们共同的未来》（*Our Common Future*）发展报告，在这份历时3年才完成的报告中提出了"可持续发展（sustainable development）"的概念。1992年，联合国环境与发展大会通过《21世纪议程》，进一步强调"可持续发展"概念。这在城市与自然融合的生态城市建设构想中加进了时间维度、地方文化和技术特征。目前，可持续发展的城市研究已经开展了大量技术和环境领域的调查研究，如把生态学的理论纳入城市建设理念中，或者把管理理论运用到城市环境规划中。

景观建筑师和规划师经常为将生态学原则应

用于对人实用的景观尺度之中而努力。通常大多数生态研究都是在较大的景观中进行的。因此，将得到的生态原则应用于处理相对小尺度的景观，是生态学家和规划师需要认真对待的问题。此外，传统上，生态学家在大量的景观规划工作中担任的是专家的角色，他们将生态信息组织成景观规划师和设计师容易理解的形式。后者则建立生态的和视觉的，并具有景观意义的模式。因为大多数生态学家不像大多数设计师一样具有视觉思维，生态信息很少能够组织成为景观规划师能够直接利用的方式，这就阻碍了"景观建造和管理具有好的生态结构"的实现。

5.3.2 景观生态学的应用

景观生态学（Landscape Ecology）一词是由德国地植物学家C. 特罗尔（Carl Troll）在利用航片研究东非土地问题时首先提出的。特罗尔开拓了地理学向生态学发展的道路，认为景观生态学是"地理学和生态学的有机组合"。中国最早出现阐述景观生态学的文献是1983年林超先生翻译的特罗尔的《景观生态学》，Forman R. T. T. 对景观的定义是"由生态系统所构成的镶嵌体"；肖笃宁将景观的定义修订为：景观是一个由不同土地单元镶嵌而成，具有明显视觉特征的地理实体，兼具经济价值、生态价值和美学价值。景观生态学首先是地理科学和生态科学的融合，同时由于景观生态学将人的因素融入其中，人的生活方式和文化背景对景观的影响，使景观生态学研究领域扩大到经济和文化的层面。景观生态学的发展经历了3个阶段：①自然景观学阶段：以景观描述为主；②人文景观学阶段：以研究景观建造和景观美学为主；③综合景观学阶段：以景观规划设计和综合开发利用为重点。

景观生态学作为一门相对独立的学科，其核心概念框架有以下几点：①景观系统的整体性和景观要素的异质性；②景观研究的尺度性；③景观结构的镶嵌性；④生态流的空间聚集与扩散；⑤景观的自然性与文化性；⑥景观演化的不可逆性与人类主导性；⑦景观价值的多重性（肖笃宁，1999）。

景观生态学提供了一个概念性的框架。用这个框架，规划师和设计师能够探究土地结构及其相关生态过程是如何形成的。如果景观是人类发展和自然过程之间的界面，那么就意味着景观生态学关注的是人类发展和自然两个过程间的对话发生的介质。景观生态学同时也将景观看成是一种由能量和物质流动连接起来的生态系统间的镶嵌体。在时间足够长的条件下，生态系统将发展成一种视觉和文化的统一体。由于任何尺度的生态系统都能够被研究。不同尺度生态系统间的能量和物质流动都可以识别，所以景观生态学为研究实用规模的景观提供了关键的概念基础。将其延伸，可以说景观生态学关注社会和自然背景的景观。

景观生态学通过使规划师和生态学家从3个不可分割方面的关系角度来理解景观，从而加强了生态学的理论基础：视觉方面，年代学方面和生态系统方面。其要点是如果规划师和生态学家从共同角度理解景观的话，那么生态信息就能够解释得更好，就能够提供具有生态基础的景观和具有地区意义、特征和观念的景观。

5.3.3 城市景观生态学的应用

当代城市中出现的包括环境在内的各种问题，很大程度上是由于不合理的景观生态布局造成的，因此，运用景观生态学的理论和方法对城市进行研究，是解决城市问题的一条新路子（李秀珍等，1995）。从而在城市生态学的基础上又提出了城市景观生态学的概念（董雅文，1993；肖笃宁等，1995）。陈昌笃认为城市景观生态学是景观生态学的一个分支（陈昌笃，1990）。肖笃宁认为：城市是以人为主体的景观生态单元，它和其他景观相比具有不稳定性、破碎性、梯度性。斑块、廊道、基质是构成城市景观结构的基本要素（肖笃宁，1995）。陈传康认为，景观建筑学（Landscape Architecture）（我国称为"风景园林学"）主要从美学、建筑学、历史等角度对城市风貌进行评价、规划设计，而城市景观生态学应该是景观建筑和城市生态学的边缘学科（陈传康，1990）。王华东等认为：城市景观生态学是一门正在蓬勃发展却又不十分定型的学科，它是研究城市景观形态、结构、空间布局及其景观要素之间关系并使之协调发展的科学（王华东等，1991）。

从目前国内外研究的报道来看，城市景观生态学涉及的学科有园林学、建筑学、美学、生态学、环境学、植物学、城市规划学、城市生态学、社会学、经济学、人类学等。不同学者从各自的知识背景出发，对城市景观生态学有不同见解，但研究的中心集中在协调人与环境的关系，通过城市景观空间格局等的研究，解决城市化对城市生态环境所造成的压力，实现城市中人与自然和谐共存的目标。

5.3.3.1　城市景观生态学研究的基本内容

有学者综合国内外研究动向，总结出城市景观生态学研究的基本内容，应包括以下几个方面：

①城市景观空间格局分析及其动态研究　包括土地利用类型的配置，城市中各类斑块、廊道的布局和时空变化。

②城市自然生态景观的研究　以城市生物和非生物环境的演变过程为主线，研究城市自然生态系统中景观的布局和变化对城市的影响。包括对自然植被、次生植被和园林绿地的研究。

③城市景观文化和景观美学的研究　以人为中心，侧重于城市社会系统，对如何结合城市生态进行城市美化、城市形象设计、环境艺术设计以及研究人类历史、思想和行为对城市景观产生、发展的影响。

④城市综合景观生态研究　将城市作为社会—经济—自然复合生态系统，综合研究城市生态系统中的物质、能量的利用，社会和自然的协调；从人类生活、经济运行、环境保护等多层面综合进行研究。

⑤城市环境问题研究　研究主要集中在城市敏感地带的保护、环境清洁优化、城市规模和环境容量的控制、城市自然空间的建立等方面的规划设计和工程建设。

在以上任何一项的研究中，现状分析和评价都是为规划设计和景观建设服务的，景观规划设计和按此规划设计所进行的建设管理才是城市景观生态研究的最终目的。

5.3.3.2　城市景观生态规划遵循的原则

(1) 生态原则

尊重、保护自然景观。将保护环境敏感区与环境管理和生态工程相结合，增加景观多样性，建设绿化空间。

(2) 社会原则

尊重地域文化，将改善居住环境、提高生活质量和促进城市文化进步相结合。

(3) 美学原则

使城市形成连续和整体的景观系统，赋予城市性质特色与时代特色，符合美学及行为模式，以及观赏与实用（肖笃宁等，1998）。

5.3.3.3　城市景观生态规划的趋势

尽管城市景观生态规划的研究报告在不断增加，但国内外很多城市规划仍按照传统的规划思路和方法进行，由政府领导，按照景观生态规划的原理和方法进行的用来指导城市建设并上升为法律或法规的城市规划未见报道。因此，城市景观生态规划应该和城市规划有机地融为一体，并增加其可操作性和可实施性，实现景观生态学实用性强的学科特点。研究如何按照景观生态学的原理和方法，结合我国具体国情，在进行景观生态分析的基础上，进行合理的景观生态规划和建设，从而发挥景观生态学的建设和管理功能，具有更为重要的意义。

5.3.4　生态学原理应用案例

园林设计界有部分设计师在生态与设计结合方面做了更深入的工作，他们可以称得上是真正的生态设计者。这些设计师不仅仅是在设计过程中结合或应用一些零星的生态知识或具有生态意义的工程技术措施，而是在整个设计过程中贯彻一种生态与可持续园林的设计思想。与大多数传统设计仅仅采用从某一专业角度而言合理的解决方法相比，这种设计既不是那种对场地产生最小影响与损坏的所谓"好设计"，也不是简单的自然或绿化种植，而是促进维持自然系统必需的基本生态过程来恢复场地自然性的一种整体主义方法。例如，加州工业大学教授莱尔于1985年出版了《人类生态系统设计》一书，阐明了能量的可持续利用和物质循环设计思想。他还组建了再生研究中心，并且主持了该中心的生态村落的规划设计工程。该生态村的建设完全按照自给自足、能量与物质循环使用的基本原则，充分利用太阳能与废弃的土地、废物回收及再利用等，希望创造一种低能耗、无污染、不会削弱自然过程完整性的生活空间。

例如，沃克事务所在 IBM 索拉纳园区总体规划中提出了景观与环境优先的基本建设原则，保护了大片十分可贵的大草原与岗坡地等当地的自然景观。佐佐木事务所在查尔斯顿水滨公园设计过程中，不仅保留，而且扩大了公园沿河一侧的河漫滩用地以保护具有生态意义的沼泽地。在生态与环境思想的引导下，园林中的一些工程技术措施，如为减小径流峰值的场地雨水滞蓄手段、为两栖动物考虑的自然多样化驳岸工程措施、污水的自然或生物净化技术、为地下水汇灌的"生态铺地"等均具有明显的"绿色"成分。这些工程措施也逐渐为园林设计师所采用。杜伊斯堡北部风景公园的设计遵循了循环利用与净化原则，将原工厂中的废物加工用作为植物生长基质或建筑材料以及将排入河道的地表污水就地净化。齐尔德事务所的观景台公园是沿着哈德逊河的带状公园，为了减少河流污染，公园设置了排水管道，将园内的雨水排到曼哈顿的城市排水系统之中，而不是直接排入紧挨着的河流。

对于当今的环境危机，一些负有社会责任感的设计师与艺术家用设计及艺术作品的形式来表达生态思想与环境意识。沃克于 1995 年在加州美术中心题为"加州的三维空间"展览上展出了一个临时性的庭园"地球表面"。设计师用了 108 个约 45cm×45cm 的种植盒（每一盒还均等地划分为 36 小格）来表示地球表面的海水、淡水（包括固态的冰、可饮用水和被污染的水）、沙漠、森林、草地、农田（包括被荒弃的耕地）、城市（包括工业废弃地）、园林等所占地表的比例。庭园的主题明显带有警世的色彩，设计师用一种独特的方式表达了对生态环境恶化及资源短缺的担忧。更有一些艺术家以艺术创作的形式呼吁人们关注自然及环境。迪尼斯的"麦田—巴特瑞公园城的对抗"和哈理逊夫妇的行动艺术作品"造土"是对城市文明造成的污染与盲目的农业活动耗尽表土的抗议。哈理逊夫妇还对更为大型、复杂的生态系统，如洪泛平原与江河流域、森林以及自然保护区中的一些生态问题感兴趣。"咸水湖生命周期"、"萨瓦河的呼吸空间"和"弯曲的格架"等作品是艺术家对环境问题进行的一系列思考。

5.4　人文原理

园林艺术是一门综合艺术，它涉及的学术领域十分深广，诸如文学、哲学、美学、绘画、戏曲、书法、雕刻、建筑、花木种植等。其中，与园林艺术关系最为密切的是中国古典诗文，这与现今园林设计的人文原理不谋而合。

园林设计特别是美国园林在 20 世纪末期掀起对意义的探索，其原因是多方面的，主要是对否定历史的反思，通过这种否定建立了现代主义园林的设计准则。与 20 世纪前半叶的现代主义时期关心满足功能与形式语言相比，重视隐喻与设计的意义在当今园林设计中日趋普遍，成为西方当代园林设计多元化倾向的特征之一。很多设计师为了体现自然理想或基地场所的历史与环境，在设计中通过文化、形态或空间的隐喻创造有意义的内容和形式，赋予园林景观以意义使之便于理解。

5.4.1　场所精神

园林场所是人们生活、休闲、娱乐的空间环境，由特定地点与其特定形式的空间组成。园林场所因此与物理意义上的空间和自然环境有着本质上的不同，是人们通过与园林空间的反复作用和复杂联系之后，在记忆和情感中所形成的概念。所以，从更为完整的意义上来看，园林场所概念应当是特定的地点、特定的园林空间与特定的人群相互积极作用并以有意义的方式联系在一起的整体。

园林场所的功能不能仅仅满足人们视觉上、功能上等物质形态方面的要求，而更应该满足现代人对于精神方面的追求。只有当人和一处构筑物相遇时场所才可能出现，比如一处寂静无人的园林，就

图5-27　伊拉·凯勒水景广场

算它具有非常完美的场所性，也不能被称为是完美的场所，而只能说具有隐含的场所性，人对场所的体验才是场所的本质。

场所精神是场所的特征和意义，是人们存在于场所中的总体气氛。特定的地理条件和自然环境同特定的人造环境构成了场所的独特性，这种独特性赋予场所一种总体的特征和气氛，具体体现了场所创造者们的生活方式和存在状况。人若想要体会到这种场所的精神，即感受到场所对于其存在的意义，就必须要通过对于场所的定向和认同。

定向是指人清楚地了解自己在空间中的方位，其目的是使人产生安全感。而认同是指了解自己和某个场所之间的关系，从而认识自身存在的意义，其目的是让人产生归属感。当人能够在环境中定向并与某个环境认同时，它就有了"存在的立足点"。

现代景观设计中，景观设计师们也常常去感悟和体验自然，从其感受的心灵深处去寻求场所的精神。美国著名景观设计师哈尔普林的设计理念充分体现其场所精神的本真来源，他在20世纪六七十年代设计的一系列跌水广场作品，像波特兰的系列广场，西雅图高速路公园，曼哈顿广场公园等，这些作品充分显示了哈尔普林用水和混凝土来对大自然进行抽象。哈尔普林通过对大自然的观察，反复研究加州席尔拉山山间溪流和美国西部悬崖与台地，将对自然的理解全然地应用到设计中。波特兰的系列广场是其设计理念的代表作品，如伊拉·凯勒水景广场的设计中，广场分为源头广场、大瀑布和水上平台几部分，水流从混凝土的峭壁中垂直倾泻下来，如图5-27所示。哈尔普林的设计并不是简单的模仿，而是自己对大自然的体验，正是这种本真的体验使其设计的场所充满了精神。

5.4.2　文脉主义

文脉主义是20世纪80年代设计师们热衷的一个话题，然而，对文脉主义的理解却深浅不一。文脉（context）一词，最早源于语言学范畴，它是一个在特定的空间发展起来的历史范畴，其上延下伸包含着极其广泛的内容。

文脉从狭义上解释即"一种文化的脉络"，美国人类学家艾尔弗内德·克罗伯和克莱德·克拉柯亨指出："文化是包括各种外显或内隐的行为模式，它借符号之使用而被学到或传授，并构成人类群体的出色成就；文化的基本核心包括由历史衍生及选择而成的传统观念，尤其是价值观念；文化体系虽可被认为是人类的活动产物，但也可被视为限制人类做进一步活动的因素。"克拉柯亨把"文脉"界定为"历史上所创造的生存的式样系统"。"文脉"可以概括为几个层面含义，即空间的连续性、历史的延续性及人的生存方式与行为方式的绵延。

文脉在广义上引申为一事物在时间或空间上与其他事物的关系。从景观艺术设计的角度来看，文脉是关于人与建筑景观、建筑景观与城市景观、城市景观与历史文化之间的关系。有人称其为"一种景观文化传承的脉络关系"。而我们更多的应理解为文化上的脉络，文化的承启关系。总的来说，这些关系或系统都是局部与整体之间的对话关系，必然存在着内在的本质联系。只有对这些关系的本质进行认真的研究之后，历史景观的丰富性才能够被理解，景观文脉才会更清晰，或者说一个新的景观空间的意义才能被引申出来。

总之，文脉的真正载体是生活。一个城市必定有它的城市文化底蕴和社会精神文化，这些都是和历史文脉有着相关的联系。正是基于此，我们可知历史文脉伴随着一个城市的发展。同时文脉是可继承、可延续、可影响一个城市的发展的。历史文脉是在文脉的基础上由一个城市、一个国家历史遗留下来的文化精髓以及历史渊源的集合体。可以说是代表着一个城市的风格、文化风貌、历史记录。而我们在设计中所说的"文脉",更多的应理解为文化上的脉络和承启关系。

文脉,对于现代景观设计有着重要的作用及积极的意义。对文脉的深层阅读要求深入到一个场所的精神领域之中。从某种程度上讲,每一设计实际上都是在创造一种场所,但是设计师只有更倾心地体验设计场地中隐含的特质,充分揭示场地的历史人文或自然物理特点时,才能领会真正意义上的场所精神,使设计本身成为一部关于场地的自然、历史或演化过程的美学教科书。文脉可以让游者在赏析景观作品时,不但能获得美的感受,还能唤起其关于历史、城市、土地的记忆,感受到厚重的文化内涵,而不仅仅是如同在游乐场里玩耍;文脉还可以使游者感触自然的神奇与伟大,理解亿万年地球环境的演化和变迁,获得理性的效益;文脉还可以令原住居民生产生活方式得以发展延续,从而生生不息,使今人仍然能够直观地感受到他们喜怒哀乐、生老病死,如同阅读一幅现实版的《清明上河图》长卷。以景观设计学的"文脉"理念来认识"以人为本",就是人类生存方式与行为方式的绵延问题。设计师须明了景观设计项目所在的地区,其原有居民有着怎样的生产和生活方式。这种生产和生活方式有可能是延续了数千年,有着丰富的民俗、文化的内涵,在设计的过程中,应尽可能兼顾和关照到原有居民的生产、生活方式,使其得以保存。

美国西雅图煤气厂公园充分反映了设计师哈格对场地现状与历史的深刻理解。哈格出于对场所历史文脉的尊重,没有采用粗暴而草率的态度将业已形成的美国传统公园风格套在这块曾经对城市有过重要贡献的工业景现之上,而是在公园设计中保留原煤气厂相当一部分的工业设备与构筑物,让后工业文明城市中的人们能在公园休闲漫步的同时,感受到城市曾经拥有过的一段历史。哈格的煤气厂公园设计被认为是宛如画般景色这一传统公园形式的典范之一,对城市早期工业废弃地的开发与重新利用提出了一种带有历史与生态双重性的设计方法,在美国引起了反响,其影响还远播西欧。慕尼黑工业大学的拉兹教授在德国杜伊斯堡北部风景公园设计中,步哈格后尘,也采用了类似的处理手法。在对钢铁厂现有材料的利用上,拉兹比哈格走得更远。例如,由每块约8t重的大方铁块拼成的"金属广场",用钢铁厂中的砖、矿渣、焦煤、矿砂和矿物等材料或废渣制成栽培基质或混制红色水泥砂浆用于公园建设。

法国园林师谢墨托夫用一种特殊的方式表达了对城市结构的理解。谢墨托夫在拉·维莱特公园中设计的下沉竹园,有意识地保留了城市的地下管线设施,给水干管、排水管、电力管纵横于场地之中,让人们了解到这一小小的绿色空间实际上是城市庞大聚集体的一个"碎片"。豪利斯1983年为华盛顿州西雅图市国家海洋与大气管理局设计的声园(Sound Garden),由一系列现代雕塑般的钢架组成。每一直立的钢管支架顶端安装了一个活动的金属风向板,很像放大尺度的风速仪。这些活动的金属风向板随风排列成一致的方向,将其与平衡的直管迎向风面。直立的钢管装有发音簧片,随着风的强弱会发出不同的声音。声园从视觉与听觉两方面同时表达了场所中风的存在与力量。

在国内的许多设计中也同样能够很好地传承历史文脉,如北京元大都遗址公园的设计中,设计师试图通过规划设计强化场所文脉,提升元代文化历史作用。设计以雕塑、壁画、"城台"遗址、遗物等形式语言,表达了元帝国繁荣昌盛和对世界的影响。通过艺术创造手法结合土城遗址来挖掘其潜在的文化价值,从而达到激发爱国热情和民族自尊的精神目的。体验者在此可以充分感受到中国历史文化的深厚底蕴,加强了自己的民族自豪感。

又如,清华大学建筑学院吴良镛教授主持的"北京菊儿胡同住宅改造工程",运用了"有机更新"的理论。"有机更新"理论从概念上说,至少有3层含义:一是城市整体的有机性。城市从总体到细部都是一个有机整体。城市各部分应像生物体各组织一样,彼此相互关联,同时和谐共处。二是细胞和组织更新的有机性。同生物体的新陈代谢一样,构成城市本身组织的城市细胞(如四合院)和城市组织也要不断地更新，但新的细胞应符合原有城市肌理。三是更新过程的有机性。生物体的新陈代谢，遵从其内在秩序和规律，城市更新亦当如此。运用"有机更新"理论改造的菊儿胡同，更大可能地继承了建筑的特色，延续了"文脉"，特别是传统居民区那充满活力的城市生活图景也得以保留。

参考文献

诺曼 K．布思．1989．风景园林设计要素 [M]．北京：中国林业出版社．

汤晓敏，王云．2009．景观艺术学：景观要素与艺术原理 [M]．上海：上海交通大学出版社．

朱育帆，杨至德．2011．风景园林设计原理 [M]．武汉：华中科技大学出版社．

唐学山，李雄．1997．园林设计 [M]．北京：中国林业出版社．

叶振启，许大为．2009．园林设计 [M]．哈尔滨：东北林业大学出版社．

王晓俊．2009．风景园林设计 [M]．南京：江苏科学技术出版社．

谷康，严军，汪辉，等．2009．园林规划设计 [M]．南京：东南大学出版社．

孙筱祥．2011．园林艺术及园林设计 [M]．北京：中国建筑工业出版社．

彭一刚．中国古典园林分析 [M]．北京：中国建筑工业出版社．

吴威．2005．园林的场所精神初探 [D]．华中农业大学．

卢兆麟．传统、文脉与场所精神——太极洞景区玄妙山 & 抱朴园景观规划设计研究 [D]．合肥工业大学．

高亦兰．1990．关于 context 一词中译的一点情况 [J]．世界建筑，2（3）117．

高银贵．2007．历史文脉在景观设计中的应用研究 [D]．东华大学．

肖笃宁．1991．景观生态学理论、方法及应用 [M]．北京：中国农业出版社．

董雅文．1993．城市景观生态 [M]．北京：商务印书馆．

乔治·F，汤普森，弗雷德里克·R．斯坦纳．2008．生态规划设计 [M]．何平中，译．北京：国林业出版社出版．

许慧、王家骥．1993．景观生态学的理论与应用 [M]．北京：中国环境科学出版社．

王晓俊．2005．西方现代园林设计 [M]．南京：东南大学出版社．

第6章 园林空间艺术造景手法

中国园林艺术的关键在于景色，园林景色、景观要寓意深刻，引人入胜。园林设计最忌和盘托出，或像流水账式平平淡淡，没有起伏，没有高潮，所以，园林景观设计时强调"园必隔，水必曲"。建筑布局，要依山傍水，错落有致。叠山要有奔驰之势，理水要有蔓延流动之态，而园路要随行就势、曲折自然。植物是景观中最富于变化的因子，花果枝叶变化多样，创造出四时景观。

园林造景时，应考虑到园林景观所处的环境以及游人的视线、角度。根据人的视觉特性创造良好的景物观赏条件，适当处理观赏点与景物间的关系，使一定的景物在一定的空间里获得良好的景观效果。为了达到园林景观步移景异的效果，在园林景观中常采用分景、借景、框景、夹景、漏景、对景、透景等艺术手法。和图画相比，园林是真正的空间，犹如浩瀚的大海任凭游人畅游。游人通过直接观赏这些景观，进行分析和评价，定会产生各种联想和共鸣。

6.1 主景与配景

在形式美规律中有主与次、重点与一般的形式表现关系，在园林中有主景和配景的关系，也有重点与一般的关系。全园整体中有主要景区和次要景区，每个局部的景区也有主景和配景。主景是所在视景空间的构图中心，体现主题，具有较强的艺术感染力；配景起着衬托主景的作用，在体量、位置、色彩、形式等方面都不能超越主景，以免喧宾夺主。主景与配景是互不可分、相得益彰的变化统一整体。每个景区中主景只能有一处，配景可以有多处。如北京北海公园的主景是琼华岛，岛上的主景是白塔。琼岛春荫、漪澜堂、悦心殿、阅古楼、延楼等都属于主景区中的配景。园中的濠濮间、画舫斋、静心斋都是配景区，这些配景区中又有自己本区的主景和配景。又如，哈尔滨的斯大林公园，防洪纪念塔广场是全园的主景和平面构图中心，而防洪纪念塔本身又是所在广场视景空间的主景。它后面的半圆形柱廊，前面的树池、喷泉、花坛都是衬托主景的配景。突出主景的方法主要有：

①主体升高　主景的主体高于所在空间或全园的其他景物。具体方法有：一是抬高主体的基座。如北京北海公园的白塔坐落在琼岛山顶。二是主体本身体形高耸。如哈尔滨防洪纪念塔，不但基座抬高，而且体形高耸，在广场内需仰视。

②运用轴线和风景视线焦点　在规则式布局中，轴线具有很强的控制力，尤其是主轴线的端点和与其他副轴线的交点处，都是景观序列的核心和视觉焦点。故常将主景安排在主轴线的端点或近于端点的其他轴线交点上。如斯大林公园的防洪纪念塔，处于市区中央大街的北面端点上，又是与公园轴线的交点。又如北京的天坛公园的祈年殿、皇穹宇和圆丘都安排在主轴线的交点和端点，为突出主体而提高了祈年殿的基座、加大祈年殿的体量，与皇穹宇形成明显的对比。在自然式园林中往往也以建筑与建筑群组成短轴线来突出主体。如颐和园佛香阁建筑群就是中轴对称的布局，北海公园永安寺到白塔也是一条短轴线，只是短轴线不能控制全园而已。

③运用动势向心，采用四面动势　如果中间是开敞的水面、广场、庭院，周边的向心性更明显，水面、广场便成为主景。

④运用空间的构图重心　这一点与上面的动势向心大同小异。在规则式园林中常常将主景布局在几何中心。如广场中心放置雕塑、喷泉、花坛等。在自然式园林中。则将主景安排在自然重心上，显得更为自然。如北海琼华岛就位于水面的重心上，又结合主体升高的手法，使主景区更为突出。除以上几种强调主景的手法外，色彩、体量、形态、质地也都具有强调主景的作用，则要求采用对比的手法。如颐和园的佛香阁，虽然在高程上还不如山顶的众香界高，但在建筑的造型上和色彩上都比众香界的无梁殿突出，更具有感染力。又如哈尔滨的防洪纪念塔，顶端的群众人物雕塑、飘然欲动的旗帜和紫铜色的彩色都突出了主体的感染力。现实中很多被突出的主体往往不只运用一种手法，而是几种手法同时运用。

6.2　分景

我国园林以深邃含蓄、曲折多变而闻名于世，忌"一览无余"，所谓"景愈藏，意境愈大；景愈露，意境愈小"，深邃含蓄和曲折多变往往就在于对园林空间合理的分割和组合，即分景的处理。分景是利用地形、植物、建筑等要素在某种程度上隔断视线和通道，造成园中有园、景中有景、画中有画的丰富空间和境界（图6-1）。分景可以把游人的注意力缩小到一定范围内，把大空间分隔成若干变化多样的空间，虚实相间，形成丰富的景色。分景依据功能与景观效果的不同，可分为障景与隔景。

6.2.1　障景

在园林中，凡是抑制视线、引导空间的屏障景物叫障景（图6-2，图6-3）。

"景贵乎曲，不曲不深"，为了达到"曲"的效果，丰富园林景观，增加园林层次的深度，避免园景平铺直叙，就要安排能遮掩视线、引导游人的景物，使人产生"一丘藏曲折，缓步百路攀"的感

图6-2　寄啸山庄入口假山起障

图6-1　以疏密不同的树木分隔出几个空间

图6-3　现代园林中障景

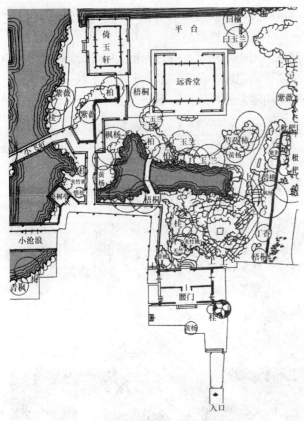

图6-4 拙政园入口示意

曲路前进,一过牡丹台便豁然开朗,湖山在望。障景在现代园林中应用也很广泛,如济南植物园的跌水假山、石家庄市动物园的曲廊、沈阳中山公园的壁画墙等。

障景还能隐蔽不美观和不可取的部分。"园虽别内外,得景无拘远近,晴峦耸秀,绀宇凌空,极目所致,俗则屏之,嘉则收之。不隔其俗,难引其雅,不掩其丑,何逭其美。"障景可以将园林景观中不好的、不宜观赏的部分进行技术处理,遮挡或隐蔽。障景本身有自己的观赏特性,在园林的入口处常常采用障景,成为园中迎客的第一景,使游客兴趣大增,迫不及待地绕过障景去游赏障景后面的景色、景点。在园林中进行障景处理时,障景一定要高于视线,否则就无障可言。

6.2.2 隔景

隔景是将绿地分为不同的景区,造成不同空间效果的景物。我国园林在这方面有很多成功的例子。隔景有实隔、虚隔、虚实相隔之分。游人视线不能从一个空间看到另一个空间,叫做实隔,常用的隔景材料有建筑、实墙、山石密林(图6-5)。如颐和园中的谐趣园、无锡的寄畅园都用高墙隔开。游人视线可以从一个空间透入另一个空间,空间与空间之间完全通透,称为虚隔,通常以水面、山谷、堤、桥以及道路相隔。游人视线有断有续地从一个空间透入另一个空间,两个空间虽隔又连,隔而不断,景观能够互相渗透的称为虚实相隔,通常用开漏窗的墙、长廊、铁栅栏、花墙、疏林、花架等分割空间(图6-6)。

觉,达到步移景异的效果。

可用山石障、影壁障、树丛、树群等作为屏障物。障景可让人产生"山重水复疑无路"的感觉,然后改变空间引导方向,逐渐展开园景,达到"柳暗花明又一村"的境界,这就是通常所说的欲扬先抑、欲露先藏的手法。障景在中国古典园林中应用得十分频繁,如苏州拙政园的腰门设计,当人们经过转折进入门厅内时,一座假山挡住去路,走门厅两侧的廊道,沿廊西可去小沧浪,看到小飞虹、香洲、听香深处、荷风四面亭、见山楼等建筑在狭长的视野里层层分布;也可由山西面过桥前往,远香堂和听香深处之间的狭小空间让人在到达远香堂前对中部空间的宽广丝毫没有预料,空间的转换,给人豁然开朗的感觉;沿东部一条小路顺坡而下,有与地形结合很好的一道云墙,是前面小庭院之后一处较为开敞的景区(图6-4)。北京颐和园用皇帝朝政院落及其后一环假山、树林作为障景,自侧方沿

图6-5 江南园林中常用云墙分隔景区

水面形成隔景

木栅栏形成虚实隔

图6-6 虚实相隔

图6-7 上海豫园的龙墙

图6-8 昆明湖用桥分割

隔景可以使园景布局变化，使空间"小中见大"，不但把不同意境的景物分隔开来，使不同主题的景区互不干扰，各自形成一个单元，同时也使景物有了一个范围，可以把游人的注意力集中在所隔范围的景区内。

隔景在中国古典园林中应用广泛，如上海豫园用龙墙进行分割（图6-7）、颐和园的昆明湖（图6-8）、南京的玄武湖使用桥、洲、岛进行分割。在苏州拙政园的水池中，有两个起伏的岛屿，将水面分割成南北两个景区，北面景区呈现出山清水秀的江南水乡情调，南面景区则呈现俊俏山景，形成两种不同的风光。

6.3 借景

借景指将视线可及的特定的园林空间以外的景物，有意识地组织起来进行欣赏，使其成为园内景物的一部分的一种重要造景手段（图6-9）。明朝计成在《园冶》一书中说："园巧于因借，精在体宜，借者园虽别内外。得景则无拘远近，晴峦耸秀，绀宇凌空；极目所至，俗则屏之，嘉则收之"。明末清初的造园家李渔也主张"取景在借"。杜甫诗"窗含西岭千秋雪，门泊东吴万里船"，诗中的西岭雪和东吴船既是框景，也是借景。陈从周教授讲道："园外有景妙在'借'，景外有景在于'时'"。借景不仅指借园外的景物，园内也存在着借景，如景区与景区之间，景点与景点之间，乃至景物之间也存在借景手法的运用。

借景是中国造园艺术中独特的手法，无形之景与有形之景交相辉映，相映成趣。对自然式园林和综合式园林来讲，经常能起到意想不到的艺术效果。借景的应用，可以丰富园林景观，且不耗费人力物力，非常经济；借景引地形、山石、水体、动植物、建筑以至自然现象入景，可在有限的空间内获得无限的意境，增加园林景观的变化，扩大景观的空间感。借景引用得好，能使园林突破自身基地范围的局限，使整个风景面扩大和延伸出去，将院内外的风景连成一片。中国古典艺术特别强调景外之景，借景是达到这一境界最有效的途径。美学家叶朗曾经举例说明园林艺术以借景来突破有限，而使游览者对整个宇宙、历史、人生产生一种富有哲理性的感受和领悟。

借景根据借景距离、视线大小，分为以下几种：

(1) 远借

远借就是把园林远处的景物组织起来，所借物可以是山、水、树木、建筑物等。远借与仰借、俯借有较大差别，远借虽然对观赏者和被观赏者所处的高度有一定要求，但产生的仍是平视效果。如皇家园林颐和园借西部玉泉山之塔（图6-10）、寄畅园借锡山（图6-11），这些都是成功的远借之景。远借都有一个共同的先决条件，那就是观赏者必须立于高台或建筑之上，或被观赏者须有一定的高度，以使视线越过围墙的限制而能观赏远处景色。在著名的郊外山水园林中，建高楼以供游人远望更是一个传统。如长江，为眺望水天一色的壮丽江景，从西到东，就有岳阳楼、黄鹤楼、太白楼、多景楼四大名楼。在这些楼中赏景，不仅可以扩展风景的广度和深度，而且可以使游人联想起历代的名人雅士，堪称熔自然、人文于一炉。王勃的"画栋朝飞南浦云，珠帘暮卷西山雨"就是对远借的审美意蕴的深刻领悟。

(2) 邻借

邻借指把园子临近的景色组织起来，是间隔距离较短的借景（图6-12）。周围的景物，只要是能够利用成景的都可以借用。如一枝红杏出墙来可借，疏枝花影落于粉墙可借。漏窗投影是就地借。隔园楼阁半露头是就近借，低洼之地也可借，可观其水体水景。如苏州沧浪亭园内缺水，而临园有河，则沿河做假山、驳岸和复廊，不设封闭的围墙，通过复廊、山石驳岸，自然地将园外之波与园内之景组为一体（图6-13）。苏州拙政园西部假山

图6-9　拙政园借景北寺塔

图6-10　颐和园借西部玉泉山之塔

图6-11　寄畅园借锡山

上的宜两亭也是借景的范例。

(3) 仰借

仰借指以园外高处景物作为借景，如古塔、高层建筑、山峰、大树，包括天空、白云、月亮、飞鸟、星星等。苏州拙政园内"见山楼"借附近土山上的"雪香云蔚亭"，北海借邻近景山万春亭（图6-14），广州云台花园借景白云山，南京玄武湖借鸡鸣寺等皆为仰借。从低向高处看，或从舟中，或从池中小榭看景，所见到的是一幅由近到远、层次分明、浓淡相间的风景画面，游赏者便容易产生恬静、悠闲的审美情趣。仰视角过大，易产生疲劳，所以一般会就近设置休息设施。

(4) 俯借

俯借与仰借相反，是由高向低处俯视而获得景观（图6-15）。万春亭借北海之景物，六合塔借钱塘江水景，白云山顶借山下都市浮屠风景都为俯借。俯借从高处向下看，视线开阔，看得也远。见到远近山水均伏在脚下，便会产生一种豪放、雄旷的审美心态。俯借要求观赏者视点高，应该考虑到游客的安全性而在边界处设护栏、铁索、墙壁等保护。

(5) 借时

借时指利用某个时点或时段之花样众多的自然景观或现象，借以营造一种气氛和意境。一日之间

图6-12　将墙外植物借入园景

图6-13　沧浪亭邻借水景

图6-14　由琼华岛西北远望万春亭

图6-15　由高向低借水景

的晨曦夕霞，晓星夜月。卢沟桥旁，黎明斜月西沉之时，月色倒映水中，更显明媚皎洁（图6-16）。颐和园由前山去谐趣园的路上有一关城，其东称"紫气东来"，其西为"赤城霞起"。颐和园中的夕佳楼，位于"宜芸馆"西侧，黄昏阳光强烈，环境条件并不好。为此在院中叠石时采用含氧化铁成分的房山石，其新者橙红，旧者橙黄，从西侧楼上看，黄昏下的石峰在阳光下，有"夕阳一抹金"的效果。避暑山庄西岭晨霞面西而立，赏朝阳射于西岭之上的景色。"捶峰落照"、"清晖亭""瞩朝霞"等都是朝东的建筑，可以欣赏到棒槌山、蛤蟆石、罗汉山的剪影效果。由此可见，建筑朝向可以东西向，甚至南北倒座，可以面东而赏夕阳，也可以面西而赏朝霞，视周围环境而定。香山的霞标石壁也是"借时"的妙作。

(6) 借天

借天是对天气变化的欣赏。国外的现代园林内不设亭廊等荫蔽设施，认为风吹雨打更添趣味。恰如"不管风吹浪打，胜似闲庭信步"。泰山斩云剑、避暑山庄的南山积雪，都是对天时变化的欣赏。还有借稳定的四季更替，以抒发情怀。如东晋王威的"望秋云，神飞扬，临春风，思浩荡"，陆机的《文赋》里也写道"遵四时之叹世，瞻万物之纷思，悲落叶于劲秋，喜柔条于春芳"，都说明了借助天时的变化，人们可以抒发自己的情怀。

四季中有春生、夏荣、秋收、冬枯的变化拓展了园景的欣赏范围，提高了人们审美情趣。扬州个园是一个典型例子，春天的特点在"长"字上，古人的踏青，今天的春游，都是欣赏万物复苏的活动。扬州个园前部修竹千竿配以石笋。石笋仿佛竹笋刚刚破土而出，和竹林配合在一起显示出旺盛的生机（图6-17）。再过一道院墙来到位于主体建筑南面，这里左有竹林，右有常青的桂花，给人四季皆春的感觉。另外桃花沟、知春亭，都是靠纯林成片栽植产生动人的气势。

夏天的特点是植物生长茂密，与水、风一起可带来凉爽感。个园以灰色的湖石叠起玲珑别透的夏山，广玉兰撑开浓荫，曲桥贴水直通幽暗的山下石洞，整个局部创造出涧谷深邃、高林苍翠的清凉世界，使人一身清爽，神清志畅（图6-18）。夏天的一个重要组成方面是水生植物，主要是荷花。荷花自古就被文人雅士评为上等花。杭州西湖的曲院风荷以夏日观荷为主题，每逢夏日，和风徐来，荷香四处飘逸，令人陶醉（图6-19）。拙政园主体建筑远香堂同旁边的倚玉轩、对面的荷风四面亭和雪香云蔚亭一起形成了以赏荷为主题的水面空间。园林中以"冷香"为名的建筑很多，一般都指栽种白莲花。很多植物在采用时要慎重选择品种，否则会达不到应有的气氛。避暑山庄的"香远益清"位于湖州区东北角的热河泉处，这里因有温泉，花可开到很晚，仿佛能延长生机勃勃的夏天。此时就可用一

图6-16 卢沟晓月

图6-17 个园春景

图6-18 个园夏景

图6-19 曲院风荷

些红荷来渲染气氛。

秋季给人"寒城一以眺，平楚正苍然"的感觉。红叶、高山、中秋月常常成为主要欣赏对象。个园秋山为全园的高潮所在，3座黄石假山产生了雄浑高峻的感觉，布置了山谷、峭壁、小岗、蹬道、悬崖、山涧等多种山道形式，如同真山再现，令人感受到山的高险。在山顶俯视四周，可见秋山本身又呈现出特有的金黄色调，使人感到秋意满怀。平湖秋月、月到风来亭、闻木樨香轩等只是秋景在园林中运用的很小的一部分。江南写意山水园中满坡的桂花使人感到清心抒怀，残叶飘零可令文人骚客悲秋叹世。

松、梅等植物题材和风雪等气候变化常在冬景中成为重点。个园冬山的宣石被置于南墙阴影之下，仿佛皑皑白雪经冬不消，庭园在主风向上留出空隙引风入院，并在墙上设4排共24个风孔，如同口琴音孔一样，使风经过时产生的声响富于变化。地面的铺装是冰裂纹，庭院中种植蜡梅，把冬天的景色表现得淋漓尽致。

(7) 借影

借影指借助景物的倒影也可以形成优美的景观。如狮子林的暗香疏影楼就是取意于"疏影横斜水清浅，暗香浮动月黄昏"；杭州花圃"美人照镜"石，在水的倒影里可将靠里的形态较美的部分反射出来；拙政园的倒影楼、避暑山庄的"镜水云岑"和很多临水建筑都是借影的例子。

(8) 借声

借声指设立以听觉为主的景点。如拙政园燕园的留听阁，取自晚唐李义山的"留得残荷听雨声"；避暑山庄内的风泉清听、莺啭乔木、远近泉声、万壑松风、听瀑亭、月色江声等都是以听觉为主的景点。岭南四大名园之一的余荫山房中小姐楼有联"欲知鱼乐且添池，为爱鸟声多种竹"，可见借声之手法广泛用于园林之中（图6-20）。

(9) 借香

借香即借花草苗木可使空气清新，烘托园林气氛。在我国古典名著红楼梦中的大观园里以村居为园取名"稻香村"。颐和园澄爽斋，堂前对联写着"芝砌春光兰池夏气，菊含秋馥桂英冬荣"，道出了春兰夏荷秋菊冬桂带来的满院芬芳。恭王府花园有以香为景题的"有樵香径"、"雨香岑"、"妙香事"，"吟香醉月"等几处；岭南园之冠的荔香园有联"荷花世界，荔子光阴"，"三伏闻藕花之香，六月品荔枝之味"。

(10) 借虚

借景可以借实景也可以借虚景。如颐和园的清晏舫取名出自"河清海晏，时和岁丰"，显示帝王巡游于太平盛世的升平景象。而瘦西湖、狮子林、怡园等都设有舟，寓意"人生在世不称意，明朝散发弄扁舟"。拙政园的香洲内又题有"野航"，仿佛要在不沉之舟中感受到"少风波处便为家"的清逸节奏。广东清晖园，楼在湖岸较远处，以蕉叶形式的挂落

图6-20　余荫山房小姐楼楹联

模拟"蕉林夜泊"的意境，水边一株大垂柳上紫藤缠绕，象征船缆。楼以边廊和湖岸相接，宛如跳板，整个景点全靠意境连缀而成，浑然一体。

(11) 借古

我国园林一直都是融自然景观与人文景观于一身的。杭州灵隐寺山，有人传言山是由西天飞来，山上石洞尚有灵猿，游人就多了。苏东坡游后题诗曰"春淙如鼕雷"，人们便建春淙亭、鼕雷亭于香道旁边，加强了对香客的吸引力。

借景的具体手法可简化为以下3种。①提高视点位置，"欲穷千里目，更上一层楼"，也就是说站得越高，视野越大，所见到的景物也就越多。在苏州园林中，常见叠假山、筑高台，在高处设亭子，为借景创造条件。②借助门窗或漏窗，通过门窗或围墙上的漏窗，把临园的景色借过来。借景可以沟通院内外和室内外空间，使空间感扩大。③借入园外较高的远景，如颐和园借西部玉泉山的塔影，苏州拙政园借附近的北寺塔，无锡寄畅园借惠山塔。这些远借的效果至今受人称赞。远借还有一些偶然的内容，如天上的鸟类、飘逸的晚霞、青天、明月等。

有时依靠自然创造一种自然的气氛，通过味觉、嗅觉、触觉等感官体验而产生一种意境、情怀或趣味。岭南四大名园之可园的《可楼记》说："居不幽者，心不广，览不远者，怀不畅"。白天借远处大海群山，近处人行车马，晚上则借城市的灯光。广州州府园林的越秀山以镇海楼俯瞰周边，清晖园的留芳阁和立园的毓培楼也是为了借景。

早年借景的提出是在园林面积较小的情况下，设计师与园主希望扩大空间感，无可奈何地向四周借入一些风景，实际上是消极的、虚无的解脱办法，使被束缚在围墙内的赏景心情得到一点宽慰。目前，随着时代的发展，园林的内容不断充实和更新以满足园林开放性的需要，借景更是大有可为，如城际间的高速公路和铁路上的中、远景。城市绿地在满足传统的观赏功能时，还要作为人们相互交往的活动场所而必须重视借景手法的运用。住宅小区设计中也应该很好地利用借景的造园方式，既可以减少建造成本，又可以更好地利用周围环境丰富小区内整体环境。将住宅小区融入周围的自然环境中去，既是周围环境的向内渗透，又是住区环境的向外延伸。造园的方式与各种借景方式互相结合，目的都是为创造更好的人居环境，把人工与自然、功能与观赏、技术与艺术、时尚与传统有机地结合起来，尽情享受阳光、空气、绿色、人、自然与建筑构成的和谐的居家环境。

6.4　框景

利用门框、窗框、树框、山洞等，有选择地摄取空间的优美景色，这样把自然风景框起来作画面处理的手法叫做框景。在中国古典园林中，常常可以通过门窗看到如画的风景，在粉墙上出现以圆洞门为框的山石盆景画面，使人产生美感（图6-21）。西方则更多地利用树木的天然树冠作为取景框，上不封顶，摄取最佳的画面（图6-22）。框景犹如一幅精巧的，富于立体感的图画，起到使自然美上升为艺术美，加强风景艺术的效果。

框景必须设计好入框的景色，所选入框的画境要美丽动人，可以选宝塔、远山、芭蕉、山石等。要把框景安排在比较适宜的位置上，才能有较好的艺术效果。一般将框景安排在以下几个位置：

①入口　一个景区的入口处，以园门为景框，门内安排一组景物，将各种造景元素巧为安排，使游人在入口处即有一种进入画境的美感。

图6-21 中国古典园林中的框景

图6-22 美国不封顶的框景

②走廊的转角或尽头　由于游人在廊内行走，视线容易停留在走廊的终端或前方的转角处，所以在这里的窗外安排一定的远景或近景供窗内欣赏。苏州的网师园水池东北角的廊上巧妙地在转角上开了两个窗。

③沿园墙或长廊一边有墙的单面廊　墙上按一定距离开设各式窗孔，借以吸取园外的框景。当人们在廊上行走的时候，可以从每个窗框看到窗外不同的景色，景观的连续变化很有韵律感。

④室内　室内的各式风窗，开窗以后中间虚敞，静坐室内玩赏室外的风景常称为静态赏景。窗外可以有远山，可以有近树，有意安排好框景。《园冶》中说"收之圆窗，宛然镜游"，由于欣赏的位置比较固定，窗与景都相对固定，很像一面镜子里反映出来的风景。

框景的形式多样，灵活性也很大，《营造法源》载："苏南凡走廊园庭之墙垣，辟有门宕，而不装窗户者，谓之'地穴'。墙垣上开有空宕，而不装窗户者，谓之'月洞'。凡门户框宕，全用细清水砖做者，则称'门景'"。此处所讲的"地穴"、"月洞"即为园林中通常所说的门窗。"门窗磨空，制式时裁，不惟屋宇翻新，斯谓林园遵雅"说的就是门窗之式，样若造得时新，不仅屋宇有若新造，而且园林也更加雅致，故园林中门窗之形式可谓变化丰富。《园冶》中附有葫芦、莲瓣、如意、汉瓶、月窗、片月、菱花、梅花、葵花、海棠等多种图式（图6-23）。外形各异的窗框，在园林中连续排列于墙上，既可形成框景，本身又以形状奇异、有趣而引人注目。园林建筑的门与窗尤其是窗造成了赏园这非同寻常的审美情趣，通过窗使内外、远近景观互为映衬。窗提供了一个观赏的基点与角度，通过窗框构成美的画面。"窗含西岭千秋雪，门泊东吴万里船"就是门窗形成的框景效果。取得良好的框景效果，需注意以下几个因素：①动观与静观的因素；②景、框、人之间的距离因素，观赏时距离不能太近，需离窗数步，则框与景连，无分彼此，宛然一幅天然图画；③远景入框还是近景入框的因素。如果将这几个方面妥善安排，就可以取得良

图6-23　各式各样的窗框

好的艺术效果。

框景有两种构成方式，一种是设框取景，另一种是对景设框。设框取景，即先有框再布景，有"纳千顷之汪洋，收四时之烂漫"的效果（图6-24）。这种构成方式应把景观布置在与窗相对应的位置上，使景物恰好落入26°的视域内，成为最佳的画面。苏州拙政园的与谁同座轩，轩依水而建，构作扇形，轩内有一扇面窗，窗外翠竹数竿，像图画一样。在园林中园窗除扇面之外，常用的还有圆形、方形。拙政园的梧竹幽居亭，四面均设有圆洞门，犹如四幅图画，其景观正如亭中对联所写"爽借清风明借月，动观流水静观山"。扬州的"钓鱼台"，在瘦西湖上金山之西，是一座三面临水的方亭，亭内四面墙上开门洞，临水三面为圆形，近岸处为方形。从亭内远眺，湖上的莲性寺白塔和五亭桥分别映入两圆洞门内，构成了极空灵的一幅画面，到此游玩的人常感到奇妙无比。

也可把框设于动态的物体上，使人们能透过框而看到动态的优美景观。如李渔在《闲情偶寄》中曾介绍了"便面"之做法：四面皆实，独虚其中，而为"便面"之形。实者用板，蒙以灰布，勿露一隙之光；虚者用木作框，上下皆曲而直其两旁，所谓便面是也。是船之左右，止有二便面，便面之外，无他物矣。坐于其中，则两岸之湖光山色、寺观浮屠、云烟竹树，以及往来之樵人牧竖、醉翁游女，连人带马尽入便面之中，作我天然图画。且又时时变幻，不为一定之形。非特舟行之际，摇一橹，变一像，撑一篙，换一景，即系缆时，风摇水

图6-24　设框取景

图6-25　各式各样的窗框

动,亦刻刻异形。是一日之内,现出百千万幅佳山佳水,总以便面收之。这里说的便面只是一个扇面形的窗框,船两边各有一个,可以看到湖上优美的风景。舟行可以欣赏到湖面以及两岸动态的优美风景,此窗向外看是一幅便面山水,而从外视内,亦如同观赏一幅扇头人物画,舟中人与舟外人互望成景,妙趣横生。

对景设框,即先有景而后开框,框的位置朝向美丽的景物(图6-25)。李渔屋后有一小山。高不逾丈,宽止及寻,而其中景色优美,有丹崖碧水,茂林修竹,鸣禽响瀑,茅屋板桥等。李渔见其物小而蕴大,有"须弥芥子"之义,遂日日坐于窗前观赏,不忍关窗。一日,突发奇想,于是,"命童子裁纸数幅,以为画之头尾,及左右镶边。头尾贴于窗之上下,镶边贴于两旁,俨然堂画一幅,而但虚其中。非虚其中,欲以屋后之山代之也。坐而观之,则窗非窗也,画也;山非屋后之山,即画上之山也"。李渔将此命名为"无心画","尺幅窗"(图6-26)。李渔所创的"无心画",对园林框景之发展影响很大,后人造园多有模仿。有时候会对路设置框景,此种设置,路上游人均入窗中,好似一幅流动的人物画。

框景之所以受人欢迎,首先是因为有简洁的景框为前景,使视线高度集中于"画面"的主景上,给人以强烈的艺术感染;其次使视内外空间相互渗透,扩大了空间,增加了诗情画意;再次是景框将所取得框景之外的景物全部遮蔽,引起欣赏者的注意力集中。框景可以把园林绿地的自然美、绘画美与建筑美高度统一、高度提炼,最大限度地发挥自然美的多种效应。当代美国景观学者约翰·O·西蒙兹(J·O·Simonds)在《景园建筑学》一书中将景象比作图画,认为:"一幅景象,是一幅尚待做框架的图画,也可以是一幅融合很多单体的万花筒图案"。在设计中可以有选择地布置框架,摄取自然界或园林绿地中的优美景色,创造出丰富的空间景色变化。

6.5 其他造景手法

6.5.1 夹景

为了突出优美景色,常将左右两侧贫乏景观以树丛、树列、土山或建筑等加以屏障,形成狭长空间,这种左右两侧的前景叫夹景(图6-27)。夹景可以突出对面的景物,起到障丑显美的作用,同时增加园景的深远感,也是引导游人注意的有效方法。美国华盛顿纪念碑与国会大厦之间的一条轴线,靠两旁的高大乔木为景框,即是为了求得全面夹景,便于透视到终端的纪念碑全貌。拙政园西部为突出倒影楼而东设曲廊,西有土山,两相交峙形成夹景,产生的效果比较理想(图6-28)。自然界中河流两侧为高耸的山脉,形成狭长空间,景色深远壮观(图6-29)。

6.5.2 漏景

漏景是由框景发展而来,两者的区别在于框景景色可以全观,而漏景景色若隐若现,含蓄又雅致。漏景是空间渗透的一种主要方法,其常用方法是设漏窗,通过漏窗看窗外景色,景色依稀可见,饶有情趣(图6-30)。除了漏窗以外,还有花墙、漏屏风和树林等,通过空隙可以看到如画的风景(图6-31)。注意植物不宜色彩华丽,树木宜空透阴

图6-26 李渔"尺幅窗"图示

图6-27　夹景

图6-28　拙政园西园东侧视线引导

图6-29　自然界的夹景

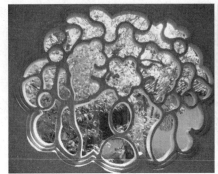

图6-30　江南园林中各种漏窗

暗，排列宜与景并列，所对景物则以色彩鲜艳、亮度较大为宜。漏景不甚清晰，是一种模糊美，漏景的形成使人在模糊中欣赏到窗外的风景"似实而虚，似虚而实"，从中得到美感（图6-32）。

6.5.3　对景

与观景点相对的景称为对景。对景被安排在游人前方的位置，借以免除视觉中的寂寞感，常分为单对和互对。单对是指在园林绿地轴线或风景视线的一端设景点（图6-33），如由颐和园的龙王庙看佛香阁，由知春亭看佛香阁。互对是指在视线两端都安排景物，同时都是视点所在，如从佛香阁看多孔桥或由多孔桥看佛香阁形成互对。对景也不一定有非常严格的轴线，可以正对，也可以有所偏离。对景不是园中的主要景物，但是散置在园内点缀、烘托、陪衬其他景物

图6-31　通过树木的空隙看风景

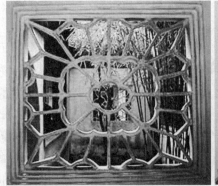

图6-32　漏景中的模糊美

是不可少的。在道路端头或转弯的地方安排简单有趣的景物，会使人在走路时不受到它的吸引，至少感到前方有景可赏，心情上稍有安慰（图6-34）；或在休息建筑的四周安排小水池、雕塑小品、树丛、孤赏石、花坛等，使人们在停留休息时，临窗近观也颇不寂寞。整齐式的园林，在道路的交叉口或放射式道路的中心点上，安放雕塑、花坛、喷泉等，供几条道路作为对景。自然式园林道路曲折多变，在弯曲处、交叉处（十字形或丁字形交叉）都要在路旁安排适当的园林小品、灌木丛、山石等，营造自然情趣。

6.5.4 透景

开辟透景线，使被遮挡的美好景物显露出来，这种处理手法叫做透景。安排透景线时，应先将园内外主要风景点透视线在平面规划设计图上表示出来，保证在透视线范围内，景物的立面空间上不再受阻挡。合理安排透景线，可丰富园内景观。杭州葛岭上的初阳台，今非昔比，视线受周围树木所阻，早已看不到日出，也看不到西湖，为借西湖之景以丰富初阳台的景观，必须开辟透景线，才能登高望远。

透景线常常与轴线或放射型直线道路和河流统一考虑，这样做可以减少移植或间伐大量树木。透景线除透景以外，还具有加强"对景"地位的作用。因此，沿透景线两侧的景物，只能作透景的配景布置，以提高透景的艺术效果。

一般来说，大园景色可透、可泄，小园景色意境本不易含蓄、深邃，故不宜透，在设计和造园时多不用此法。

参考文献

罗言云．2010．园林艺术概论［M］．北京：化学工业出版社．

李征．2001．园林景观设计［M］．北京：气象出版社．

图6-33 以新疆林则徐纪念亭为对景

图6-34 对着主路地被为对景

余树勋．2006．园林美与园林艺术［M］．北京：中国建筑工业出版社．

过元炯．1996．园林艺术［M］．北京：中国农业出版社．

汤晓敏，王云．2009．景观艺术学［M］．上海：上海交通大学出版社．

赵春仙，周涛．2006．园林设计基础［M］．北京：中国林业出版社．

田耀全，尚阳．2008．谈借景及其在园林中的运用手法［J］．科技创新导报，33:79．

封云．2001．园景如画——古典园林的框景之妙［J］．同济大学学报，12(5):1-4．

邬东璠，陈阳．2007．展屏全是画——论中国古典园林之"景"［J］．中国园林，23(11):89-92．

第7章 风景园林艺术创作

7.1 相地合宜，意在笔先

园林是一门时间和空间的综合艺术，同其他艺术的创作一样，园林的建构必须根据园林的性质、规模、地形特点等因素运用地形、植物、建筑、道路广场、园林小品等设计要素，将设计者的思想感情融入其中，创造出舒适、优美的休憩环境。这就是所谓的园林的创造过程。要完成这一设计过程，必须先确定设计意图，即必须先立意。

中国古代造园特别注重相地，一般相中风景优美、有山水之胜的地方，稍加整理，构筑园林。即"自成天然之趣，不烦人工之事"。扬州瘦西湖、河北承德避暑山庄（图7-1）、北京颐和园、无锡寄畅园、苏州沧浪亭等，都是利用天然山水整理改造而成。现代园林的创作对于园址的选择已非古代有较佳的山水地貌，尤其城镇建设中的园林绿地都是指定的地段范围，极少有天然山水的凭借。因此，现代园林的立意，必须在规划设计之前，实地勘察，测绘原地形，结合该地形周围的环境，明确园林绿地的性质和功能要求，确定造园主题，体现设计思想，再行改造地形，创造优美的休憩环境。

7.1.1 相地合宜

所谓的相地，是指园址的选择、勘察、分析与评估。园址自然条件，也相应地影响园林的功能、规模和形式，所以认真踏查，掌握必要的技术资料，因地制宜地对自然地形地貌做适当的改造和利用，尽量少动土石方工程。高山宜培，低洼宜挖，因高就低，顺应自然。"虽由人作，宛自天开"。尽量保留原有的林木、湖地，保护名胜古迹和文化遗产的原貌和环境。《园冶》第一章就论述相地，书中指出："相地合宜，构园得体"。可见相地合宜的

图7-1　承德避暑山庄

图7-2　无锡寄畅园远借惠山

图7-3　上海世博后滩公园引水入园

图7-4　上海世博后滩公园

重要性。

园林是一个游赏空间，同山水画的创作其理虽通，区别在于需用具体的形象来表达。也就是必须在一定的空间内运用园林实体去体现设计意图。首先必须做好园址的选择，然后再运用园林的各个要素，充分地体现园林创作意图。据其理论，相地可以从下列几个方面考虑：

7.1.1.1　选址

任何规划设计项目的成功，其园址的选择都是首要因素，园址选择的原则首先要最能有利于达成项目的目标，如交通、位置、地质条件、小气候、植被、周边环境等都需要进行充分的考虑与评估；其次是要在业主指定或已被评估适宜的区域内进行具体的园址筛选。传统的办法是现场勘查，现在还可以利用地址测量图、航空和遥感照片、各种地图和规划图等，从而使得筛选过程更准确和方便。了解并熟悉场地情况，充分理解供选方案。这样，设计者就能提出有说服力的论据来说服业主在场地选择上更尊重设计者的决定，理性的选择就更为可能。

《园冶·借景》中，有"邻借"之说，并提出在城市因"城市喧卑，必择居邻闲逸"；因为"借景偏宜，若对邻氏之花，才几分消息，可以招呼，收春无尽"。邻借还包括山水之邻，傍山则"楼阁碍云霞而出没"，临水则"迎先月以登台"。无锡寄畅园（图7-2），以惠山寺为邻，借惠山为后援，如《园冶》所说"萧寺可以邻借，梵音到耳；远峰偏宜借景，秀色堪餐"。往往由于园址地理位置和邻借条件的不同，园林的主题、内容也有所差异。如苏州的沧浪亭，地处苏州城南，地偏近郊，据苏舜钦《沧浪亭记》所述：此地"草树郁然，崇阜广水，不类乎城中，并水得微径于杂花修竹之间，有弃地，纵广合五、六十寻，三向皆水也。杠之南，其地益阔，旁无民居，左右皆林木相亏蔽"。基于这段对环境的论述，可知沧浪亭以门前一带溪水、水南古树葱郁和杂花修竹为胜，故入门以桥通园，或自城内荡小舟而往，特别是外向取景、以水为主题，用沧浪的水清浊的典故，寓意造园者的情趣也是顺理成章。又如苏州拙政园，居廛市之中，无邻借之景，故以"拙政"为造园主题。据文征明《王氏拙政园记》称：当年造园者"潘岳氏仕宦不达，故筑室种树，灌园?蔬，曰：此亦拙者之为政也"。由于无邻借之景，故以经营园艺为此园主题，但"居多隙地，有积水亘其中"，有造园的基本条件，"稍加浚治，环以林木"，便成为一"门掩无哗"的城市山林。其风格的内聚性，也是由邻借所决定的。

在现代园林设计中，常常采用借景的手法来营造园林，如上海世博后滩公园（图7-3，图7-4）中将黄浦江水引入园中，既扩大了景深，又营造了富有活力的城市公园。

综上所述，邻借就是选择园址时，充分考虑周围环境，包括地理位置、地貌条件、林木植被，以及周围的构筑物等因素。也就是所谓的相地合宜。

7.1.1.2 勘察

察地是为了了解园址地形之高下和地被情况。古人云"山以水袭为奇，水以山袭尤奇也"（明·蔡羽《消夏湾记》），仅有活水而无山相配，亦不能构成佳景。园中山体，虽说可以人工培土、掇山、叠石为之，但终究是不得已而为之的办法，远不如利用原有地形，故相地时，对原有地形的考虑非常重要。园址的规划需要调查的内容与风景园林规划调查类似，但资料更趋于特定的范围，其表达与任务书要求相关性更大，主要包含以下几方面内容：

(1) 园址位置、范围和界限

利用缩小比例的地图及现场勘测掌握以下几点：

①园址在区域内所处的位置；

②园址与外部连接的主要交通路线、方式与距离；

③园址周边的工厂、城市、居住、农田等不同性质的用地类型；

④园址的界限与范围；

⑤园址规划的服务半径及其服务人口情况。

(2) 气象资料

包括园址所在的地区或城市长年累月的气象资料和机动范围内的微域气象资料两个部分，具体如下：

①日照条件　根据园址所处的地理纬度，查表或计算出冬至日与夏至日的太阳高度角、方位角，并计算水平落影长率；根据上述计算，界定出全年夏至日与冬至日园址内阳光照射最长的区域，夏至日午后阳光暴晒最多区域以及夏至日与冬至日遮阴最多的区域，这些与场地中不同活动场地的安排、建筑布局以及植物栽植等有关。

②风的条件　整年的季风情况，主导风向强度与风频，一般利用风玫瑰图；在园址图上界定并标出夏季微风、冬季冷风吹送区域并划出保护区域。

③温度条件　年平均温度，一年中最高与最低温度；月最高与最低温度及月平均温度；持续低温与高温的阶段及历时天数；冬季最大的土壤冻土层深度；白天与夜晚的极端温差。

④降水与湿度条件　年平均降水量，降水天数，阴晴天数；最大暴雨强度、历时、重现期；最低降水量与时期；年平均空气湿度、最大最小空气湿度及历时。

⑤地形影响的微域气候　地形的起伏、凹凸、坡度和坡向、地面覆盖物（如植被、混凝土、裸土等）的不同都会影响园址对阳光的吸收，湿度与温度的变化，形成空气流动，甚至带来干燥或降水。在分析微域气候时，应充分加以考虑，在规划中加以运用。在地形分析的基础上先做出地形坡向和坡级分布图，然后分析不同坡向和坡级的日照情况，通常选冬季和夏季分析。园址通风状况主要由地形与主导风向的位置关系决定。作主导风向上的地形剖面可以帮助分析地形对通风的影响。最后把对日照通风和温度的影响综合起来分析。

(3) 园址的自然条件

主要包括地质、土壤、地形、水文与植被条件。

①地质条件　地层的年代、断层、褶皱、走向、倾斜等；岩石的种类、软硬度、孔隙度；地质的崩塌、侵蚀、风化程度、崩积土情况等。

这些关系到地质结构的稳定性、自然危害的易发程度及建筑设施建设是否适宜等。

②土壤条件　土壤的类型、结构、性质、肥力、酸碱度；土壤的含水量、透水性、表土层厚度；土壤的承载力、抗盐碱强度、安息角；土壤冻土层深度、冻土期长短；土壤受侵蚀状况。

这些与植物栽植、设施建设、地形坡度设计、排水设计有关。

③地形条件　地形的类型、特点、（山）谷线和（山）脊线，界定排水方向、积水区域；划分基地的坡度等级，作地形坡级分析，以界定不同坡度区域的活动设施限制；坡度与视觉性分析：（视线、视向、端景）眺望良好的地点，景观优美的道路、地形、林木、溪流、深谷、雪景等。另外，独特的景物也可由坡度产生。

④水文条件　现有园址上的河流、湖泊、池塘

等的位置、范围、平均水深、常水位、最低和最高水位、洪涝水面范围和水位；现有水系和园址外水系的关系，包括流向、流差与落差，各种水利设施（如水闸、水坎等）的使用情况；水岸线的形式、受破坏的程度、驳岸的稳定性、岸边植物及水生植物情况；地下水位波动范围、地下水位、有无地下泉与地下河；地面及地下水的水质、污染情况；了解地表径流的情况，包括径流的位置、方向、强度，径流沿线的土壤、植被状况及所产生的土壤侵蚀和沉积现象。

根据地形及水系情况，界定出主要汇水线、分水线、汇水区，标明汇水点或排水点。江南园林多以水为胜，且园无水不活，而这里的水当为有源头、有出口之活水，若硬成一池，以水灌之，只能是一池死水，并无生趣。宋代朱熹诗句："问渠那得清如许，为有源头活水来"，道出水之妙在于活。《园冶》称："立基先究源头，疏源之去由，察水之来历"，就是这个道理。无锡寄畅园，历来以泉而闻名，据王稚登《寄畅园记》所载："环惠山而园者，若棋布然，莫不以泉胜；得泉之多少，与取泉之工拙，园由此甲乙"。由于寄畅园"得泉多而取泉又工，故其胜遂出诸园之上"。该园水面占全园1/3，来自惠山脚下之二泉，经过两条渠道流入园内，一为八音涧之源头小池，终日淙淙不绝，泻入湖中；一为自东南角方池中的龙头吐水，经暗管流至湖中，湖水出口在南，与惠山寺之水交汇后流走，虽然其水在园内并不循环，但它与园外之水构成大的循环。

⑤植被条件 园址现状植被调查，如现有植物的名称、种类、大小、位置、数量、外形、叶色以及有无古树名木等；园址所在区域的植被分布情况，可供种植设计使用；历史记载中有无特殊的植物，代表当地文化、历史的植物可供利用；评价园区现有植被价值（包括景观和经济两方面），有无保留的必要。

了解园址的植被情况，在察地中也十分重要，《园冶》中说"新筑易于开基，只可栽杨移竹，旧园妙于翻造，自然古木繁花"，还说"多年树木，碍筑檐垣，让一步可以立根，斫数桠不妨封顶"。可见园中之树木，是难得的造园资源，应千方百计

图7-5 苏州沧浪亭

保留利用。苏州的网师园，古木琼枝，给人历史沧桑之感。苏州沧浪亭，原为"近戚孙承祐之池馆也。坳隆胜势，遗意尚存"，并且"前竹后水，水之阳又竹，无穷极"，所以沧浪亭在造园之初，就有很好的植被，古木繁花成为主景沧浪亭难得的衬景，其古朴之意，为新园所不及（图7-5）。

(4) 园址人工设施条件

①园址现有建筑、构筑物的情况，包括平、立面标高等。

②园址现有道路广场的情况，如大小、宽度、布局、材料等。

③各种管网设施，如电线、电缆线、通信线、给排水管道、煤气管道、灌溉系统的走向和位置长度以及各种技术参数、水压及闸门井的位置等。

(5) 视觉与环境质量条件

①园址现有的景观情况 如有无视觉品质较高或具有历史人文特征的植物、水体、山系或建筑等。

②园址自身与外部的视线关系 如在园址每个角落观察的景观效果，从室内向室外观看的景观，由邻里观看的视野，由街道观看的视野，园址中何处具有最佳或最差视野等。

③空间感受 包括园址周边及内部的空间围合、有无特殊气味、有无噪声、有无流水、林涛、海（湖）涛声等。

④园址周边污染情况 包括污染源、种类与方位等。

上述这些关系到园址的美学与环境质量。

(6) 特殊的野生动植物条件

①除了古树名木之外，有无当地独特的植物群落、稀有植物品种、乡土植物群落及其演替，这些都是具有保护价值的独特景观与资源。

②野生动植物的种类、分布、数量、栖息地、稀有及特殊品种种类的分布情况等，同时要保护野生动物迁徙通道。

上述两点在我国当代城市风景园林中很不受重视，我们的建设不仅破坏了原有野生动植物的栖息地、植被演替规律及动物迁徙通道，还破坏了当地生态循环的链条，风景园林师对此应加以特殊关照。

(7) 社会、经济、历史文化条件

①人口 人口总数、平均每户人口数、男女比例、年龄分布、种族及其所占总人口的比例等；政治结构、社会结构与组织；经济结构，包括人均收入、主要经济来源、产业分布与就业情况等；人口增长情况，包括自然增长与机械增长等。

②历史文化 包括历史演变、典故、传说、名人诗词歌赋等，这些都可在规划中为场地增添人文精神，使场地规划更具人文品质。

③政策与法规 有关园址所在地政府所做的各项土地利用的规划，如战略规划、区域与土地规划、城市规划、环境保护规划等；园址的所有权、地段权与其他权利，行政地界线与范围等；园址的土地价值、经济价值、环境价值等；国家或当地政府的一系列法律、法令，如防洪防灾、环境保护等相关法律、法令。

7.1.1.3 分析

园址的勘察只是手段，其目的是园址的调查分析。园址分析在场地规划中具有重要地位，园址勘察得越全面、客观，园址分析也就越全面、深入，从而使方案设计更趋于合理。

较大规模的园址，一般进行分项勘察，其分析也是先进行单项分析，并绘制成单项因子分析图，最后把各单项分析图进行综合叠加，绘制出一张园址综合分析图，这一分析方法也称为"叠加"方法。这一分析方法较为系统、细致、深入，同时很直观。避免了传统方法中的"感性"成分过高的弊端，尤其现在可利用计算机分析，使得分析更加准确便捷。园址综合分析图上应着重表示各项的主要和关键内容，各分项内容可用不同线条或颜色加以区分。一般草图以线条表示，而正式图纸以颜色区分较为多见。

7.1.1.4 评估

(1) 风景评估的概念

风景评估就是指在调查分析的基础上，针对土地使用的潜力和自然体系所能承受外在作用的程度，分析风景以前使用的方式和各种与土地内在适用性符合的方式，在规划许可的范围内为各种使用方式寻求最好的对应区域，最终使规划地区土地利用与管理达到生态适宜性最佳，健康、美观和利用性最优化的目标。风景评估属于风景规划非常关键的一部分，是风景规划的前期准备，为检验所有规划方案提供最基础的资料。

这里需要解决两个基本问题：一是对各种风景适当界定的土地使用形态制定最适宜的风景准则，一般分3类，即经济性、健康性和安全性，以及生态和视觉关系；二是界定出不同的土地使用对不同风景形态的冲击。

(2) 适宜性分析

风景评估过程的一个重要内容是适宜性分析。这里首先要了解两个概念，即承载力和适宜性，这也是两个经常被互换使用的概念。但是当这两个概念分别用于土地分类定级时，仍有不少细微的差别。

①承载力 是指有能力且有条件或适宜承担、接受某类影响。土壤科学家把土地承载力定义为：根据土地的潜在用途和对于可持续利用的不同要求，将多种不同类的土壤组合成特定的单元、亚类和类。与此类似的另一个定义是根据资源的内在和固有的性能以及由于过去的改造和当前的管理实践而具有的新性能进行综合评价，从而确定其未来的使用方式。第三种定义由美国地质调查局提出，它更多地建立在单纯的地质和水文信息基础上。根据这种定义，承载力是指"在一定的管理措施和管理

强度下，一定区域的土地提供资源、产品、服务以及允许资源利用的能力"。

②适宜性及其分析　适宜性是指其本身合适、相称。土地适宜性指某一特定地块的土地对于某一特定使用方式的适宜程度。适宜性程度是由收益和不同使用方式需要的土地改造成本之间实际与预期的关系决定的。另外一种对适宜性分析的定义由美国林业局提出，是指"由经济和环境价值的分析所决定的、针对特定区域土地的资源管理利用实践"。这里所谓的适宜性分析被看做确定特定地块对某种特定使用方式的适宜性的过程。

适宜性分析的手段及方法大致有3种，即美国自然资源保护局体系，麦克哈格的适宜性分析方法，在荷兰发展起来的一些适宜性分析的方法。

下面对适宜性分析的步骤与方法进行简要阐述：

第一，确定土地利用方式和每一利用方式的需求；

第二，找到每一土地利用需求相对应的自然要素；

第三，把生物物理环境与土地利用需求相联系，确定与需求相对应的具体自然因子；

第四，把所需求的自然因子叠加绘制成图，确定合并规则以能表达适宜的梯度变化，这一步骤中应完成一系列土地利用机遇分析图；

第五，确定潜在土地利用与生物物理过程的相互制约；

第六，将制约和机遇的地图相叠加，在特定的结合规则下制成能描述土地对多种利用方式的内在适宜度的地图；

第七，绘制综合地图，展示对各种土地利用方式具高度适宜性的区域分布。

7.1.2　意在笔先

风景园林可谓文人写意模拟的典范。它适合有盼望的人，它的有限之后安排着无限，任你的想象肆意飞扬。如苏州园林，进入苏州园林，如同进入一首古诗的解释中。苏州园林是人间最大的一个比喻，是典型的以小见大、以虚写实的放大，既是文学、艺术的比喻，又是建筑、社会学的比喻，更是人间风花雪月的济济之处。那种悠然与写意的情趣，是中国文人处世哲学的典型体现。

7.1.2.1　概念

立意是园林设计的总意图，即设计思想。古今中外的园林无不体现设计者或造园者的思想，中国古代山水画论以及诗词创作都讲究"意在笔先"，园林的创造也是一样。

宋·苏轼《文与可画筼筜谷偃竹记》：竹之始生，一寸之萌耳，而节叶具焉。自蜩腹蛇蚹，以至于剑拔十寻者，生而有之也。今画者乃节节而为之，叶叶而累之，岂复有竹乎！故画竹必先得成竹于胸中，执笔熟视，乃见其所欲画者，急其从之，振笔直遂，以追其所见，如兔起鹘落，稍纵则逝矣（《东坡文集》卷四十九）。其意是指作画之前，事物的形象早已在胸中了然。"意"除了指事物这一具象的事物，更深的是指作画者画面包含的意境，神思在作画前已经酝酿好了，然后下笔写字作画才可一气呵成。清·布图《画法新发问答》中，论及布局要"意在笔先"，"辅成大地，创造山川，其远近高卑，曲折深浅，皆令各得其势而不背，则定格制定矣。然后相其地势之情形，可置树木则置树木，可置屋宇则置屋宇，可通入径处则置道路，可通旅行处则置桥梁。无不顺适其情，克全其理"。晋·顾恺之《论画》中，"巧密于精思，神仪在心"。山水画的创作如此，园林的创作亦如此。

中国古典园林无论是帝王宫苑、私人宅院、寺庙道观的创作都反映了园林的立意思想。扬州个园（图7-6），遍植修竹，取竹字一半名曰"个园"，暗喻园主品格的清逸和气节的崇高。正如苏东坡所云："宁可食无肉，不可居无竹。无肉使人瘦，无竹使人俗。"立意之深刻，也表现园主造园之初的意在笔先。

受文人画的影响，中国传统私家园林空间形态的主要特征为"以画入园，文人写意"。在空间形态的表达上，它借助植物与山石、水体、建筑等构成要素，用"意在笔先"经营位置的理念，来达到空间形态中布局的虚实、主次、曲直、疏密、动静、变化、收放对比关系，从而使中国传统私家园

图7-6 扬州个园

林的空间形态具有"比德、畅神"的文人意境。

7.1.2.2 立意

园林创造的立意是根据功能、性质、环境、观赏、生态等要求经过综合考虑所产生出来的总设计图,是园林设计总意图的创作和设计师造园思想的表现。立意关系到设计思想的体现,又是设计过程中合理运用园林要素的依据。因此,立意的好坏对整个设计是至关重要的。也就是规划之前需要实地勘察、测绘,掌握情况,明确绿地的性质和功能要求,然后确定风格和规划形式,做到成竹在胸。

南齐时期的著名画家谢赫在《古画品录》中提出的"六法",对我国园林艺术创作中的立意有较大的影响。他的六法其一是气韵生动,即要求一幅绘画作品有真实的、感人的艺术魅力。其二是骨法用笔,即指绘画造型技巧,"骨法"一般指事物的形象特征,"用笔"指技法。用墨"分其阴阳"更好地表现大自然的光感明暗、远近疏密、朝暮阴晴,以及山石的体积感、质量感等。下笔之前,要充分"立意",做到"意在笔先",下笔后"不滞于手,不凝于心"一气呵成,做到"画尽意在"。其三是应物象形,即指物所占有的空间、形象、颜色等。其四是"随类赋彩",即画家用不同的色彩来表现不同的对象。我国古代画家把用色得当和表现出的美好境界,称为"浑化",在画面上看不到人为色彩的涂痕。其五是经营位置,即考虑整个结构和布局,使结构恰当,主次分明,远近得体,变化中求得统一。我国历代绘画理论中谈及的构图规律,疏密、参差、藏露、虚实、呼应、简繁、明暗、曲直层次以及宾主关系等,既是画论,又是造园的理论根据,如画家画远树无叶,远舟见帆而不见船身,这种简繁的方法,既是画理,也是造园之理。其六是传移摹写,即向传统学习。

南北朝时期,众多文人墨客厌世,对城市繁华生活厌倦,陶醉于大自然,想超脱尘世,追求清淡隐逸,于是对山水、园林发生了浓厚的兴趣,如陶渊明的《桃花源记》:"……缘溪行,忘路之远近,忽逢桃花林,隔岸数步,芳草鲜美,落英缤纷……欲穷其林,林尽水源,使得一山,山有小口,仿佛若有光……初极狭……豁然开朗……",诗中所立的意境,成为设计者创造"山重水复疑无路,柳暗花明又一村"。

园林立意应注意以下几个方面:

①意在笔先,要善于抓住设计中的主要方面,解决功能、观赏及艺术境界的问题。

②立意要有新意,注重地方特色、时代特性,体现个人艺术风格。

③立意着重境界的创造,提高园林艺术的感染力,寓情于景。

④立意根据功能和自然条件,因势就形,因境

而成，避免矫揉造作。

7.2 园林掇山叠石艺术

追求自然是中国园林最基本的一个特点，而自然之中最具普遍意义、最能寄托中国传统审美情思的当然是自然山水这一因素。自然园林、寺庙园林往往选址于自然山水佳境，外借自然山岭成景；皇家园林除选址于自然山水佳境（如承德避暑山庄）以外，若无外借自然山景，也莫不与私家园林一样，只得掇石叠山。

创造山体景观具体的方法有掇山和叠石，园林中掇山又可称之为"筑山"、"堆山"，是中国园林的特点之一，是民族形式和民族风格形成的重要因素。叠石又可称之为"置石"，是以山石为材料作独立性或附属性的造景布置，主要表现山水的个体美或局部的组合而不具备完整的山形。掇山最好从置石开始，由简及繁。如果置石得法的话，可以取得事半功倍的效果。也可以说置石的特点是以少胜多、以简胜繁。

中国造园艺术的历史发展进程，可以用人工造山的发展过程来代表。汉代的宫苑，水池中用土堆成三座山，即方丈、瀛洲和蓬莱，象征海上神山；后汉梁冀园的"采土筑山，十里九坂，以象二崤"象征的已不是神山，而是绵延数十里的山、岗式的山，是对山的摹移；六朝时，则以帝王苑囿中土石兼用且体量巨大的摹移山水为特征；唐代城市宅园兴起，唯该时尚无明确的造山实践活动，但已将具有形象特殊的怪石罗列于庭前，作为独立的观赏对象。自宋代开始，土石趋于结合。在私家园林中，某种特定的山的形象塑造不明显，而在帝王苑囿中，如"艮岳"的万寿山已土石兼用，成为摹移山水向写意山水过渡的标志，为明清的写意山水奠定了基础。《园冶》中说："因地制宜"、"得景随形"、"自成天然之趣，不烦人工之事"。因此，利用和结合原有的自然地形地貌是符合中国园林的造园法则的。但我们在强调因地制宜的同时，也不能忽视必要的地形改造，这不仅是功能上的要求，也是艺术上的要求。为了保证园林环境设计意图的实施，对工程量不大、又不影响和破坏景观的地形地貌进行适当的整理与改造是完全必要的。因此，塑造地形是一种高度的艺术创作，它虽师法自然，但不是简单地模仿，而是要求比自然风景更精炼、更概括、更典雅、更集中，方能达到神形具备、传神入势的境界。只有掌握了自然山水美的客观规律，才能循自然之理，得自然之趣。

西方现代园林中，法国的西蒙、瑞士的克莱默和野口勇等设计师将地形本身作为造景的要素，20世纪五六十年代西蒙提出了一些颇有新意的设想：用点状地形加强围合感，线状地形创造连绵的空间，对法国现代园林设计师有一定影响。克莱默为1959年庭园博览会设计的诗园中，运用三棱锥和圆锥台组合体，这些地形就像抽象雕塑一样，与自然环境产生了鲜明的视觉对比效果。野口勇设计的一些游戏场虽然没有实现，但是这些设计在地形处理上的造型倾向与雕塑般的空间处理手法是十分独特的。

7.2.1 石的艺术

在中国古典园林中，石是园之"骨"，也是山之"骨"，甚至一片石即是一座山。因此，论山必先论石，而论石，又必先论述石头的文化背景——石头和中国人的历史的、美学的姻缘。石头文化，是中国特殊而有趣的微观文化之一。

和西方民族不同，在我国历史上和现实中，石头常常为人们扮演着种种不同的艺术文化的"角色"；人们对石头也有着这样或那样的审美关系，这有大量的事实为证——在工艺美术领域里，红木架上置一块玲珑多姿的英德石，就成了所谓文房清供——室内陈设的古玩佳品；在盆景艺术领域里，一块砂积石略略加工，置于白石水盆内，就成了咫尺千里的山水石之美。

将造型、色泽、纹理均佳的石作为环境陈设品，置于室内外，有着极高的景观价值。例如，江南名峰冠云峰、瑞云峰、绉云峰、玉玲珑（图7-7至图7-9）等石，名冠天下，历代人们以能"一睹为幸事"。中国园林"无园不石"，山石作为主要的造园要素，作为园林审美对象，往往互相因依，或

图7-7 冠云峰　　　　图7-8 玉玲珑　　　　图7-9 绉云峰

在园林庭院里孤峰独峙，或散置在山坡路旁，或堆叠成形态各异的假山，或制作成精美的山石盆景。人们不仅欣赏它的千姿百态，而且广泛利用山石作为驳岸、挡土墙、花台、栏杆等工程上的构筑材料。明清两代，人们对庭院内的孤赏石更为偏爱，人们为什么爱石、品石，会对山石有如此亲和的审美关系，这主要源于山石特有的表现于外的形体之美和凝聚在内的审美属性。

山石产于自然界，乃自然之物，因此，山石具有自然美的素质，我国地域辽阔，山石资源极为丰富，由于不同的山石生成的环境不同，其形质带给人的美感亦不同。以太湖石为代表的奇石，究竟具有哪些美的品格，在宋代杜绾《云林石谱》评赞石景时，提出"瘦、透、漏、皱"4个字，这实际上是提出了石的4个审美标准。此后，随着品石风气的日盛，人们又提出了"丑"、"清"、"拙"等品评标准。

(1) 瘦

所谓肥瘦，是对人的形体美的品评，如"燕瘦环肥"就如此。评石曰"瘦"，实际上是把对人的品评移来品石。这种人与石互喻互比的审美风气，其源可上溯到晋代，当时常常借山石喻人。所谓"瘦"是对石的总体形象的审美要求，即耸立空中具有纵向伸展的瘦长体型，造型不臃肿而风骨劲瘦。或是苗条，或是秀挺，或如亭亭玉立、楚楚纤腰的美女，或似峭然孤立、高标自持的君子。其审美实例可见于古典园林中湖石立峰的命名。苏州著名的留园三峰——冠云峰、瑞云峰、岫云峰，无不清秀、挺拔当空、孤峙无倚，它好似亭亭玉立的淑女、高标自持的君子。岫云峰瘦而多小孔，瑞云峰瘦而多大孔，冠云峰孤高而特瘦，漏皱而多姿，三峰中尤以冠云峰为最。

(2) 皱

"皱纹"以其意显，历来解释不多。要探究其深层的审美内涵，还得联系古代山水画的画法。在园林中，皱是指石面上的凹凸和纹理，存放久远风化所致，也就是计成《园冶》所说的"纹理纵横，笼络起隐"。对石来说，"皱"的审美功能是为之"开其面"，即破囫囵之体，去平面之态，使之立面层棱起伏、纹理丰富。这样石上受光面就富于变化，色调就不会平板一律，从而耐看、有趣味。

(3) 漏、透

关于"透"和"漏"，二者是以太湖石为代表的怪石重要的审美特征，其解释历来有所不同：或释为前后左右相通、以横向为主的孔和上下相通、以纵向为主的孔；或释为彼此相通，若有路可行和石上有眼、四面玲珑；或释为较大的洞穴和比较规则的圆孔；或释为空窍较多、通透洞达和坑洼较多、穿通广下左右……诸说相比，第一说较为合理，而其他解释也有参考价值。总而言之，"透"和"漏"比较接近，"漏'者，则是石峰上下左右，窍窍相通，有路可循。"透"者，即玲珑多孔，外形轮廓飞舞多姿。这是由石在太湖中长期受风浪冲激而形成的种种"弹子窝"所组成的，它表现为孔窍通达、玲珑剔透之美。且二者有相似、相通之处，均指该石有洞有眼。

如冠云峰上下布满孔穴（即为"漏"），在阳光的照射下，层次分明，明暗突出，空间感极强。在石的顶部也有一个通透的"石孔"，这是全石的精华。石的"透、漏"之孔，不但赋予三维空间的实体以嵌空玲珑、丰富奇特的外形表现，而且还使石之整体的立面造型变化多端、奇幻莫测。上海豫园的"玉玲珑"，这一相传为宋代"花石纲"遗漏下来的奇石，高达3m有余，形如千年灵芝，通体都是孔穴。据说，在下面孔穴中焚一炉香，上面各孔穴都会冒出缕缕轻烟；而在上面孔穴中倒一盆水，下面各孔穴会溅出朵朵水花，可谓极尽"透、漏"之妙。正因为如此，该园才特意为此奇石建造了"玉华堂"，意谓美玉中的精华。

(4) 丑

"丑"是讲石的造型独特，是相对于美而言的，以丑品石，由来已久。石形之"丑"，实际上是一种既不对称均衡，又不符合比例的一种奇怪的美，一种让人可畏可怖而又可惊可敬的美。在外部形态上，丑石表现为"雄、秀、奇、怪"。

(5) 清、顽、拙

所谓"清"者，有阴柔秀丽之美；所谓"顽"者，有坚烈阳刚之美。

以太湖石为代表的怪石的瘦、透、漏、皱，又可一字以蔽之曰"巧"。然而，石的品格不尽在巧，还有其相对峙的一面——"拙"。如果说，"巧"的代表是太湖石，那"拙"的代表则是黄石。"拙"，也是中国古典美学的一个重要范畴，它所追求的是质朴无华、古趣盎然。因此，与古代归真、返璞、守拙的哲学思想相应，古代美学不但有"大巧若拙"之语，甚至有"宁拙毋巧"之语。

"瘦、皱、漏、透"四字，主要评价峰石的分体形象特征；"丑、清、顽、拙"四字，主要评价峰石的整体形象气势。这八个字所形容的峰石特征并非孤立存在的，一块有欣赏价值的峰石并非要八字标准皆具备，但总是有某一方面或某几方面有突出的地方，这就需要游览者仔细地去品味，从总体上去把握奇石景观独有的美。

7.2.2 石的类型

叠山置石，欲得良好的风景效果和观赏效果，首先应注意石材的选择，石质与山形的关系至为密切重要。垒筑土山或土石山，选土可以不严，一般心土为黏土，表土为肥土，有利于植物生长即可。而石山则不然，尤其表石，必须精选，叠山置石的成败取决于石材的质量与施工的技术水平。石形十分关键，要求质朴、嵌空、坚润、纹理纵横，有云生之气、宛转之势，或成物状、或成峰峦，饱经风化、水蚀者为上，就其安放位置不同，选石亦要区别对象。如作特置者，石形宜高大挺拔、奇伟峥嵘之状；作散置者，宜剔透玲珑、丰满圆润；如作叠山者，宜奇姿异态、势动形奔、宜精巧掇精安，即易成如画之佳品。

我国石材资源可谓地大物博，无论南北各地，能作叠山置石之材比比皆是，且色泽淡雅，种类繁多，为庭园用石创造了优裕的条件。一般说来，庭园用石，凡外形皱而富变、透漏生奇、质地致密而不松软者即可入选。岩石之中的水成岩、沉积岩之类似比火成岩、玄武岩、花岗岩更为适宜，因为前者风化水击程度高，貌多孔眼渍蚀变化，构成石品秀美多姿，并以太湖石、黄石、钟乳石、沙碛石以及山巅风化程度甚高之石灰石等作假山、宣石者为常见。当然，由于地区不同，石的种类和人们的爱好习惯有异，可用的石不限上述几种。如北京、苏州、杭州、扬州诸地，多用湖石、黄石或小石包镶；杭州动物园兽山，亦有采用淡红砂石者；广东一带善用英石、蜡石、松皮石、石蛋（卵石）；潮州还喜用花岗石，近年来更不断采用人工"塑石"；西南地区主要用风化石灰石、钟乳石、沙碛石和片石，甚至有用烧结炉渣者。总之，无论何种石材，都有各自的表现特点，具有浓烈的地方色彩。所以，根据各自的石材资源、地方特点来选用石材，是比较适宜的。

按假山石料的产地和质地来分类，常用的假山石材有以下几种。

(1) 湖石

湖石因原产于太湖一带而得名，这是在江南园林中运用最为普遍的一种，也是历史上开发较早的一类山石。在我国历史上大兴掇山之风的宋代，著名皇家园林"寿山艮岳"不惜民力从江南遍搜名石奇石运到汴京（今河南开封），其向京都运送花石的大批船只有"花石纲"之称，"花石纲"所列之石也大多是太湖石。于是，从帝王宫苑到私人宅园竞相以湖石炫耀家门，太湖石风靡一时。实际上太湖石是经过熔融的石灰岩，在我国分布很广，除苏州太湖一带盛产外，北京的房山、广东的英德、安徽的宣城和灵璧，以及江苏的宜兴、镇江、南京，山东的济南等地均有分布，只不过在色泽、纹理和形态方面有些差别。因此，在湖石这一类山石中又可分为以下几种。

① 太湖石　真正的太湖石原产在苏州所属太湖中的洞庭西山，据说以其中消夏湾一带出产的太湖石品质最优良。这种山石质坚而脆，由于风浪或地下水的熔融作用，其纹理纵横、脉络显隐。石面上遍布坳坎，称为"弹子窝"，叩之有微声，还很自然地形成沟、缝、窝、穴、洞、环。有时窝洞相套，玲珑剔透，蔚为奇观，有如天然的雕塑品，观赏价值比较高。因此，常选其中形体险怪、嵌空穿眼者作为特置石峰。此石水中和土中皆有所产，产于水中的太湖石色泽为浅灰中露白色，比较丰润、光洁，也有青灰色的，具有较大的皱纹而少很细的皱褶；产于土中的湖石为灰色中带青灰色，比较枯涩而少有光泽，遍多细纹，好像大象的皮肤一样，也有称为"象皮青"的。太湖石大多是从整体岩层中选择开采出来的，其靠岩层面必有人工采凿的痕迹。与太湖石相近的，还有宜兴石（宜兴张公洞、善卷洞一带山中）、南京附近的龙潭石和青龙山石。济南一带则有一种少洞穴、多竖纹、形体顽秀，色似象皮青而细纹不多，形象雄浑的湖石，称为"仲宫石"，如个园内的夏山、狮子林的假山都用这种山石掇山，如图7-10所示。

② 房山石　产于北京房山大灰石一带山上，因之得名，也属石灰岩。新开采的房山岩呈土红色、橘红色或更淡一些的土黄色，日久以后表面带些灰

图7-10　太湖石

图7-11 房山石

图7-12 灵璧石

黑色。质地不如南方的太湖石脆，有一定的韧性。这种山石也具有太湖石的窝、沟、环、洞等变化。因此也有人称之为北太湖石。它的特征除了颜色和太湖石有明显区别以外，容重比太湖石大，叩之无共鸣声，多密集的小孔穴而少有大洞。因此，外观比较沉实、浑厚、雄壮。这和太湖石外观轻巧、清秀、玲珑是有明显差别的。与房山石比较接近的还有镇江所产的砚山石，形态颇多变化而色泽淡黄清润，叩之微有声；也有灰褐色的，石多穿眼相通，如图7-11所示。

③英德石 原产于广东省英德县一带。岭南园林中有用这种山石掇山，也常见于几案石品。英德石质坚而特别脆，用手指弹叩有较响的共鸣声。淡青灰色，有的间有白脉络。这种山石多为中、小形体，很少见大块的。现存广州市西关逢源大街8号名为"风云际会"的假山就是完全用英德石掇成，别具一种风味。英德石又可分白英、灰英和黑英3种。一般所见以灰英居多，白英和黑英均甚罕见，所以多用作特置或散点。

④灵璧石 原产于安徽省灵璧县。石产土中，被赤泥渍满，须刮洗方显本色。其石中灰色甚为清润，质地亦脆，用手弹亦有共鸣声。石面有坳坎的变化，石形亦千变万化，但其石眼少有宛转回折，须藉人工修饰以全其美。这种山石可掇山石小品，更多的情况下作为盆景石玩，如图7-12所示。

⑤宣石 产于安徽省宁国市。其色有如积雪覆盖于灰色石上，也由于为赤土积渍，因此又带些赤黄色，非刷净不见其质，所以越旧越白。由于它有积雪一般的外貌，扬州个园的冬山、深圳锦绣中华的雪山均用它作为材料，效果显著，如图7-13所示。

(2) **黄石**

黄石是一种带橙黄颜色的细砂岩，产地很多，以常熟虞山的自然景观为名。苏州、常州、镇江等

图7-13 个园的冬山

图7-14 个园的秋山

地皆有所产。其石形体顽夯,见棱见角,节理面近乎垂直,雄浑沉实。与湖石相比,它平正大方,立体感强,块钝而棱锐,具有强烈的光影效果。明代所建上海豫园的大假山、苏州藕园的假山和扬州个园的秋山均为黄石掇成的佳品,如图7-14所示。

(3) 青石

青石即一种青灰色的细砂岩。北京西郊洪山口一带均有所产。青石的节理面不像黄石那样规整,不一定是相互垂直的纹理,也有交叉互织的斜纹。

图7-15 黄蜡石

图7-16 石笋石

就形体而言多呈片状,故又有"青云片"之称。北京圆明园"武陵春色"的桃花洞、北海的濠濮间和颐和园后湖某些局部都用这种青石为山。

(4) 黄蜡石

黄蜡石色黄,表面油润如蜡,有的浑圆如卵石,有的石纹古拙、形态奇异,多块料而少有长条形。由于其色优美明亮,常以此石作孤景,或散置于草坪、池边和树荫之下。在广东、广西等地广泛运用。与此石相近的还有墨石,多产于华南地区,色泽褐黑,丰润光洁,极具观赏性,多用于卵石小溪边,并配以棕榈科植物,如图7-15所示。

(5) 石笋

石笋即外形修长如竹笋的一类山石的总称。这类山石产地颇广。石皆卧于山土中,采取后直立地上。园林中常作独立小景布置,如扬州个园的春山、北京紫竹院公园的江南竹韵等,如图7-16所示。

(6) 其他石品

除上述石料外,还有一些石品,诸如海参石(图7-17)、木化石(图7-18)、松皮石、石珊瑚、石蛋等。海参石,因为石的造型有如一个个小的海参,互相拥挤着挨在一起,有一种海参躯体的柔软的质感,上面还能看到状似海参肉刺一般的小石刺痕，非常生动。木化石古老质朴，常作特置或对置。松皮石是一种暗土红的石质中杂有石灰岩的交织细片。石灰石部分经长期熔融或人工处理以后脱落成空块洞，外观像松树皮突出斑驳一般。石蛋即产于海边、江边或旧河床的大卵石，有砂岩及其他各种质地的。岭南园林中运用比较广泛，如广州市动物园的猴山、广州烈士陵园等均大量采用。

总之，我国山石的资源是极其丰富的。堆制假山要因地制宜，不可沽名钓誉地去追求名石，应该是"是石堪堆"。这不仅是为了节省人力、物力和财力，同时也有助于发挥不同的地方特色。如承德避暑山庄选用塞外山石为山，就别具一格。

7.2.3 山的艺术

7.2.3.2 山之美

"一拳之石而太华千寻，一勺之水而烟波万顷"，即在不太大的空间范围内，能典型地再现自然山水之美，而又不落人工斧凿的痕迹，是我国叠山艺术的重要特点。尤其是我国江南地区的私家园林，在咫尺之地，突破空间的局限性，创作了"咫尺山林，多方胜景"的园林艺术。堆石为山，叠石为峰，陡峭者取黄山之势，玲珑者取桂林之秀，"妙在小，精在景，贵在变、长在情"。咫尺山林妙"在于小"，而又能"小中见大"。这就要求掌握尺度比例，在一定面积内布置得体，达到"山翠万重当槛出，水光千里抱城来"的意境，使人有虽在小天地，却有置身于大自然的感觉。众多的山体景观，主要可归纳为以下几种山体艺术美：

(1) 嵌理壁岩艺术美

在江南较小庭院内掇石叠山，有一种最常见、最简便的手法，就是在粉墙中嵌理壁岩。这类处理在江南园林中屡见不鲜。有的嵌于墙内，犹如浮雕，占地很少；有的虽与墙面脱离，但十分逼近，因而占地也不多，其艺术效果与前者相同，均以粉壁为背景，恰似一幅中国水墨画。特别通过洞窗、洞门观赏，其画意更浓。苏州拙政园海棠春坞庭院等江南许多庭院都是采用此种造景手法（图7-19）。

图7-17 海参石

图7-18 木化石

图7-19 嵌理壁岩艺术

(2) 点石成景艺术美

点石于园林，或附势而置，或在小径尽头，或在空旷之处，或在交叉路口，或在狭湖岸边，或在竹树之下。切忌线条整齐划一或简单地平衡对称，要求高低错落、自由多变。大多采用散点或聚点，做到有疏有密、前后呼应、左右错落，方能产生极好的艺术效果。如在粉墙前，宜聚点湖石或黄石数块，缀以花草竹木。这样，粉墙似纸，点石和花木似笔，在不同的光照之下，形成静中有动的一幅幅活动的画面，如图7-20所示。

(3) 独石构峰艺术美

独石构峰之石，大多采用玲珑剔透、完整一块的太湖石，并需具备透、漏、瘦、皱、清、丑、顽、拙等特点。由于其体积硕大，因而不易觅得，需要用巨金购来。园主往往把它冠以美名，筑以华屋，并视作压园珍宝。苏州留园的冠云峰、瑞云峰、岫云峰三峰，皆是独石构峰，相传为末代花石纲遗物，还有许多不知名却很美的孤石，如图7-21所示。

(4) 旱地堆筑假山艺术美

在无自然山体可借时，常见的处理就是在堆筑假山，或于旱地或于水岸。创造诸如山峦、峭壁、洞谷、岭峰等，产生雄奇、峭拔、幽邃平远的山林意境，层出不穷、变幻有致的假山景致。北宋晚期宋徽宗在开封构筑以造山为主体的大型人工山苑，由于山在都城的东北方，相当于八卦中的"艮卦"位置，故取名曰"艮岳"，这在中国造园史上是将摹写山水发展到登峰造极境界的典范。

扬州个园的四季假山构筑，布局之奇、用石之奇，在中国园林中可谓孤例。以布局之奇而论，在

图7-20 点石成景艺术

图7-21 独石构峰艺术美

图7-22 狮子林假山

一个面积不足 3.3hm² 的园子里，竟然极其巧妙地安排有春、夏、秋、冬 4 个假山区。全园以宜雨轩为中心，由宜雨轩南面开始，顺时针方向转上一圈，春、夏、秋、冬四季景色便可依次观览一遍，好似经历了一年。

以用石之奇而论，为了突出 4 个季节的不同特点，大胆采用能体现季节特色的不同石料，这在中国园林假山构筑中，也是绝无仅有的。为了体现春天的季节特点，采用十二生肖象形山石，象征春天的到来，各类动物已从冬眠中苏醒，即将活动频繁。其余山石，多采用竖纹取胜的笋石。为了体现夏山的夏季特点，造园者采用玲珑剔透的太湖石，充分发挥太湖石多变多姿、八面玲珑的特色。为体现秋山的秋季特点，造园者特意采用黄石，在堆叠上引借国画的劈皴法，烘托出高山峻岭的气派。为了体现冬山的冬季特点，特地采用颜色洁白、体形圆浑的宣石（雪石），并将假山叠至厅南墙北下，使人产生积雪未化的感觉。

(5) 依水堆筑假山艺术

计成特别推崇依水堆筑的假山，因为"水令人远，石令人古"，两者在性格上是一刚一柔、一动一静，起到了相映成趣的效果。

苏州狮子林，以湖石假山众多著称，以洞壑盘旋出入的奇巧取胜，素有假山王国之誉，（图7-22）。园中的假山，大多依水而筑。其园平面呈长方形，面积约 1hm²，东南多山，西北多水，长廊三面环抱，曲径通幽。园中石峰林立，均以太湖石堆叠，玲珑俊秀，有含晖、吐月、玄玉、昂霄等名称，还有木化石、石笋等，皆为元代遗物。山形大体上可分为东西两部分，各自形成一个大环形，占地面积很大，山上满布着奇峰巨石，大大小小，各具姿态。多数像各类狮形，也有似蟹鼋、如鱼鸟的，千奇百怪，难以名状。石峰间生长着粗大的古树，枝干交叉，绿叶掩映，从外部看上去，只见峰峦起伏，气势雄浑，很像一座深山老林。而石峰底下，却又全是石洞，显得处处空灵。石洞上下盘旋，连绵不断，具有岩壑曲折之幽，峰回路转之趣。

7.2.3.2 山之景观类型

山的景观类型如图 7-23 所示，有以下几个主要类型：

(1) 峰、顶、峦、岭、岫

这种类型的山，为取得远观的山势观景效果，以加强山顶环境的山林气氛，而有峰峦的创作。山巅参差不齐的起伏之势，谓之峦；山峦突起，谓之峰。或以黄石叠撮，如上海豫园黄石假山；或以整块湖石叠置，如苏州留园的冠云峰、岫云峰、朵云峰三巨石。其主要的空间性格表现为高耸峻立之美，其区别也是相对的，不尽如韩拙所说的"尖"、

峰　　崖　　洞　　谷

山颠　　山峦　　土坞　　山阜

图7-23　山的景观类型

"平"、"圆"、"相连"、"有穴"。例如，峰和峦固然可以有尖、圆、极高、较高的区别，但二者义均可称岫，而且也不一定非"有穴"不可。计成《园冶·掇山》则说："峦，山头高峻也。"园林中的峦，则又近于峰了。可见，界域不是很分明。不过，四者之中，以峰为最高。山的尖顶固然对称为峰，但峰又可用以指高入云天的山。

园林中的立峰，虽然总在近处，但也有其独特的魅力。单块的湖石立峰，固然能给人以峰高插云的幻觉。而堆叠的假山，同样可以具有险峰的意态。单块或多块构成的石峰，求其上大下小，这也就是不但要求堆叠成高峰，具有峻拔之美，而且要求堆叠成险峰，具有飞舞之势。上大下小，高而且险，似欲飞舞，这似乎已成了叠峰的空间塑造规律。缀云峰为明末叠石名家陈似云作品，所用湖石，玲珑细润，以元末赵松雪山水画为范本。缀云峰的形态自下而上逐渐壮大，其巅尤伟，如云状，岿然独立，旁无支撑。曾经倒塌，后来在园林专家汪星伯的指导下，重新堆成了这座高达两丈、玲珑的奇峰。在现代许多小型的假山设计中无不体现出峰峦的创作，如图7-24所示。

(2) 壁、崖、岩

崖就是悬峭的山边、石壁。所谓悬崖峭壁，其空间性格表现为陡险峭拔之美。岩与崖比较接近，指崖下而言。悬崖峭壁为石山最常见的表现景象。一般采用湖石堆叠成峻峭的山壁，以"小中见大"的手法，与周围景观遥相呼应。它多是组织整体山势的一部分，或壁立如苏州耦园东园和上海豫园的黄石山，以及南京瞻园、杭州西湖郭庄的湖石山；或悬挑如苏州环秀山庄、扬州片石山房的湖石山。也有采用以掩饰围墙边界、紧倚墙壁叠掇的"峭壁山"，既掩俗丑，又空出有限空间，是一举数得的聪明之举。临水叠掇的岩崖，有水中倒影的衬托，更显得高崇生动。

北京园林中最著名的悬崖峭壁，当数香山原静宜园。在"西山晴雪"东南，有峭然耸峙于路旁的石壁，为静宜园外垣八景之一。它巨大而陡峻，崖石缝隙中顽强地挣扎出种种杂树，令人联想起李白《蜀道难》中"枯松倒挂倚绝壁"的意境，给人以伴和着奇峭险趣的美感。

崖者由于陡峭壁立，往往垂直于地面，因此，它不但富于绝壁峭拔、悬崖陡峻的奇险之美，而且石壁的立面是题字刻石的最佳处所，它能构成园林美的又一种景观。北京玉泉山原静明园十六景之一的"绣壁诗态"，就体现了这一景观的美，这里崖石壁立，题字刻石琳琅满目，为绝壁增添了灿烂的

图7-24 峰峦的创作

图7-25 耦园的黄石假山

锦绣，为环境增添了浓郁的诗情。

所谓崖岩，贵在于其势"悬"而令人"骇"，然而其根本还在于"坚"。要使之稳定不倒塌。就得把握物理学的重力规律，这里涉及科技水平问题。计成根据叠石的实践经验，总结出"平衡法"，解决了这一矛盾，使之万无一失，这是一种科技美。《园冶》反复强调的"平衡法"，是我国叠山史上的一大创造。

江南园林中崖壁堆叠的佳例较多。苏州耦园的黄石假山（图7-25）其宛虹桥边的石壁，给人以悬崖陡峭之感，而且它妙在下临深池，石壁下的石径在通往并接近池面处分为两条，一条拐弯通向上山的蹬道，一条继续往前，化为池畔的踏步。这一艺术处理是高明的，它使高和深二者相辅相成，一方面，以高反衬深，使深池倍增其深；另一方面，以深反衬高，使悬崖峭壁倍增其高。观者如取池畔石径特别是踏步这一方位向上仰视，就可产生石壁耸峭、悬崖险峻、其状可骇的审美心理。

(3) 洞、府

洞、府以及岩穴，是十分近似的，没有严格的区别。现在不论水洞或旱洞，一般都通称为洞。石质假山一般均叠掇洞隧，一则可以丰富游览内容，二则可以节约石料，三则可以扩大叠山体量，是一举数得的聪明做法。洞顶结构有梁式和拱式两种，要求叠掇自然，不露人工构造痕迹，故一般多采用拱券结构。洞隧叠掇成功的佳例，用湖石叠掇的有苏州狮子林、环秀山庄，用黄石叠掇的有扬州个园秋山和寄啸山庄南部石山洞窟等。苏州小灵山馆与冶隐园小林屋洞，以及扬州棣园、个园的洞隧中，用倒挂钟乳石表现喀斯特溶洞景观，取得更为逼真的效果。

洞的基本空间特征就是中虚，其性格表现为与外界迥异的幽暗深邃之美，一种别有洞天非人间的美。洞往往由于其幽深莫测而给人以一种奇异的美感，又同时能勾起人们好奇而探胜的心理。试想，在林尽水源的山麓，黑洞洞的小口，光线隐约，似有若无，仿佛在对人眨着深邃的目光，这确实是一种神奇的魔力，能在人们身上转化为寻奇探幽的动力。正因为如此，渔人才不避艰深，舍船而入，终于得见灵境仙源的理想世界。

正因为洞府总伴随着一种神秘感或奇异感，所以它往往附会着某种神话传说，或其中设以仙佛神像。如静明园"玉泉趵突"西南方有一大石洞，传说为八仙之一的吕洞宾来到人间的居息之所，故名吕祖洞，供以吕祖像，这无疑能助人游兴。玉泉山华严寺附近还有千佛洞、罗汉洞等，仅从题名来看，就可知其中神像的内容。正因为玉泉山不但有寺塔泉水之胜，而且洞府多、佛像多，因此被誉为"名山"、"灵境"、"福地"。

假山洞的神秘或神奇之感虽逊于真山洞，但

---

* 1 丈 = 3.33m。

图7-26 假山洞的景观

堆掇成功的佳构也能使人产生类似的感受。常熟燕园的假山洞,出之于叠山名家戈裕良之手。南面洞内外一片浅水,点以步石,导人进入洞内,倍增了洞的奇异感;北面洞外,则以一片石半掩洞口,增加了洞的幽深感,其结构和意境是极为成功的(图7-26)。

(4) 坡、垅、阜

坡、垅、阜是平原或坡度不大的平地、土丘,它有时还是与山相接壤的山麓地带。其空间性格总的倾向于平坦旷远之美。和峰峦岭岫、崖岩洞府相比,它既不令人感到惊畏骇怪,又不令人感到神秘奇异,而是平易近人,具有现实感和人情味。

园林,往往有大小不同的坡地。它是种植芳草嘉树,点缀奇峰怪石的最佳地带;对于高山、低水来说,它又是造成审美对比和艺术过渡的重要的空间环节。

承德避暑山庄的平原区,面积约 $40 \times 10^4 m^2$,它实际上是范围广袤的坡垅地带,具有开阔辽远的空间性格。平原东部,老榆参天,杂树成林,为"万树园";平原西部,芳草鲜美,平坦如茵。从园林总体来看,它正是山岳区和湖沼区的广阔过渡地带;从平原景观来看,它特别富于塞外北国的草原风光(图7-27)。江南宅园的坡垅,面积一般都不太大,但能给园林带来旷野情趣。在国外许多的风

图7-27 承德避暑山庄

图7-28 风景园的地形

景园中也大面积地应用此种类型景观造（图7-28）。

（5）谷、壑、涧

谷涧是中国古典园林中再现自然真山大壑一角的艺术构筑，产生一种"似有深境"的艺术效果。谷、壑、涧以及峡、峪等，是比较相近的，都是两山或两岩相夹之间形成的凹、洼陷的狭长地带。它们共同的空间性格美，表现为低落幽曲，而不是高爽开朗。

中国园林中规模最大的峡谷，在避暑山庄。山庄的山岳区，就有松云峡、梨树峪、松林峪、榛子峪、西峪等数道逶迤绵长的峡谷。这些奇峡幽谷之间，林木浓荫、蔚然深秀、山溪潺潺、峰回路转，是一种气势磅礴的山峪林壑的景观美。

和避暑山庄的真峡实峪不同，江南园林中堆叠而成的山谷的空间体量较小，然而其中佳构也颇能给人以真实的深山大谷之感。苏州环秀山庄的山谷，是最为成功的一例，是描写高山峡谷、涧底湍流的杰作。由于它采取了较大尺度，浏览者可以置身于谷涧之间，感受良深。它的两侧峭壁天成，相对夹峙，其间狭长屈曲，宛似"一线天"，人们几乎须抬头仰视方见蓝天，同时还可看到石壁危立，古柯斜出，一条石梁横空而过，于是顿生幽崖晦谷、隔离天日之感。峡谷而能取得幽曲如真的效果，并能引发游人萌生危险感与安全感相平衡的审美心态，这是难能可贵的。其实，这峡谷只有短短的一段。相反，也有的谷道，虽然比较长，但石壁立面僵直板律，有矫揉造作之意，无宛自天成之趣，缺乏审美价值，是拙劣失败的实例。可见，成败的天壤之别，全在于对自然美和艺术美有无真切的把握。无锡寄畅园八音涧，是对自然山林中潺潺溪谷的成功描写。苏州藕园假山分东、西两部分，其间辟有谷道，宽逾1m，两侧壁如悬崖，状似峡谷，疏植花木，长葛垂萝，情趣盎然。

以上5种类型序列，当然不可能囊括中国园林里山的全部品类、名称，但大体上已包括在内了。这5种类型的划分，是对中国园林中的"山"这个大系统所作的分解研究，通过审美实例，可以看出这些不同类型的空间性格美以及人们由此产生的不同的审美心态或美感的特征。

7.2.4 叠石掇山艺术手法

在我国园林中，凡有山之园，大多可因势利导，按照美学要求略加修整以弥补其天然原有之不足，即成风景；而无山之园，则往往需用人工叠筑。园林中的假山工程，无论是石山还是土石山，其施工过程都是比较复杂的，并非随意垒成"馒头"即可。欲掇清奇磊落、秀丽玲珑之山，首先必须根据地形，熟察"地利"，经营位置得当，要所谓"成竹在胸，方宜定局，位置不当，不能非为其山而强为其山"，否则难以收到好的效果；其次要求掌握大自然诸多名山的面貌与特点，以资借鉴参考，从而以缩影、意境手法，将精华或所取之处"移植"到园林中来；第三是掇山匠师应具有熟练的技术与经验，并与设计人员密切配合，充分了解山体本身的结构以及山与山间、溪涧流泉、阴阳向背、主次变化、植物状况等的关系。

位置决定之后，就须根据环境状况，由设计人员绘出山的平面、立面和结构设计图（至少是草图），内容应包括山的形状、大小、体量与尺度，避免过去那种不要图纸的盲目施工方式，以免造成浪费和达不到预想的效果。

（1）假山景观的种类

按掇山所用材料不同分为4种，即土假山、石假山、石土混合假山和塑山。

①土假山　堆假山的材料全部或绝大多数为土。此种类型的假山造型比较平缓，可形成土丘与丘陵，占地面积较大。

土假山工程简单，投资较少，对改变园林风景面貌起一定作用。同时，土假山又满足了周边防护性风景林的种植，利于形成一道绿色屏障。

由于受土壤稳定性的限制，小面积土假山不会造成较高山势，更不易形成峰峦谷洞景观（图7-29）。

②石假山　掇假山的材料全部或几乎全部为石。此类假山一般体型比较小，在设计与布局中，常常是用于庭院内、走廊旁，或依墙而建，作为楼层的蹬道，或下洞上亭，或下洞上台等，古代园林中几

图7-29　土假山

图7-30　石假山

图7-31　石土混合假山

图7-32　游乐园中塑山

乎都有这种假山的存在。

由于山石不易施工，所以石山多用当地所产自然山石堆叠而成，如苏州园林中多湖石假山。

石假山工程造价高，且不易栽植大量的树木。因此，现代生态园林中除庭院中，小型单纯供观赏的石假山外，堆叠大规模石假山较少（图7-30）。

③石土混合假山　即假山由土石共同组成。有石多土少和石少土多之分。

石多土少的假山一般是表层部分为石，此种类型在江南园林中多见，假山四周全用石构筑。由于有山石的砌护，可有峭壁挺拔之势；在山石间留穴、嵌土、植奇松，可增添生机活力。

土多石少的假山，主要是以土堆成的，土构成山体基本骨架，表面适当点石，其特征相似于土山。在我国现存的古典园林中，此种类型不很多，特别是江南园林中甚少，而北方园林中较多见。一般占地面积较大，山林感较强。

把土假山和石假山的优点有机地融为一体，造价较低，又可创造丰富的植物景观，如图7-31所示，故是现代园林比较提倡的。

④塑山　我国岭南的园林中早有灰塑假山的工艺，后来又逐渐发展成为用水泥塑的景观石和假山，成为假山工程的一种专门工艺。塑山是用建筑构成材料来替代真山石，能减轻山石景物重量和随意造型。在现代城市公园中有多处塑山之范例（图7-32）。

(2) 置石的形式

置石具有它特有的功能，可不堆山之处，则用置石的方式解决，亦颇有相同的效果。当然，置石与叠山不能截然分割，它除了可作为独立的"小品"之外，有时也作为假山的余脉安设，其布置手法与叠石是一致的。置石的安置范围甚广，无论水边、桥头、建筑、道路两侧，还是树、竹、花、草周围皆可摆列协调，且用石量不大，节省石材，施工较易，虽仅三、五、六、七之数，但点景效果特佳（图7-33），故可因地制宜，普遍加以运用。在园林绿地中，常见的置石形式一般有以下几种：

①叠置 与叠山不同，有形态与数量的区别。为了求得竖向空间有高低错落变化，高者可用三两块纹理、形态、色彩协调的岩石拼叠成形，与低者相互组合成景。它们的体量和占地面积不大，多用于庭园（图7-34），也可用作墙框内布置"壁景"，常见于各种展览室中。

②孤置（特置） 孤置主要用于园中的重点、著目之处，位置显著突出，特宜单独观赏（图7-35，图7-36）。孤置又称特置，用于特置的石头，一般为成型单块，要求外形奇特，或雄峻、或秀丽、或偃卧，皆可成趣。园中赏石，如能前、后、左、右四面均佳，当为上品。姿态无论剑立、峰立、"兽"立或石笋，均可入选而安。孤置石例，如北京颐和园的剑石"青芝岫"，恭王府的"飞来峰"，广州海幢公园的

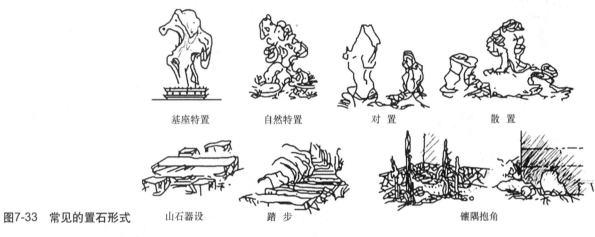

图7-33 常见的置石形式

图7-34 叠置

图7-35 特置

图7-36 孤置（特置）

以若干大小不同的天然石块在步道、蹬道、踏步两边，或草地、花境边缘等处若断若续、疏密有致地排列而安，为一种不求对称的自然式组合排列（图7-39）。

⑤散置 在自然式园林中，散置和列置都比较常见。散置是指以若干具有观赏价值的小型岩石，二三或三五组合，安放于岸边、水中、道旁、房角、庭院中草地上以及大树的附近等处，有时也可成群布局，是为群置（图7-40至图7-44）。

园中置石，除上述几种基本形式之外，近年来随着园林绿地的内容和形式的不断发展、创新，在石材的利用方面，又出现了一种用水泥为主要材料，经过艺术和工艺加工而成的"塑石"。塑石的外观形式粗犷浑厚，可塑性强，容易制作，观赏功能亦佳，尤其适宜在新型园林和动物园中作兽山、禽岩峰运用。

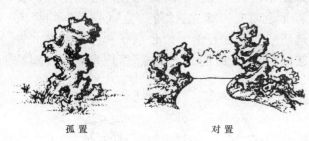

图7-37 对置之石

"猛虎回头"以及苏、杭等地的"冠云峰"、"瑞云石"、"玲玉"、"皱云石"皆是。孤置之外，也有用几块巨大、奇特之石组合而安者，如广州文化公园的"竹林七贤"等皆是。

③对置 对置之石，选形亦严，安置位置有如石狮，多用于主体建筑前面两边，对称而立。但须注意，两者位虽相对，形态要求却各不相同，互有变化，即所谓不对称的对称，方能活跃而不呆板（图7-37，图7-38）。

④列置 也是一种对置的形式，只是用石的数量比前者多，石体小而形态一般即可。列置是

(3) 掇山的艺术手段

假山因其体量大、用料多、形态变化多，其布置和制作较置石复杂得多。掇山之术不同于建筑设计，建筑设计可以用图纸来表达，然后按图施工，达到设计者的意图；而掇山艺术在于匠师的感觉，很难用纯理性思维来完成。况且掇山之石源于天然，不可过于斧凿加工，可谓是石无定型，山有定法。掇山时要求把科学性、技术性和艺术性作统筹考虑。制作假山最根本的法则就是"有真为假，作假成真"，这是中国园林所遵循的"虽由人作，宛自天开"的总则在掇山方面的具体化。"有真有假"说明了掇山的必要性，"作

图7-38 入口对置

图7-39 列 置

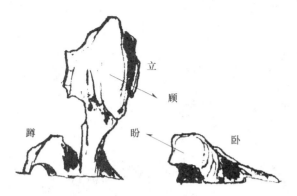

图7-40 散置顾盼呼应关系

图7-41 散置平面及效果

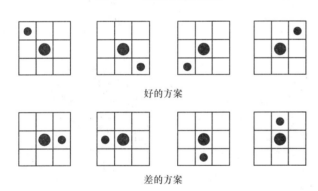

图7-42 两块置石方案对比

"假成真"提出了对掇山的要求。自然界中的名川大山纵横捭阖、巍峨挺拔、风景无限，但无法搬至园中，也不可完全模仿，只能用人工造山理水的方法掇石为山，置于园林。《园冶》"自序"中的"有真斯有假"说明真山水是假山水取之不尽的源泉，是造山的客观依据。但要"作假成真"，作者就必须通过主观思维活动，对于自然山水素材进行去粗取精，加以典型概括和夸张，使之更为精练和集中。这一过程亦即"外师造化，内法心源"的创作过程。因此，假山必须合乎自然山水地貌景观形成和演变的科学规律。"真"和"假"的区别在于真山既经成岩石以后，便是"化整为零"的风化过程或熔融过程，本身具有整体感和一定的稳定性；而假山正好相反，是由单体山石掇成的，就其施工而言，是"集零为整"的工艺过程，必须在外观上注重整体感，在结构方面注意稳定性。由此可见，假山工艺是科学性、技术性和艺术性的综合体，叠石造型手法如图7-45所示。

园林须借用山体构成多种形态的山地空间，因地制宜进行规划设计，山体营造的要点主要有以下几方面内容。

①山水结合，相得益彰 中国园林把自然风景看成一个综合的生态环境景观，山水是自然景观的主要组成部分。水无山不流，山无水不活，山水结合，动静结合，刚柔相济。清代画家石涛在《石涛画语录》中"得乾坤之理者，山川之质也"、"水

图7-43 散置实景（1）

图7-44 散置实景（2）

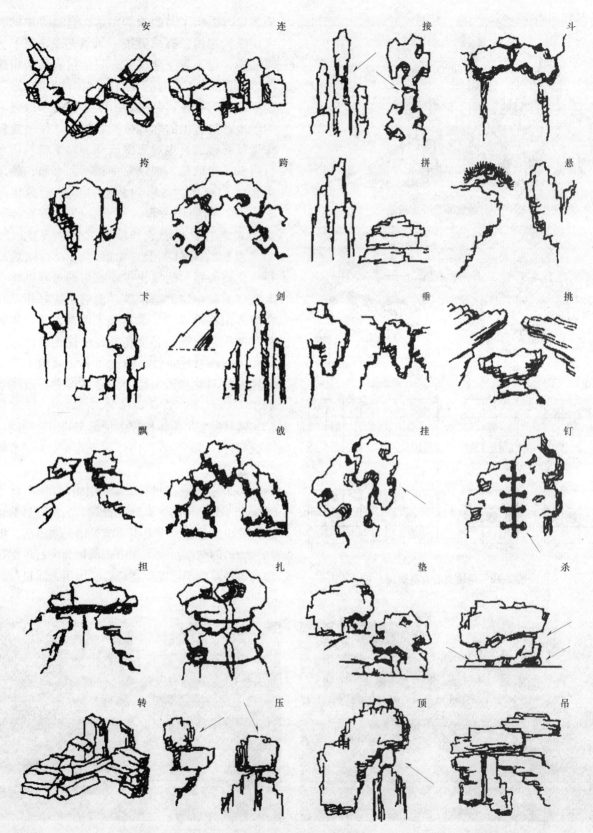

图7-45 叠石造型手法示意

得地而流，地得水而柔"、"山无水泉则不活"、"有水则灵"等都是强调山水的结合。自然山水的轮廓和外貌又是相互联系和影响的。清代画家笪重光在《画筌》中概括地总结了这方面的自然之理。他说："山脉之通按其水境，水道之达理其山形。"如果片面地强调堆山掇石却忽略其他因素，其结果必然是"枯山"、"童山"或乱石一堆而缺乏自然的活力。至于山水之结合，应因地制宜。上海豫园黄石大假山以幽深曲折的山涧破山腹，然后流入山下的水池；环秀山庄山峦拱伏构成主体，弯月形水池环抱山体两面，一条幽谷山涧贯穿山体再入池等，都是山水结合的成功之作。

苏州拙政园中部以水为主，池中却造山作为对景，山体又被水池的支脉分割为主次分明而又密切联系的两座岛山，这为拙政园的布局奠定了关键性的基础。真山既是以自然山水为骨架的自然综合体，那么就必须基于这种认识来布置假山才有可能获得"作假成真"的效果。山水相连，山岛相延，水穿山谷，水绕山间。园林中的山体又是创造小气候的条件，尤其在寒冷干旱的北方，坐北向南的山谷可形成良好的小气候。

现代园林中人造山水园主要都传承中国古典自然山水的处理手法，模拟自然界山水关系，溪流蜿蜒盘旋于山谷之中，水形时放时收（图7-46）。

②选址合宜，造山得体　自然山水景物丰富多样，一个具体的园址究竟要在什么位置上造山、造什么样的山、采用哪些山水地貌组合单元，必须结合相地、选址，因地制宜地把主观要求和客观条件以及其他所有园林组成要素作统筹的安排。《园冶》"相地"中谓"如方如圆，似扁似曲；如长弯而环壁，似扁阔以铺云；高方欲就亭台，低凹可开池沼；卜筑贵从水面，立基先究源头，疏源之去由，察水之来历"。如果用这个理论去观察北京北海静心斋的布置，便可了解"相地"和山水布置间的关系。避暑山庄在澄湖中设"青莲岛"，岛上建烟雨楼仿嘉兴之烟雨楼，而在澄湖东部辟小金山仿镇江金山寺。这两处的假山在总的方面是模拟名景，但具体处理时又考虑了当地环境条件，因地制宜，使得山水结合有若自然。

图7-46　山水布局平面案例

③巧于因借，混假于真　因地制宜、充分利用环境条件造山。根据周围环境条件，因形就势，灵活地加以利用。在"真山"附近造假山可用"混假于真"的手段取得"真假难辨"的造景效果。位于无锡惠山东麓的寄畅园借九龙山、惠山于园内作为远景，在真山前面造假山，如同一脉相贯。其后颐和园仿寄畅园建谐趣园，于万寿山东麓造假山取得类似的效果。颐和园后湖则在万寿山之北隔长湖造假山。真假山夹水对峙，取假山与真山山麓相对应，极尽曲折收放之变化，令人莫知真假，特别是自东西望时，更有西山为远景，效果就更逼真了。"混假于真"的手法不仅可用于布局取势，也可用于细部处理。

④主次分明，相辅相成　主景突出，先立主体，确定主峰的位置和大小，再考虑如何搭配次要景物，进而突出主体景物。宋代李成《山水诀》中"先立宾主之位，次定远近之形，然后穿凿景

物，摆布高低"，阐述了山水布局的思维逻辑。拙政园、网师园、秋霞园皆以水为主，以山辅水。建筑的布置主要考虑和水的关系，同时也照顾和山的关系。而瞻园、个园、静心斋却以山为主景，以水和建筑辅助山景。布局时应先从园之功能和意境出发并结合用地特征来确定宾主之位。假山必须根据其在总体布局中之地位和作用来安排。切忌不顾大局和喧宾夺主。确定假山的布局地位以后，假山本身还有主从关系的处理。《园冶》提出"独立端严，次相辅弼"就是强调先定主峰的位置和体量，然后再辅以次峰和配峰。苏州有的假山以"三安"来概括主、次、配的构图关系。这种构图关系可以分割到每块山石。不仅在某一个视线方向如此，而且要求在可见的不同景面中都保持这种规律性。

⑤三远变化，移步换景 假山在处理主次关系的同时还必须结合"三远"的理论来安排。宋代郭熙《林泉高致》说"山有三远。自山下而仰山巅谓之高远；自山前而窥山后谓之深远；自近山而望远山谓之平远。"苏州环秀山庄的湖石假山并不以奇异的峰石取胜，而是从整体着眼，局部着手，在面积很有限的地盘上掇出逼似自然的石灰岩山水景。整个山体可分三部分，主山居中而偏东南，客山远居园之西北角，东北角又有平岗拱伏，这就有了布局的三远变化。就主山而言，主峰、次峰和配峰呈不规则三角形错落安置。主峰比次峰高 1m 多，次峰又比配峰高，因此高远的变化初具安排。而难能可贵的还在于，有一条能最大限度发挥山景三远变化的游览路线贯穿山体。无论自平台北望、跨桥、过楼道、进山洞、跨谷、上山均可展示一幅幅的山水画面。既有"山形面面看"，又具"山形步步移"。

⑥远看山势，近观石质 既要强调布局和结构的合理性，又要重视细部的处理。"势"指山水轮廓、组合与所体现的态势特征。置石、掇山亦如作文，胸有成竹，意在笔先。一石一字，数石组合即用字组词，由石组成峰、峦、洞、壑、岫、坡、矶等。组合单元又有如造句，由句成段落即类似一部分山水景色，然后由各部山水景组成一整篇文章。

合理的布局和结构还必须落实到假山的细部处理上，这就是"近观质"，"质"就是石质、石性、石纹、石理。掇山所用山石的石质、纹理、色泽、石性均需一致，石质统一，造型变化，堆叠中讲究"皴法"，使其符合自然。

⑦寓情于石，情景交融 掇山很重视内涵与外表的统一，常采用象形、比拟和激发联想的手法造景，正所谓"片山有致，寸石生情"。中国自然山水园林的外观是力求自然的，但就其内在的意境又完全受人的意识支配。例如，"一池三山"、"仙山琼阁"等寓为神仙境界；"峰虚五老"、"狮子上楼台"、"金鸡叫天门"等为地方性传统程式，"十二生肖"为象形手法，"武陵春色"等寓意隐逸或典故性的追索等。扬州个园的四季假山，设计者将四季假山设置在一个园中，即寓四季景色，人们可以随时感受四时美景，并周而复始，这种独特的艺术手法在我国园林中是极为少见的。

7.2.5 与其他造园要素结合的山石布置

7.2.5.1 与建筑相结合的山石布置
(1) 山石踏跺和蹲配

踏跺是用于丰富建筑立面、强调建筑出入口的手段。中国传统的建筑多建于台基之上。这样，出入口的部位就需要有台阶作为室内外上下的衔接部分。这种台阶可以做成整形的石级，而园林建筑常用自然山石做成踏跺，如图7-47，图7-48所示山石踏跺。

蹲配是常和如意踏跺配合使用的一种置石方式。从实用功能上来分析，它可兼备垂带和门口对置的石狮、石鼓之类装饰品的作用。从外形上又不像垂带和石鼓那样呆板。它既可作为石级两端支撑的梯形基座，也可以由踏跺本身层层叠上而用蹲配遮挡两端不易处理的侧面。在保证这些实用功能的前提下，蹲配在空间造型上则可利用山石的形态极尽自然变化。所谓"蹲配"以体量大而高者为"蹲"，体量小而低者为"配"。实际上除了"蹲"以外，也可"立"、可"卧"，以求组合上的变化。但务必使蹲配在建筑轴线两旁有均衡的构图关系。

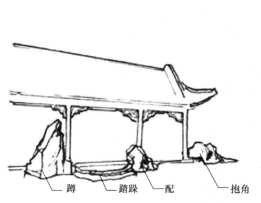

图7-47　如意踏跺和蹲配　　　　　图7-48　山石踏跺

(2) 抱角和镶隅

建筑的墙面多成直角转折；这些拐角的外角和内角的线条都比较单调、平滞。常以山石来美化这些墙角。对于外墙角，山石成环抱之势紧包基角墙面，称为抱角；对于墙内角，则以山石填镶其中，称为镶隅。经过这样处理，本来是在建筑外面包了一些山石，却又似建筑坐落在自然的山岩上。山石抱角和镶隅的体量均需与墙体所在的空间协调，如图7-49 所示。

(3) 粉壁置石

粉壁置石即以墙作为背景，在面对建筑的墙面、建筑山墙或相当于建筑墙面前基础种植的部位作石景或山景布置，因此也有称"壁山"的。这也是传统的园林手法。《园冶》有谓："峭壁山者，靠壁理也。藉以粉壁为纸，以石为绘也。理者相石皴纹，仿古人笔意，植黄山松柏，古梅美竹。收之园窗，宛然镜游也。"在江南园林的庭院中，这种布置随处可见。有的结合花台、特置和各种植物布置，式样多变。苏州网师园南端"琴室"所在的院落中，于粉壁前置石，石的姿态有立、蹲、卧的变化。加以植物和院中台景的层次变化，使整个墙面变成一个丰富多彩的风景画面。苏州留园"鹤所"墙前以山石作基础布置，高低错落，疏密相间，并用小石峰点缀建筑立面。这样一来，白粉墙和暗色的漏窗、门洞的空处都形成衬托山石的背景，竹、石的轮廓非常清晰，如图 7-50，图 7-51 所示。

(4) 回廊转折处的廊间山石小品

园林中的廊为了争取空间的变化和使游人从不同角度去观赏景物，在平面上往往做成曲折回环的半壁廊。这样便会在廊与墙之间形成一些大小不一、形体各异的小天井空隙地。这是可以发挥用山石小品"补白"的地方，使之在很小的空间里也有层次和深度的变化，同时可以诱导游人按设计的游

图7-49　抱角、镶隅　　　　图7-50　粉壁置石　　　　图7-51　苏州博物馆粉壁置石

览序列入游,丰富沿途的景色,使建筑空间小中见大,活泼无拘,如图 7-52 所示。

(5)"尺幅窗"和"无心画"

为了使室内外互相渗透,园林中常用漏窗透石景。这种手法是清代李渔首创的。他把内墙上原来挂山水画的位置开成漏窗,然后在窗外布置竹石小品之类,使景入画。这样便以真景入画,较之画幅生动百倍,他称为"无心画"。以"尺幅窗"透取"无心画"是从暗处看明处,窗花有剪影的效果,加以石景以粉墙为背景,从早到晚,窗景因时而变,如图 7-53 所示。

(6) 云梯

云梯即以山石掇成的室外楼梯。既可节约使用室内建筑面积,又可成自然山石景。如果只能在功能上作为楼梯而不能成景则不是上品。最容易犯的毛病是山石楼梯暴露无遗,与周围的景物缺乏联系和呼应。而做得好的云梯往往组合丰富、变化自如。扬州寄啸山庄东院将壁山和山石楼梯结合一体,由庭上山,由山上楼,比较自然,如图 7-54 所示。

7.2.5.2 与植物相结合的山石布置——山石花台

山石花台在江南园林中运用极为普遍,如图 7-55 所示。究其原因有三:首先是这一带地下水位较高,土壤排水不良。而中国民族传统的一些名花如牡丹、芍药之类却要求排水良好。为此用花台提高种植地面的高程,相对地降低

图7-53 无心画

图7-54 网师园梯云室

图7-52 廊间山石

图7-55 山石花台

了地下水位，为这些观赏植物的生长创造了合适的生态条件。同时又可以将花卉提高到合适的高度，以免躬下身去观赏。再者，花台之间的铺装地面即是自然形式的路面，这些庭院中的游览路线就可以运用山石花台来组合。最后，山石花台的形体可随机应变。小可占角，大可成山，特别适合与壁山结合，随心变化。

7.3 园林理水艺术

水，作为一种晶莹剔透、洁净清心、既柔媚又强韧的自然物质，早在近3000年前的周代，就已成为园林游乐的内容。在中国传统的园林中，几乎是"无园不水"，故有人将水喻为园林的灵魂。有了水，园林就增添了活泼的生机，也更增加波光潋湖、水影摇曳的形声之美。

在园林诸要素中，以山、石与水的关系最为密切，中国传统园林的基本形式就是自然山水园。"一池三山"、"山水相依"、"背山面水"、"水随山转，山因水活"以及"溪水因山成曲折、山溪随地作低平"等都成为中国山水园的基本规律。大到颐和园的昆明湖，以万寿山相依。小到"一勺之园"，也必有岩石相衬托，所谓"清泉石上流"也是由于山水相依而成景的。

西方现代园林在水景的创造上，令当时的人们叹为观止，而争相模仿的意大利传统巴洛克式喷泉水景与"水魔术"，与当代水景相比实在是一种"雕虫小技"了。由埃里克森建筑事务所设计的罗宾逊广场，水池、瀑布水景与省政府办公大楼融为一体。巨大的水池位于楼顶，犹如"天池"，水从屋顶倾泻而下，形成了巨大的瀑布。水景与屋顶公园就像现代悬空园，宏伟、壮观，展现了人工的力量。约翰逊设计的休斯敦落水，注入18m高的大水池，每秒有700L水量，可以在城市感受到巨瀑飞流直下的轰鸣。这是在现代技术支撑下达到的夸张尺度。除了体量外，水景设计在手法上也异常丰富，形成了将形与色、动与静、秩序与自由、限定与引导等水的特性和作用发挥得淋漓尽致的整体水环境设计，既改善城市小气候、丰富城市环境，又可供观赏，

鼓励人们参与。例如，海尔普林事务所设计的波特兰大市凯勒喷泉广场、爱悦广场和弗里德伯格的明尼波利斯广场都是十分典型的例子。地形处理应以利用为主，改造为辅；因地制宜，顺应自然；节约工程开支；符合自然规律与艺术要求。即在充分利用原有地形地貌的基础上，适当地进行改造，达到用地功能、原地形特点和园林意境三者之间的有机统一。总之，力求使园林的地形、地貌合乎自然山水规律，达到"虽由人作，宛自天开"的境界。

正所谓"水令人远，景得水而活"。水的变化丰富形式多样，可以构成多种的园林景观。艺术地再现自然，充分利用水的特性，通过河湖、水池、溪涧、瀑布、跌水、喷泉等水景景观，可产生良好的景观效果。

园林离不开山，也离不开水。如果说，山石是园林之骨，那么，水就是园林的血脉。山石能赋予水泉以形态，水泉则能赋予山石以生气。这样，就能使画面刚柔相济，仁智相形，山高水长，气韵生动。

7.3.1 水的艺术

园林水体艺术体现出水之美，具体可归纳为以下三点：

(1) 洁净之美

水具有清洁纯净的美质，水的洁净之美，不但表现出物质性的清洗功能，而且表现出精神性的清洗功能。在我国各地古典园林中，常将精神性的清洗和与水相关的景观结合在一起。

在作为公共园林的杭州西湖中，"花港观鱼"曾有对联："鱼乐人亦乐；泉清心共清"。这里的水心俱清，强调了清莹的泉水不仅能使人眼目清凉，易于去除视觉疲劳，而且可以让人洗涤心灵，顿释一片烦心。古希腊的美学就认为美能安定情绪，净化心灵，使人恢复和保持内心的健康，这副对联是符合美能陶冶性情、净化心灵的这一规律的。

(2) 虚涵之美

水的另一个审美特征是透明而虚涵。就现实世界的水来看，它往往表里澄澈，一片空明。它借助于反射的光辉，又能反映天物，特别是水平似镜之

时,更能收纳万象于其中,体现出"天光云影共徘徊"之类的美。

水中的倒影是迷人的。苏州拙政园有倒影楼,在楼上,既可居高临下以观水中倒影;在溪畔,又可观楼影倒映入水,不同的方位能给人以不同的美感。

(3) 流动之美

水的一个重要的性格或审美特征就是"活",就是"动"。正因为水活、流动,所以在园林中,它能用来造成种种水体景观,给人以种种审美享受。例如,在绍兴兰亭这个积淀着名士风流的园林中,其流水的利用可谓别具情趣。这就是大书法家王羲之《兰亭序》中所说的"曲水流觞"。水因自然成曲折,既有曲水流动之美,又有文化意义之美,几乎成了该园一个最著名的水体景观。

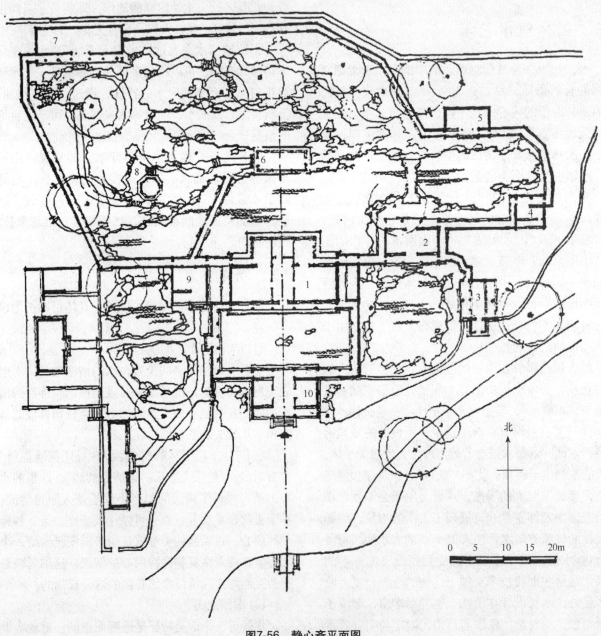

图7-56 静心斋平面图

1. 静心斋 2. 抱素书屋 3. 韵琴斋 4. 焙茶坞 5. 罨画轩
6. 沁泉廊 7. 叠翠楼 8. 枕峦亭 9. 画峰室 10. 园门

水的美除了活泼流动外，伴随而来的一个特征就是有声。正因为水似乎是活的有生之物，所以它轰轰的或哗哗的声音，似乎就在和人说话或为人奏乐。北京中南海有一亭，立于水中，建成时也称"流杯亭"，亭内有流水九曲，也取自兰亭典故。康熙则将亭改题为"曲涧浮花"，乾隆又题匾额为"流水音"。三个题名，以"流水音"最佳，自此该亭便被称作"流水音"了。这也说明，水的美不但以其流动的形态——曲涧浮花诉诸人们的视觉，而且以其潺潺的乐音——"流水音"诉诸人们的听觉，这种不绝于耳的声音似乎更能给人以美的享受。

7.3.2 园林水体的布局形式

园林的水体布局可分为集中与分散两种基本形式。多数是集中与分散相结合，纯集中或只分散的占少数。小型绿地游园和庭院中的水景设施如果很小，集中与分散的对比关系很弱，不宜用模式定性。

7.3.2.1 集中式

集中式水面又可分为两种形式：

（1）整个园以水面为中心

沿水周围环列建筑和山地，形成一种向心、内聚的格局。这种布局形式，可使有限的小空间具有开朗的效果，使大面积的园林具有"纳千顷之汪洋，收四时之烂漫"的气概。如颐和园中的谐趣园、北海静心斋（图7-56），水面居中，周围有建筑以回廊相连，外层又用岗阜环抱。虽是面积不大的园中园，却感到空间的开朗。

（2）水面集中于园的一侧

这种布局可形成山环水抱或山水各半的格局。如颐和园万寿山位于北面，昆明湖集中在山的南面，只以河流形式的后湖，也称苏州河，在万寿山北山脚环抱，通过谐趣园的水面与昆明湖大水面相通，如图7-57所示。

7.3.2.2 分散形式

分散形式是将水面分割并分散成若干小块和条状，

图7-57　颐和园山水关系

彼此明通或暗通，形成各自独立的小空间，空间之间进行实隔或虚隔。也可形成曲折、开合与明暗变化的带状溪流或与小河相通，具有水陆迂回、岛屿间列、小桥凌波的水乡景象，如拙政园的水体布局。又如颐和园的苏州河，陶然亭百亭园中的溪流、瀑布。在同一园中有集中、有分散的水面可以形成强烈的对比，更具自然野趣。如《园冶》的相地篇所述："江干湖畔，深柳疏芦之际略成小筑，足征大观也。悠悠烟水，澹澹云山，泛泛渔舟，闲闲鸥鸟……"

园林中的水体应有聚有分，聚分得体。聚则水面辽阔，宽广明朗；分则萦回环抱，似断似续，与崖壁、花木、屋宇互相掩映，构成幽深景色。不过水体的聚分须依园林用地面积的大小酌情处理。在传统园林中，大多小园聚多于分；大园有分有聚，主次分明。在规则式园林中，分散的水景主要表现在喷泉、水池、壁泉、跌水等形式上。现代园林中，由于游人众多，因此在水体处理上应相反，小园林中所设的水体宜分散，化整为零，取溪、涧、瀑等线形水体布置在边上或一角，这样既可利用曲折之溪流和瀑布等造景，又不占众多用地，而大园林则可聚、分结合，若水体面积虽大而仍不足以开展水上活动，则宁可小些，留出足够的陆地，增加游人活动范围。水面的形状和布置方式应与空间组织结合起来考虑，要因地因情制宜，水体大小和风格应与园林风格一致，以取得与环境的协调。

在园林中，如果以水为主体，则应以聚为主，聚则水面辽阔，气魄大。如上海长风公园的水体面积 10 hm² 左右，约占全园面积的 23.72%，湖面宽达 300 m，可容纳 300 多条游船，亦可开展水上体育活动。它有长约 600 m 的河湾，为游船提供回荡和静谧的幽静水域。与大水体相接的溪涧、河流意味着源头和去路，并可用来与大水体作对比，构成情趣迥异的幽深空间。在园林中，如果是以山为主，以水为辅，则往往用狭长如带的水体环绕山脚，深入幽谷，以衬山势之深邃。一般来讲，在大山面前宜有大水。如颐和园中的万寿山和昆明湖，北海公园中的白塔山和北海一样，气派之大非其他园林之山水可比，也不会由于大山当前而感紧迫，有较好的山水观赏视距，山水互相衬托，相得益彰。

水体的形状处理，不论集中的水面还是分散的水面，均依园林的规则式和自然式的风格而定。规则式园林，水体多为几何形状，水岸为垂直砌筑驳岸，如方形、矩形、三角形等。自然式园林，水体形状多呈自然曲线，水岸也多为自然驳岸。

7.3.3 水的景观类型

水体的类型根据其状态将其分为静水、流水、落水及喷泉，其分述如下。

7.3.3.1 静水的类型及应用形式

静水是指园林中成片状汇集的水面。它常以湖、塘、池等形式出现。静水无色而透明，具有安详朴实的特点，它能反映出周围物象的倒影，这又赋予静水以特殊的景观，给人以丰富的想象。在色彩上，可以映射周围环境四季的季相变化；在风吹之下，可产生微动的波纹或层层的浪花；在光线下，可产生倒影、逆光、反射等，都能使静水水面变得波光晶莹、色彩缤纷，给庭园或建筑带来无限光韵和动感。

静水是现代水型设计中最简单、最常用又最宜取得效果的一种水景设计形式。室外筑池蓄水，或以水面为镜，倒影为图，作影射景；或赤鱼戏水，水生植物飘香满地；或池内筑山、设瀑布及喷泉等各种不同意境的水景，使人浮想联翩、心旷神怡。

根据水池的平面变化，一般可分为规则式水池和自然式水池（湖或塘）。

① 规则式水池　在城市造景中主要突出静的主题及旨趣，可就地势低洼处，以人工开凿，也可在重要位置作主景挖掘，有强调园景色彩的效果。其平面可以是各种各样的几何形，又可作立体几何形的设计，如圆形、方形、长方形、多边形或曲线、曲直线结合的几何形组合（图 7-58）。映射天空或地面景物，增加景观层次。水面的清洁度、水平面、人所站位置角度决定映射物的清晰程度。水池的长宽依物体大小及映射的面积大小而定。水深映射效果好，水浅则反之，池底可用图案或特别材料式样来表现视觉趣味。

② 自然式水池　其指模仿大自然中的天然水池，强调水际线的变化，有着一种天然野趣的意味，设计上多为自然或半自然式。其特点是平面曲折有致，宽窄不一。虽由人工开凿，但宛若自然天成，无人工痕迹。视面积大小不同进行设计，小面积水池聚胜于分，大面积水池则应有聚有分，聚处则水面辽阔，有水乡弥漫之感。自然或半自然形式的水域，形状呈不规则形，使景观空间产生轻松悠闲的感觉。人造的或改造的自然水体，由泥土或植物收边，适合自然式庭园或乡野风格的景区。水际线强调自由曲线式的变化，并可使不同环境区域产生统一连续感（借水连贯），其景观可引导人行经一连串的空间，充分发挥静水的系带作用（图 7-59）。

图 7-58　规则式水池

图7-59　自然式水池

图7-60　人造规则式流水

图7-61　人造自然式流水

7.3.3.2　流水

除去自然形成的河流以外，城市中的流水常设计于较平缓的斜坡或与瀑布等水景相连。流水虽局限于槽沟中，仍能表现水的动态美。潺潺的流水声与波光潋滟的水面，也给城市景观带来特别的山林野趣，甚至也可借此形成独特的现代景观。

流水依其流量、坡度、槽沟的大小，以及槽沟底部与边缘的性质而有各种不同的特性。如溪、涧在自然环境中由山间至山麓、山坡上的地表水或泉水汇集而成。溪的特点是浅、缓、阔；而涧的特点是深、急、狭。园林中的溪涧要集自然的特征，应弯曲萦回于山林岩石之间，环绕盘留于亭榭之侧，穿岩入洞，在整体上要有分有合、有收有放、有急有缓。

槽沟的宽度及深度固定，质地较为平滑，流水也较平缓稳定。这样的流水适合于宁静悠闲、平和与世无争的景观环境中。如果槽沟的宽度、深度富有变化，而底部坡度也有起伏，或是槽沟表面的质地较为粗糙的话，流水就容易形成涡流（旋涡）。槽沟的宽窄变化较大处，容易形成旋涡。

流水的翻滚具有声色效果。因此流水的设计多仿自然的河川，盘绕曲折，但曲折的角度不宜过小，曲口必须较为宽大，引导水向下缓流。一般形状均采用 S 形或 Z 形，使其合乎自然的曲折，但曲折不可过多，否则有失自然。

有流水道之形但实际上无水的枯水流，在日式庭园中颇多应用，其设计与构造，完全是以人工仿照天然的做法，给游人以暂时干枯的印象，干河底放置石子石块，构成一条河流，如两山之间的峡谷。设计枯水流时，如果偶尔在雨季或某时期枯水流会成为真水流的，则其堤岸的构造应坚固（图7-60，图7-61）。

7.3.3.3　落水

凡利用自然水或人工水聚集一处，使水从高处跌落而形成白色水带，即为落水。在城市景观设

图7-62 人造自然式瀑布

图7-63 叠水景观

图7-64 枯瀑

计中,常以人工模仿自然而仿造它。落水的水位有高差变化,常成为设计焦点,变化丰富,视觉趣味多。落水向下澎湃的冲击声、水流溅起的水花,都能给人以听觉和视觉的享受。根据落水的高度及跌落形式,可以分为以下几种:

①瀑布 本是一种自然景观,是河床陡坎造成的,水从陡坎处滚落下跌形成瀑布恢弘的景观(图7-62)。瀑布可分为面形和线形。面形瀑布是指瀑布宽度大于瀑布的落差,如尼亚加拉大瀑布,宽度为914m,落差为50m;线形瀑布是指瀑布宽度小于瀑布的落差。如萨泰尔连德瀑布,它的落差有580m。

②叠水 本质上是瀑布的变异,它强调一种规律性的阶梯落水形式,是一种强调人工美的设计形式,具有韵律感及节奏感(图7-63)。它是落水遇到阻碍物或平面使水暂时水平流动所形成的,水的流量、高度及承水面都可通过人工设计来控制,在应用时应注意层数,以免适得其反。

③斜坡瀑布 这也是瀑布的一种变化形式,落水由斜坡滑落,它的表面效果受斜坡表面的质地、性质的影响,体现了一种较为平静、含蓄的意趣。

④枯瀑 有瀑布之形而无水者称之枯瀑,多出现于日式庭园中。枯瀑布可依枯水流的设计方式,完全用人为之手法造出与真瀑布相似的效果。凡高山上的岩石,经水流过之处,石面即呈现一种铁锈色,人工营建时可在石面上涂铁锈色氧化物,周围树木的种植也与真瀑布相同(图7-64)。干涸的蓄水池及水道,都可改为枯瀑。

⑤水帘亭 水由高处直泻下来,由于水孔较细小、单薄,流下时仿若水的帘幕。这种水态在古代亦用于亭子的降温,水从亭顶向四周流下如帘,称为"自雨亭",现今这种水帘亭常见于园林中(图7-65)。这种水态用于园门,则形成水帘门,可以起到分隔空间的作用,产生似隔非隔、又隐又透的朦胧意境。近年来,在园林旅游点中出现了一种水幕电影,它是利用高压喷水设置,使喷水呈细水珠状的水幕,在幕上放映电影,尤适合大反差、大逆光及透明体的影像,这就使园林理水又多了一种为形象艺术服务的水态。

⑥溢流及泻流 水满往外流谓之溢流。人工设计

的溢流形态，决定于池的面积大小及形状层次，如直落而下则成瀑布，沿台阶而流则成叠水，或以杯状物如满盈般渗漏，亦有类似工厂冷却水的形态者。

泻流的含义原来是低压气体流动的一种形式。在园林水景中，则将那种断断续续、细细小小的流水称为泻流，它的形成主要是降低水压，借助构筑物的设计点点滴滴地泻下水流，一般多设置于较安静的角落。

⑦管流　水从管状物中流出称为管流。这种人工水态主要构思于自然乡野的村落，常有以挖空中心的竹竿，引山泉之水，常年不断地流入缸中，作为生活用水的形式。近代园林中则以水泥管道，大者如槽，小者如管，组成丰富多样的管流水景（图7-66）。回归自然已成为当前园林设计的一种思潮，因而在借用农村管流形式的同时，也将农村的水车形式引入园林，甚至在仅有1m多宽的橱窗中也设计这种水体，极大地丰富了城市环境的水景。

⑧壁泉　水从墙壁上顺流而下形成壁泉，壁泉大体上有3种类型：

墙壁型　在人工建筑的墙面，不论其凹凸与否，都可形成壁泉，而其水流也不一定都是从上而下，可设计成具多种石砌缝隙的墙面，水由墙面的各个缝隙中流出，产生涓涓细流的水景。

山石型　人工堆叠的假山或自然形成的陡坡壁面上有水流过形成壁泉，尽显山水的自然美感。

植物型　在中国园林中，常用垂吊植物如吊兰、络石、藤蔓植物等，悬挂于墙壁上，以水随时滋润或滴滴答答发出叮当响声者，或沿墙角设置"三叠泉"者，属于此类型。

7.3.3.4　喷泉

(1) 喷泉在园林景观中的作用

喷泉应用于庭园造景，最早起源于希腊罗马时代。喷泉常设置在高水位处。喷泉是利用压力，使水自孔中喷向空中，再自由落下。它的喷水高度、喷水式样及声光效果，可为庭园增添无限生气，使人一见有凉爽之感，且吸引人的视线，而成为有力的视觉焦点。

喷泉本身为美的装饰品，需有宽阔场所陪衬，

图7-65　水帘亭

图7-66　管流景观

如公园、车站、都市中心、大厦广场等。由于水柱的高度、水量以及机械设备均需与环境配合，因此应注意风向、水声、湿度及水滴飞散面等。喷泉通常是规则式庭园中的重要景物，被广泛地配置于规则式水池中。而在自然式的水池中，则少有喷泉存在，若有，也多以粗糙起泡沫的水柱（涌泉）才能与四周环境调和。动态的喷水水景如能配合灯光及音响效果，则将更具吸引力，也更富于变化情趣，如形成水魔术、水舞台等动态式水景。

(2) 喷泉的形式

喷泉的形式可分成：

①孔式

单线喷　由下往上或向侧面单孔直喷，成一独立的抛物线（图7-67）。

组合喷　由多个单线喷组成一定的图形或花样的喷泉。有的结合长形水池构成喷泉系列，或者排列一行成"水巷"或水壁、水墙，有的以多个单线喷指向同一目标物体，更多是以单线喷组合成几何

形体或花样的喷泉，或与雕塑物相结合（图7-68）。

面壁喷 喷泉直向墙壁喷射如打壁球般，而墙壁或为墙面，或为壁雕，多是具有特色的壁面。

喷柱 集中相当数量的单孔喷眼于一处，齐喷如柱；或由许多水柱构成极为壮观的喷泉群。

②喷雾式 有时出于一种设计构思，或植物保养的需要，会采用喷雾的水态。雾会随着自然风向及风力的大小而变化莫测。喷雾景观往往可以营造出梦幻般的诗意，并常常与气象发生相得益彰的关系，天空的云彩、朝夕的变化，常常成为园林的借景或衬景，而喷雾水体在阳光的照射下，常出现彩虹的景象，更增加水景之美（图7-69）。

③冒泡式 为一孔喷水，喷水口大，造成旋涡白沫，水由下向上冒出，含空气喷上来，不作高喷，形成涌动不息的景观效果，所以也称为涌泉。现今流行的时钟喷泉、标语喷泉，都是以小小的水头组成字幕，利用电脑控制时间、涌出泉水而成（图7-70）。

④花样喷 由粗细不同的单线喷头，或如珠状，或如雾状，构成较为复杂的各种花样。

7.3.4 水体景观构筑物的类型

7.3.4.1 岛

岛是位于水中的块状陆地。人工岛是造景，岛周的山水是借景，造景和借景珠联璧合，相得益

图7-67 单线喷

图7-68 组合喷

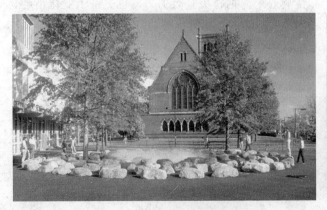

图7-69 哈佛大学内雾化喷泉

图7-70 涌泉

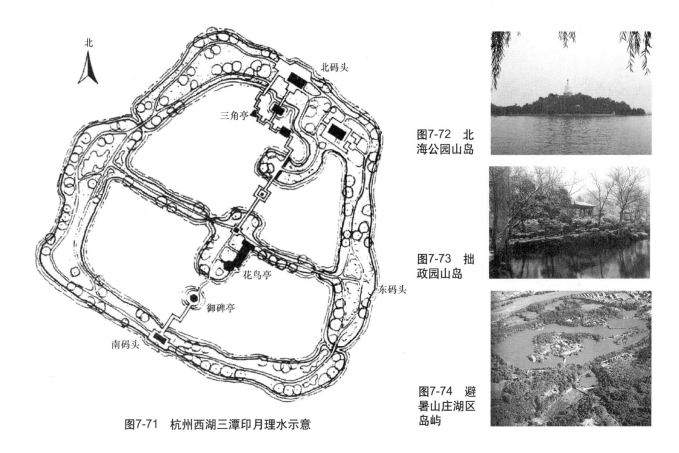

图7-71 杭州西湖三潭印月理水示意

图7-72 北海公园山岛

图7-73 拙政园山岛

图7-74 避暑山庄湖区岛屿

彰，使湖岸四周的游客望而向往，勾起无数美妙的遐想，非欲以舟代步，登上岸去看个究竟不可（图7-71）。西湖三潭印月的"湖中有岛，岛中有湖"，更令人神往。一踏上湖中之岛，除观赏岛上风景外，又把西湖周围群山和万顷碧波全部收进了自己的视野之内。

(1) 岛的景观作用

①可划分水面空间，形成几种情趣的水域，水面仍具有连续的整体性。②对于大水面，岛可以打破水面平淡的单调感。③岛的四周有开敞的视觉环境，是欣赏四周风景的中心点，又是被四周所观望的视觉焦点，所以，可在岛上与对岸建立对景。④岛可以增加水中空间的层次，具有障景的作用。⑤通过桥和水路进岛，增加了游览情趣。

(2) 岛的类型

山岛　在岛上设山，抬高登岛的视点。有土山岛、石山岛。小岛以石为主，大岛以土石为主。在山岛上可设建筑，形成垂直构图中心或主景（图7-72）。

平岛　岛上不堆山，以高出水面的平地为准，地形可有缓坡的起伏变化。面积较大的平岛可安排群众性活动，不设桥的平岛不宜安排大规模的群众性活动。在平岛上可设建筑，形成垂直构图中心或主景。

半岛　是陆地深入水中的一部分，一面接陆地，三面临水。半岛边缘可适当抬高成石矶，增加竖向的层次感。还可在临水的平地上建廊、榭、亭，探入水中。岛上道路与陆地道路相连（图7-73）。

礁　是水中散置的点石。石体要求玲珑奇巧或浑圆厚重，只作为水中的孤石欣赏，不许游人登临。在小水面中可替代岛的艺术效果（图7-74）。

(3) 岛的布局要点

在许多大型的园林水体中都设有岛屿（图7-75），岛的布局要点主要有以下几点：

①水中设岛忌讳居中、整形，一般多设于水面

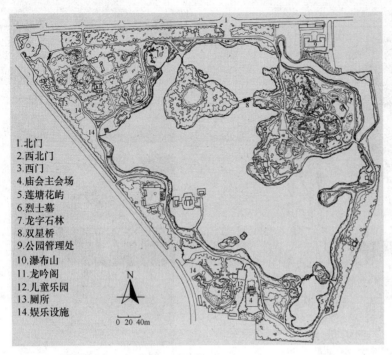

图7-75 龙潭公园平面示意

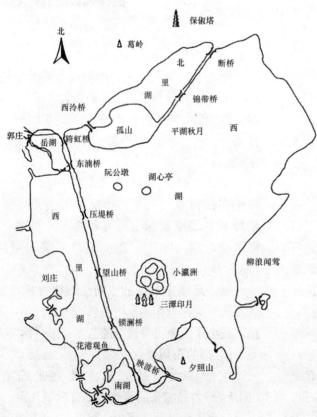

图7-76 西湖理水示意

的一侧或重心处;

②大水面可设1~3个大小不同、形态各异的岛屿,不宜过多;

③分布须自然疏密,与全园景观的障景、借景结合;

④岛的面积要根据所在水面的大小而定,宁小勿大。

7.3.4.2 堤

堤是将大水面分隔成不同景区的带状陆地,杭州西湖堤的设置就是佳例,如图7-76至图7-78所示。堤的设计要点主要有以下几点:

①堤上设路,可用桥或涵洞沟通两侧水面;

②长堤可多设桥,桥的大小、形式应有变化;

③堤的设置不宜居中,须靠水面的一侧,把水面分割成大小不等、形状各异的两个主、次水面;

④堤多为直堤,少用曲堤,可结合拦水坝设过水堤,能形成跌水景观;

⑤堤上必须栽树,加强分隔效果;

⑥堤身不宜过高,方便游人接近水面;

⑦堤上还可设置亭、廊、花架及座椅等休息设施。

7.3.4.3 桥与汀步

桥与汀步是联系水岸两侧,让游人通行的水中构筑物,可使水面隔而不断(图7-79至图7-82)。其设计要点主要有以下几点:

①小水面的分隔和近距离的浅水处多用汀步,连接岛与陆地或小水面的两岸多用桥;

②较大水面,在岛与陆地的最近处建桥,小水面则在两岸最窄处建桥;

③桥对水面也要有大小、主次的划分;

图7-77　堤上设置的亭桥

图7-78　西湖白堤

图7-79　曲　桥

图7-80　拱　桥

图7-81　小水面汀步

图7-82　木　桥

④汀步在自然式水面多为自然石块，在规则式或抽象式水面多为整形的预制构件。

7.3.4.4　水岸

水岸与水景的效果关系密切。

（1）**水岸类型**

①按坡度分

缓坡　小于土壤安息角，栽植草地和植被护坡或人工材料护坡、护岸（图7-83）。

陡坡　大于土壤安息角，人工砌筑保护性驳岸（图7-84）。

垂直　临水建筑、临水广场多采用垂直驳岸，要设置保护性栏杆或装饰小品。

悬挑　码头或临水平台采用悬挑驳岸。

②按规划形式分

自然式水岸　有自然曲折和高低变化，或用山石堆砌（图7-85）。

规则式水岸　以石、砖、混凝土预制块砌筑成

图7-83 自然式缓坡水岸

图7-84 人工砌筑水岸

图7-85 山石堆砌水岸

整形岸壁。

(2) 水岸的处理

①石驳岸应有坚实的基础，尤其是北方寒冷地区要防止冻胀。

②自然式驳岸线要富于变化，但曲折要有目的，不宜过碎。较小的水面，一般不宜有较长直线的水岸，岸面不宜离水面太高；假山石水岸常在凹凸处设石矶挑出水面，或设有洞穴，似水流出。在石穴缝间植水生、湿生植物，使其低垂水面，障景并丰富水岸景观。

③在建筑临水处可凸出数块叠石和灌木，打破水岸的单调感。

④水面宽阔的水岸，靠水边建筑附近可结合基础设施砌筑规则式驳岸，其余水岸为自然式。

⑤利用自然水系的水体，须设有进、出水口和闸门，控制水位。水深一般1.5m，最浅0.5m。进、出水口宜隐不宜露。

⑥栽植水生植物时，设栽植床。

⑦硬底人工水体的近岸2.0m范围内的水深不得大于0.7m，达不到应设护栏。无护栏的园桥、汀步附近2.0m范围内的水深不大于0.5m。

7.3.5 水景设计的艺术原理

(1) 尺度和比例

水面的大小与周围环境景观的比例关系是水景设计中需要慎重考虑的内容，除自然形成的或已具规模的水面外，一般应加以控制。过大的水面散漫、不紧凑，难以组织，而且浪费用地；过小的水面局促，难以形成气氛。水面的大小是相对的，同样大小的水面在不同环境中所产生的效果可能完全不同。

把握设计中水的尺度需要仔细地推敲所采用的水景设计形式、表现主题、周围的环境景观。小尺度的水面较亲切宜人，适合于安静、不大的空间，如庭园、花园、城市小公共空间；尺度较大的水面浩瀚缥缈，适合于大面积自然风景、城市公园和巨大的城市空间或广场。无论是大尺度的水面，还是小尺度的水面，关键在于掌握空间中水与环境的比例关系。

(2) 有主有次

水系要"疏水之去由，察水之来历"。水体要有大小、主次之分。并做到山水相连，相互掩映，"模山范水"，创造出大湖面、小水池、沼、潭、港、湾、滩、渚、溪等不同的水体，并组织构成完整的体系。

(3) 曲折有致

水体的岸边，溪流的设计，要求讲究"线"形艺术，不宜成角、对称、圆弧、螺旋线、等波状、直线（除垂直条石驳岸外）等线形。姐妹艺术中，讲究线形艺术当属书法，而书法中尤以草书的形态，可以作为园林设计中"线"形艺术创作的参考。对于园林中的线形景观，如湖岸线、天际线、园路线等的设计都应曲折有致。当然，湖岸线、天际线等的设计，除了考虑线形外，还要因地制宜，结合驳岸工程的要求等综合因素加以确定。

构成水体曲折深度的条件大致有三个：一是藏

源，二是引流，三是集散。所谓"藏源"，就是要把水体的源头作隐蔽的处理，或藏于石隙，或藏于洞穴，或隐于溪瀑。苏州环秀山庄的水口处理，于洞壑藏源，增加水体的深度。苏州狮子林小赤壁水门处理，水体向岸底延伸，产生水源深邃感。所谓"引流"，就是引导水体在空间中逐步展开，形态宜曲不宜直，以形成优美的风景线。南京瞻园藏源溪瀑，引流曲折迂回，有谷涧、水谷、溪湾、湖池、泉瀑，其间用亭榭、假山、花木互作掩映，水体纵贯全园，增加了水景的空间层次。所谓"集散"，就是要将水面进行适度的开合与穿插，既要展现水体主景空间，又要引申水体的深度，避免水面的单调、呆板。无锡寄畅园近长方形的水面，本来显得十分单调，构园者利用曲岸、桥廊分隔水面，得到水体的藏引和开合变化，构成多变的水景空间，弥补先天的不足。

(4) 阴阳虚实

水体设计讲究："知白守黑"，虚中有实，实中有虚，虚实相间，景致万变。一般园林中水体设计可以根据水面的大小加以考虑。古典皇家园林颐和园水面占全园的1／3，约200hm²，所以水景分岛、堤、湖、河、湾、溪、瀑布（小型）、池等，驳岸有石条垂直驳岸、山石驳岸、矶等形式，使水景丰富多彩。有的水体还创造洲、渚、滩等景观。现代公园中，如上海的长风公园，水面占全园的39%，约14.3hm²，银锄湖内的青枫绿屿岛打破了湖面的单调感，因为大型园林的水体忌讳"一览无余"，岛的作用，增加湖面的层次，同时又组织了湖面的空间。一般小型园林，如苏州宅园，也在湖、池中点缀小岛，或山石，尤其假山驳岸或悬崖峭壁、山洞等处理，使水景更引人入胜。

杭州西湖用白堤、苏堤等将其分隔成5个大小不同的水面；承德避暑山庄被芝径云堤等分隔成6个形状不一、大小不一的湖面；北京颐和园由西堤等分隔成5个水面；苏州拙政园则利用粉墙复廊等将全园分隔成东、中、西三园，每园内又用桥、堤、廊等进行再分隔，形成多层次的观景效果。这些园林的分隔艺术性，值得我们借鉴。"水曲因岸，水隔因堤"，只有进行分隔，才能打破水面的单调，才能形成水景的多层次感。

7.3.6 理水的艺术手法

近3000年来，中国园林的传统理水特点可概括为以下几个方面。

(1) 山水相依，崇尚自然

中国传统园林的体系是崇尚自然的，而自然界的景致，一般是有山多有水、有水多有山，因而逐步形成了中国传统园林的基本形式——自然山水园。山水相依，构成园林，山与水是不可分割的整体。水系与山体相互组成有机整体，山的走势、水的脉络相互穿插、渗透、融会，而不能是孤立的山，无源的水。

无山也要叠石堆山，无水则要挖池取水。古代的皇家园林水面很大，必然要引江河湖海之水入园构成一个完整的活水系统。如秦始皇引渭水为兰池；汉代的上林苑外围有"关中八水"提供水流；魏晋南北朝时代，石虎的华林苑，也是引漳水入天泉池；以至元、明、清的北京三海、颐和园昆明湖，都是引西郊玉泉山的泉水入园，利用自然水源，以扩大水面。

而在一些面积小、又无自然水源的园林中则讲究"水意"，挖池堆山，就地取水，以少胜多，甚至取"一勺则江湖万里"的联想与幻觉来创造水景。

(2) 虽由人作，宛自天开

自秦代有去东海求仙的史实以来，海中三仙山就以"蓬莱、方丈、瀛洲"之名而引入园林之中，以后在汉代建章官的太液、唐代大内的太液池及以后的各个朝代大型园林中，如杭州西湖、北京的三海、颐和园等，多有三仙山的水景，这种理水的模式一直沿用至今，它象征着人们对美好愿望和理想的一种追求。

水面形状的曲折，水面的分隔，水面构筑岛屿，曲岸水口的设计和依水而筑的桥梁、楼台、亭榭、轩阁等建筑，都要力求达到"虽由人作，宛自天开"的标准，尽量不露人工斧凿痕迹。否则，就会产生东施效颦之感。须知，"自然者为上品之上"，这是评价中国园林艺术的最高标准。作为中国园林五大要素之一的理水艺术，当然亦概莫能外，尤须严格遵循。为达到这样至高的艺术标准，力求做到"外师造化，中得心源"8个字。水景的细部处理，如驳岸、水口、石矶以及水中、水边的植物配置和其他装饰，乃至利用自然天象（如日、月）等水景作为构思，都源于大自然。这种利用自然、模拟自然、理水靠山、相映成景，又是创造园林水景的一个特色。

(3) 园林之水，首在寻源

"问渠哪得清如许？为有源头活水来。"无源之水，必成死水。"一潭死水"，必然臭腐，为人所恶，故亦为园林之大忌。园林用水，贵在一个"活"字。而水欲活，必须有"源"。正如陈从周先生在《说园》中所说："山贵有脉，水贵有源，脉理贯通，全园生动。"造园必须先寻得充沛的水源，唯有这样，才能常年有足够的活水。宋代郭熙在《林泉高致》中说得好："水者，天地之血也，血贵周流，而不凝滞。"然而，要找到这样的活水之源，谈何容易？因为它主要依靠大自然的恩施，而不似园林的其他四大要素完全可以凭借人工而所得。难怪白居易在构筑庐山草堂时，引一活水源，高兴得写诗道："最爱一泉新引得，清泠屈曲绕阶流。"所以，寻找丰沛的活水源是造园家必须首先注意的。因而，计成再三强调：造园一开始便要"立基先究源头，疏源之去由，察水之来历"（《园冶》卷一《相地》），这是古代造园经验的深刻总结。

完全可以这样说，丰沛的活水源乃是园林的生命线。因此，规模大的园林多以河流、湖泊为水源。我国古代造园家对解决园林水源问题早就积累了一套成功的经验。杜甫的名句"名园依绿水"，正是古代造园经验的结晶。规模宏大的皇家园林，多引河水为源。秦始皇建造咸阳宫，引渭水、樊川之水，作为园林的活水源。杜牧《阿房宫赋》说："二川溶溶，流入宫墙"，即指引渭水、樊川入宫苑的事。汉、唐以长安为都时，其宫苑也以此二川为源。隋唐以后，洛阳的园林特别发达，其重要条件之一，是有伊、洛二水供其源。南宋迁都杭州江、浙一带园林空前发达，也是由于江南河川、溪流、涌泉极多，水源丰富。元、明、清三朝以北京为都城，多辟建大规模的皇家园林，最著名的有三山五园，也是由于玉泉等提供了丰富的水源。现存的世界最大皇家园林——承德避暑山庄，"山庄以山名，而趣实在水"，它的丰沛水源即来自山庄东北的武烈河（热河）。

乾隆在他的诗文中曾多次提到这一点，如《望源亭》一诗中写道："引来武烈百余里，初入山庄可号源。""引来武烈流，咫尺入水关。"并自注说："园中诸水皆由东北水关引武烈水入。"杭州西湖之水虽多，但无源也必成污水，近年杭州市府采用堵与引的办法，一方面沿湖埋设排污管道9.4km，使环湖的污水不再排入湖内；一方面借用钱塘江之水，埋管引入西湖，遂使其成为活水，终使常年清澈。无锡寄畅园锦汇漪之水，来自惠山二泉，常年不枯。杭州玉泉，设计成整形水池，水源来自泉水，跌落用石刻龙头吐水处理，与西汉时"铜龙吐水，铜仙人衔杯受水下注"的记载一脉相承。这类园林之水都是有源之水，是构建园林的成功范例。

江南地区雨水充沛，多有地表水，属于水网地带，园林水源似不成问题。其实不然，还有一个理水找源问题。江南地下水位较高，一般在地表水以下1m左右即可见水，即使平地掘地，也不难造成地表水面，其关键在于能找到活水源，使其不成为一潭死水。江南城镇一般都沿河而筑，构成所谓"河街"，许多私家园林都是将园内水体与园外河道相连通，这样既可得到一定的活水予以源源不绝地补充、冲刷，从而保持基本水量的不断供给和水质的纯净，同时也便于雨季园池过量雨水的排放，这原是最经济、最便捷的方法。然而，沧桑变化，许多河道或被淤塞或被填埋，所以现存园林的水池大多变为死水。为保持池水的清洁度，一般采用两种办法：一是多养鱼，以鱼吸食水中微生物，防止水质腐败；二是水下打井，可使园内地表水与移动的地下水相沟通，使其获得源源不绝的活水补充，从而改善水质。如苏州怡园池底便打有两井，拙政园、狮子林等池底也皆有井，上海豫园池底则有井三口，皆深逾3m。

(4) 诗情画意，寓意哲理

"亲水"是人本来就有的天性。中国又是一个诗的国度，论水、画水之风，甚为普遍。在历代诗人画家的笔下，留下来水的诗篇、画幅何止千万。诗仙李白的"飞流直下三千尺，疑是银河落九天"，宋代林和靖的"疏影横斜水清浅，暗香浮动月黄昏"这些诗句几乎都成为家喻户晓的绝唱，让人们吟诵了千余年。而如"孤帆远影碧空尽，惟见长江天际流"，以及"明月松间照，清泉石上流"等，简直就是一幅幅优美而有气势的山水画，诗中有画，画中有诗，在中国文学与绘画的丰富宝库中，比比皆是。而如"曲水流觞"则更是中国文人雅士所独有的一种极具诗情画意与浪漫情怀的游乐方式。

从水的形态、性格来寓意人生哲理，或加以人文化的诗文，也是数不胜数。如以水喻友情者，莫如李白的"桃花潭水深千尺，不及汪伦送我情"。

此外，中国园林水体，尤其是大水面的功能是多方面的。它不仅可观赏水景，如观瀑、赏月、领略山光水色之美，也不仅是水中取乐，如泛舟、垂钓，并兼有储水、灌溉、水产等。所以，园林水面的设置，确是美观与实用、艺术与技术相结合的重要的园林内容。

(5) 非必丝与竹，山水有清音

在园林理水造景中，若能运用种种手法，制造出水体的种种声音，就能引发游人的听觉美，观赏效果十分惊人。"滴水传声"，水声反衬出环境的幽静，令人产生一种强烈的幽静感。唐代著名诗人、画家兼造园家王维有诗句："竹露滴清响"，连竹叶上的露珠滴入水中的声音都能听得见，仅仅一滴水声就把人们引入一个十分幽静的空间之中。西溪流泻的流水，"声喧乱石中"，散发出欢快的水声，激发游人一种活泼感。杭州虎跑泉的水乐之水，四季清泉长涌，水声悦耳动听，素有"天然琴声"的美誉。寄畅园八音涧，利用惠山二泉的伏流，辟涧道曲流，制造出曲涧、飞瀑、流泉、澄潭等水景，伴以各种水声与岩壑共鸣，犹如"八音齐奏"，是借"山水有清音"的范例。北京北海濠濮间，叠石粗犷，水口有泉瀑，水声活泼生动。苏州狮子林水池西边平地叠山，利用建筑滴檐水，造成人工瀑布注流入湖，水声增添园林空间的音乐感，为观赏此景，山上专建飞瀑亭。福州鼓山"水流击钟"，引山泉活水转动木器击钟，水声、钟声交织在一起，幽雅传神，创造出空间上的音乐感。

7.4 园林道路艺术

园林景物对于游人来说是一幅幅的画面，游人的视觉在流动中积累着自己的感官，最后才算有一个比较完整的印象或感念，这个流动主要由园林道路指引。在园林设计师的安排下，将各种不同的景物联系在一起，使游客在不自觉的情况下将全园景观进行游览，综合了视觉、嗅觉、听觉及触觉的印象，觉察到风景园林艺术的美，这个收获是与园林道路艺术分不开的。

7.4.1 园林道路的功能

园林道路又称园路，是观赏景观的行走路线，是景观的动线，是园林的骨架与网格系统。它的作用包括以下几个方面：

(1) 组织交通与引导游览

园路的基本功能是解决交通问题，组织游人的集散与通行，满足运输车辆及园林机械的通行。但是园路更主要的功能是组织游览，有机地联系园林的各个景点，从而使园林中的各个景点沿道路展开，合理组织循序渐进的游览程序，使游人按照风景序列的展现方式，游览各个景点与景区。因此，园路也是主要的游览路线，是联结各个景区和景点的纽带。

(2) 分割空间

园林道路还有组织空间的功能，一般情况下它作为景区的分界线，将各个景区连为一体。

(3) 构成园景

为使园路坚固、耐磨，不致因游人频繁踩踏而凹陷磨损，园路的路面通常要采用铺装，铺装的色彩和花纹是构成景观的一部分。为了与山水花木等自然景观相协调，园路常设计成柔和的曲线，融入园中与其他要素一起构成园景。所以在优秀的园林中，园路不应该仅仅是交通通道或游览路线，而且也应该是园景中的组成部分，从而使"游"和"观"达到统一。

(4) 为水电工程打好基础

园林中水电是必不可少的配套设施,为埋设和检修方便,一般将水电管线沿路侧铺设,因此园路布置要与排水管和供电线路的走向结合起来进行考虑。

7.4.2 园林道路的铺装

园路的艺术特色很大一部分体现在铺装上,因为铺装除了能满足一般道路要求的平稳、坚固、防滑、耐磨、易于清扫之外,它本身的颜色多变、材质丰富、形式多样的特性,为道路的装饰作用提供了丰富的材料。

7.4.2.1 铺装色彩

色彩是主要的造型要素,它能把"情绪"赋予风景,从而作用于人的心理。所以,在园路中特别注重对色彩的运用。园路色彩应当稳定而不沉闷,鲜艳而不俗气,让大多数人能够接受。一般多选用中间色相,如黄灰、红灰、松石色、茶色、鹅黄、槐黄、淡茶黄等色相系列。如杭州三潭印月景区一园路,选用棕色卵石为底色,黑、黄二色卵石嵌边,中间用黄、紫、黑卵石组成花纹,给人以古朴、典雅之美。

一般情况下,在夏天黄绿色光线柔和,不反光刺眼;在冬天普通混凝土路面更能使人感到温暖。园路用暖色调表现活泼、热情、舒适;用冷色调则表现宁静、优雅、清洁、安定;灰色调则忧郁、沉闷、自然、野趣、粗糙。但是,园路的色彩必须与周围环境相统一,以周围大环境的色调来定园路的色彩,从而使园路的色彩增加整个环境的氛围。

7.4.2.2 路面花纹

路面花纹突出园路之异型,使路面形式变换丰富。关于路面花纹方面国内外习惯不同,种类变化很多。

(1) 卵石花纹路

中西方都有很悠久的历史,用一色或多色卵石摆成各种图案或花纹(图7-86)。其图案取材丰富,有以传统民间图案为题材,如花、鸟、虫、鱼;有以寓言故事为题材,如"对羊过桥";还有以历史故事为题材,如战长沙。做法都是用水泥砂浆将卵石稳定下来。这种路面可以增进步行的趣味,有很强的艺术装饰效果,但是走起来并不太舒服,打扫清洁困难,表面的卵石容易脱落,图案过于琐碎就会有凌乱的感觉,造价也不便宜。

(2) 散铺砾石路

这种铺路方式边上必须有比较稳固的道牙,路槽深12～15cm。一般选择白色、青灰色或紫色的砾石(大小如西瓜子),刷洗干净,去杂留纯。然后将砾石倾入,耙平,不加任何胶结物,走上去感到松软并喳喳作响,很有情趣。日本古老的"枯山水"中喜欢用白色,表示曾经是海水冲过的一种象征。并用耙子拉成起伏的浪痕表示水的波纹。为了减少强烈的反光,一般均采用灰绿或深紫色砾石,每天有人散去之后再把砾石冲洗干净,用

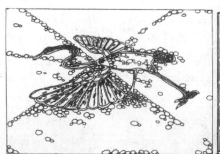
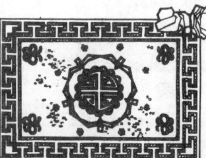
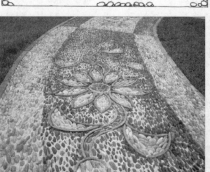

图7-86 "石子路"图案铺装

图7-87 花街铺地

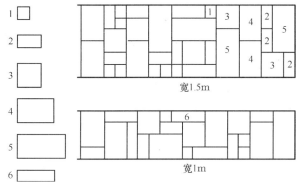

图7-88 7种预制板构成的路面

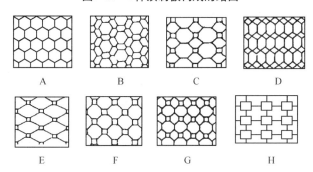

图7-89 各种预制纹样或图案的混凝土板示例

A.彩色木纹混凝土地面 B.席纹地坪 C.拉纹地坪 D.混凝土预制竹纹贴面宜用于室内 E.现浇混凝土路面嵌预制卵形混凝土板 F.现浇混凝土卵形划格路面 G.卵石路面用大小黑白卵石混嵌 H.碎大理石白缝路面

耙耙平，其造价不高，但管理比较费工。

(3) "花街铺地"

这是用侧放的小板块和布瓦为花纹的轮廓线，当中用卵石、碎瓦、碎瓷片、碎玻璃瓶（绿色）等，做出有规律的填充，并用水泥沙子注入，使之

图7-90 冰纹铺路

稳定，其图案变化很多（图7-87）。

(4) 预制块铺路

目前预制块铺路十分流行，主要是因为工厂化生产成本比较低，花色品种多，便于选择，预制块可以重复使用。形状有方、长方、六角、曲线形等，变化很多。材料有水泥块、沥青混凝土块。园林中特别喜欢用几种方形及长方形拼成的图案，显得朴素大方（图7-88）。

只要有几种不同的尺寸，就可以拼出各种宽窄不同纹理多变的路面。例如：1号预制板为25cm×25cm，2号为25cm×50cm，3号为50cm×50cm，4号为50cm×75cm，5号为50cm×100cm，6号为25cm×75cm，有这6种规格就可以铺2m，1.5m，1m的道路，还可以作为广场铺装，既方便又灵活（图7-89）。

(5) 平板冰纹路

这是用不规则的平板石（青石板）精心错铺而成的，由于纹理不定形，西方称"coray paving"，说明它是乱石错铺而成的，中国称为冰纹路面（图7-90）。冰纹路面表面上看似无规律可言，但实际上还是要注意一些事项，如石间缝隙越小越好，拼对以后水泥接缝不能暴露太多的水泥，缝隙要相互交成一个角度，尽量避免连成直线或相互平行，所成的纹理以三角形占多数，四边形次之，五边形最少。最后在衔接困难的孔隙中用同一类石板的碎块填补，不能用水泥砂浆等草草填入。石板要选平坦的一面，基础要牢固，不能走上去感到石板摇动。如果石缝漏雨，冬季冻结，春季翻

图7-91　各种嵌草铺装

浆，会造成工程上的问题。

(6) 砖路

东西方皆有，西方喜欢用红砖，借以增加色彩美，其纹理和中国常用的人字纹、席纹、间方纹、斗纹等有很多相似。东方多用青砖，如故宫、皇家园林等。砖路吸水、排水均好，排列的纹样也多，可惜不甚耐用。所以提倡用紫色、橙色、红色的优质砖贴铺，效果会更好点。以砖为图案界限，镶以各色卵石或碎瓷片，可拼成各种图案。

(7) 机制石块路

一般选用深紫色、深褐色、青灰色、灰绿色的岩石，用机械磨成15cm×15cm的方块，厚度应在10cm以上，表面平坦而粗糙，可铺成各种花纹，既古雅又耐用。俄罗斯及欧洲一些古老的街道至今仍旧保存，最常见的花纹是鱼鳞纹。

(8) 嵌草路面

把不等边的石板或混凝土板铺成冰裂纹或其他纹样，铺筑时在块料间预留3～5cm的缝隙，填入培养土，用来种草或其他地被植物。常见的有冰裂纹嵌草路面、梅花形混凝土板嵌草路面、花岗石板嵌草路面、木纹混凝土板嵌草路面等（图7-91）。

(9) 草路

路面种草，其特点是柔软舒适，没有路面反光和热辐射；它的缺点是不耐践踏，且管理费工。由于国内游人较多，草路在国内用得很少。

(10) 步石

在自然式草地或建筑附近的小块绿地上，可以用一块到几块天然石块或预制成圆形、椭圆形、树桩形、木纹形等混凝土板形成步石（图7-92），自由组合在草地之中，显得自然活泼，与环境十分协调。一般步石数量不应该太多，块体也不应该太小，两块相邻，块体的中心距离应在60cm左右。

(11) 汀步（跳石）

汀步是园路在浅水中的继续。当园路遇到小溪、山涧或浅滩而又没有必要架桥时，可以设置汀步，既简单自然，又有风趣。

汀步有拟自然式或和规则式两种。拟自然式汀步是选择有一面较平的自然石块，石块的大小高低不一，但一般来说不应太小；距离远近不等，

图7-92　步石示意

但不应太远，最远以一步半为度；石面宜平，置石宜稳，这样既有自然之趣，又有安全感。人在上面跳跃着走而不是跨着走，所以又称为"跳石"（图7-93）。另一种是预制混凝土板汀步，它的形状多样，如圆形、椭圆形、长方形等，每种形状都有大、中、小之分。在做汀步时，按预定的道路曲线，较自由灵活地安排，左右穿插，疏密相间，生动活泼，令人喜爱。用预制板块做汀步时必须贴近水面。规则式汀步则是利用形状大小一致的预制混凝土板，按道路曲线做等距离整齐排列，能呈现一种整齐洁净、自由流畅的曲线美。汀步在假山庭院中是山水连接的方法之一。

以上11种铺路方式在园林中可以产生不同的艺术效果，其中不仅花纹的变化多种多样，如果集中材料穿插使用，还会产生更多的变化。

7.4.3 道路布局艺术

7.4.3.1 道路的整体布局

园林道路不同于一般的纯交通性的道路，其交通功能从属于游览需求，对交通的要求一般不以捷径为准则。从总体上来看，交通性从属于游览性，但不同的道路在程度上又有差异，一般主要道路比次要园路和游憩小径的交通性要强一些。

园路的整体布局是依据园林的规划形式而定的，它的布局形式是依据地形地貌、功能分区和景色分区、景点以及风景序列等要求决定的。在游览性方面，园林道路是组成游览路线的主干，是园内广场、建筑、景点内部的活动路线分支。

一个好的园景，在道路的总体布局上往往会形成一个环网。这个环网可能是由规则式园林中纵横交织的主路、次路、小路形成，也可能是由峰回路转、曲径通幽的自然式园林中的曲路形成。但无论哪种园路一般都不会让游客走回头路，以便能游览全景，它们所形成的路网会引导游客逐一欣赏到园林中的美景。园路所形成的环网的艺术美，不但在于它组织园林风景序列，而且它本身还是风景园林的构成要素。上海浦东陆家嘴中央地的鸟瞰图的平面造型就是浦东新区的缩影，其蛋黄色平面造型则是醒目的造型骨架。

除了规则式园路采取直线形式外，一般来说，园路宜曲不宜直，贵乎自然，依山就势，回环曲折，追求自然之美。道路一般是等宽的，也可以做成不等宽的，但曲线要自然流畅，犹若流水。游步道也应多于主干道，景幽则客散。为了适应机动车行驶，上山的盘山路要迂回曲折。为了迎合青少年的爱好，并满足其活动量大的特点，应多设计羊肠捷径，攀悬崖，历险境以增加他们的游览兴趣。落水面的道路宜用桥、堤或汀步相接；环湖的道路应与水面若即若离、若隐若现，从而使湖面景色多变。

7.4.3.2 道路的主次分明

园林道路系统必须主次分明，方向性强，才不会使游客感到辨别困难，甚至迷失方向。园林中的主要道路要能贯穿园内主要景区，形成全园的骨架，并与附近的景区相互联系。园林中的次要道路是各个分区内部的骨架，并与附近的景区相互联系。

园林道路的主次区别在于道路的宽度、路面材料和植物布置，但是没有严格的规定。园路规格主要取决于该园规模、游人量，以及流通方式3个方面。

图7-93　汀步示意

一般公共园林中，园路包括主要道路、次要园路、游憩小径。

(1) 主要道路

一般为 4～6m 宽，联系主要出入口与各景观区的中心、各主要广场、主要建筑、主要景点。它是园林的大动脉，担负着园内生产生活资料的运输，经营管理和疏导游人的重任。公园所需的各种物质资料通过主干道分送到各个管理部门中，而园内生产的农副产品、垃圾也是通过主干道运往园外。它还有着救护、消防、游览车辆通行等功能。主干道在园内尽量笔直或设计成各种圆形、弧形。主干道两侧宜种植高大乔木，形成浓密的林荫，乔木间的间隙可构成欣赏两侧风景的景窗。

(2) 次要园路

次要园路一般为 2～4m 宽，往往散布于各景观区之内，连接各个景观区中的各个景点与建筑。它不仅承担分散游人的任务，而且还起到划分园林景区、景观的关键作用。次要道路多随地形、水体、草坪形状而设置，弯曲流畅，自然大方，往往参与景区、景点的组合。两侧绿化更注重树种的选择和搭配，往往采用干形中、小的乔木，灌木采用彩叶品种和开花品种配置。可供小型服务车辆单行通过。

(3) 游憩小径

游憩小径是小于 2m 宽的园路，最窄不低于 1.2m，供游人散步游憩之用。它和园林中景区、景点直接相连，并融为一体，由于形式、铺装上的变换多样，其本身就是很好的观赏景点。游憩小路翻山则成为山径、羊肠小道，铺装采用条石或山坡石；入林则成为林径、竹径；涉水则和汀步、曲桥相连。其两侧绿化往往要精心配置，以供游人近距离观赏或留影。

7.4.3.3 道路的平面迂回曲折艺术

园林道路迂回曲折的原因有二：一是地形的要求，如在前进的方向上遇到山丘、水体、建筑、大树等障碍物，或者因山路较陡，需要盘旋而上，以减缓坡度。二是功能和艺术的要求，如为了增加游览程序，组织园林自然景色，而使道路在平面上有适当的曲折，竖向上随地形有高低起伏变化，游人随道路蜿蜒起伏向左、向右，或仰或俯，欣赏不断变化的景色；或者为了扩大观赏者的视野，使空间层次丰富，形成时开时闭、辗转多变、含蓄多趣的园路。另外，园路的迂回曲折还有扩大空间、小中见大、延长游览路线、节约用地的作用。

(1) 道路的曲折原则

在园路设计时不能矫揉造作，要做到"三忌"：一忌曲折过多，如果在短短 10m 内出现往复三折，状如蛇形，就会失去自然之美。二忌曲折半径相等，也就是接近的两个曲折半径不能相同，大小应该有变化，并且要显出曲折的目的性，如果在平地上无缘无故地曲折就会导致游人抄近路而践踏了路边的花草。三忌曲路不通，曲路的终端必须接通其他道路或有景可观，走投无路的曲折势必要游人走回头路，导致游人游兴降低。

(2) 道路交叉与分歧（图 7-94）

两条自然式道路相交于一点时，所形成的对角不宜相等。道路需要转换方向时，离原交叉点要有一定长度作为方向转变的过渡。如果两条直线道路相交时，可以正交，也可以斜交。为了美观实用，要求交叉在一点上，对角相等。

两条道路相交所形成的角度不宜小于 60°，如果角度太小，可以设立一个三角绿地，从而使交叉形成的尖角得以缓和。

如果 3 条园路相交在一起，3 条路的中心线应该交会在一点上。

由主干道分出来的次干道，分叉位置宜在主干道凸出的位置。在一眼所能看到的距离内，在道路

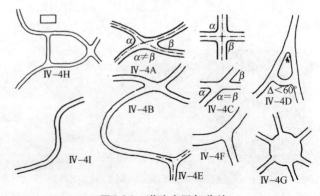

图7-94 道路交叉与分歧

的一侧不宜出现两个或两个以上的道路交叉口，尽量避免多条道路交在一起。如果避免不了则需要在交接出形成一个广场。

凡是道路交叉所形成的大小角都宜使用弧线，也就是说转角要圆滑自然，在通向建筑正面时，应与建筑物渐趋垂直。在顺向建筑时应与建筑趋于平行。

两条相反方向的曲线道路相遇时，在交接时要有相当距离的直线，切忌呈 S 形。

(3) 道路的转弯半径

园林中的主要道路由于许可行车，必须考虑与车辆行驶安全有关的转弯半径问题。城市交通线有比较明确的规定，但园林道路上行车要求速度慢、车辆少、安全可靠。所以采取的安全半径最好在 10m 以上，并严格限制车速（小于 5km/h）。

步行小路不受转弯半径的限制，但不能太小；登山小路可以随地形变化，出现急转弯是不可避免的；一般平地上的曲折的转弯半径不应小于 5m。

7.4.3.4 道路竖向上的高低错路艺术

随着地势高低起伏变化，形成不同的坡度的道路会增加其美感。但是坡度的大小受路面铺装材料的限制，如水泥路最大的纵坡为 70%，沥青路面最大的纵坡为 60%，砖路为 80%；其次，坡度受人的步行能力的限制，在一般情况下，人行走在 20% 的路面上就会感觉吃力，坡度达到 30% 时就应设台阶，使用轮椅的人 15% 的坡度已无法上下。所以在设计道路时要根据上面提到的因素综合考虑，不能随心所欲。通常对老幼皆宜的坡度以 10% 左右最为理想。

在竖向上变化最多的园路是山路和台阶。

(1) 山路

山路因受地形限制宽度不宜过大，一般大路宽 1.2～3m，小路则不大于 1.2m。

当山路坡度小于 6% 以内时，可按一般道路处理；坡度为 6%～10% 时就应顺应等高线，做成盘山道以减小坡度。所谓盘山道，是把上山的道路处理成左右转折，利用道路和等高线斜交的办法减小坡度。道路蜿蜒曲折能使游人的视线产生变化，有利于风景画面的组织，风景优美的地方转折处可适当加宽做成平台供休息和眺望。盘山道的路面应做成内倾斜的单面坡，使行走舒服，给人以安全感。较大的山，山路应分主次，主路为盘山道，道路平缓，沿路设置平台坐凳供休息；次路可随地取其捷径；小路则是穿越林间的羊肠小道。

低而小的山，山路的布置应考虑延长路线，使人对山的面积产生错觉，以扩大园林空间。山路的布置上可以使道路和等高线平行或斜交，还要根据地形布置，形成回环起伏、上中有下、下中有上、盘旋不绝的感觉，从而满足游客的要求。

(2) 台阶

为了适应老年人游览，路面坡度超过 12% 时，在不通车辆的路段需要设台阶。台阶除了使用功能外还有美化和装饰的作用，特别是它的外轮廓富有节奏感，与周围植物配合，可称为美妙的园林小景。

台阶常附设于建筑出入口水旁岸壁和高差较大的路上等。根据材料不同，台阶有石砌、钢筋混凝土、塑石等。用天然石块砌的台阶富有自然风格；用钢筋混凝土板做的外挑楼梯台阶空透轻巧；用塑石做的台阶，色彩丰富、形式多样，可与其他园林小品结合，为园林风景增色。

在自然式园林中如何使台阶做得更自然，一直是值得探讨的一个问题，并作出了很多尝试。一种是园林建筑与园林接触的踏步台阶，习惯上用大块扁平的山石，作为一种由规则式建筑向自然式园林过渡的方式。这是在我国南北方都比较流行的一种传统手法。另一种是为了体现园林之趣，在条石的台阶两旁嵌入一些山石，如杭州烟霞洞的石级。还有一种是将台阶与水池、坐凳、树池、花池等结合在一起，形成一个组合，如同一个园林小品，比起直接上下的台阶更有趣味（见彩图 16）。

台阶的尺度要适宜，一般室外游息的台阶踏面宽度为 30～38cm，高度为 12～17cm，台阶的长度根据具体情况确定。一般台阶不宜连续使用，如地形许可，每 8～10 级后应设一平台，在平台一侧或两侧设有条石凳，以适应中老年人休息和观望（见彩图 17）。

园路是园林绿地构图中重要的组成部分，园路配置的合适与否直接影响到公园的布局与利用率。因此，只有把道路的功能作用与艺术性结合起来，精心设计，因景设路，因路得景，才能做到步移景异。

7.5 园林建筑艺术

7.5.1 园林建筑的功能

园林建筑因其所属性质与地域特色的差别而风格迥异。古今中外皇家园林的建筑体量恢弘，装饰金碧辉煌，体现的是皇家的宏大气派；而江南园林建筑则注重将玲珑、活泼、通透的素雅风格一一体现。尽管园林建筑的风格有所不同，但其功能却基本相同，主要概括为以下 4 个方面：

(1) 提升场所意境

建筑之于园林，有的宜于近赏，有的适于远眺，与园中山水、草木相结合，有点缀风景、提升园林意境之功效。在一般情况下，建筑往往成为园林"画卷"的重点或主题，常常作为在一定范围内甚至整座园林的构景中心，以此来更好地突出园林的风格与意境。正如苏州拙政园中远香堂、怡园中藕香榭的设立，与水、石、荷结合相得益彰，将"出淤泥而不染，濯清涟而不妖"的荷花意境表现得淋漓尽致（图 7-95，图 7-96）。

(2) 观赏园林风景

使游人在视线范围内取得最佳的画面是园林建筑设计的重要作用之一。作为观赏园内外景物的场所，一栋建筑常成为画面的重点。在此情况下，从建筑布局至门窗洞口都可以加以利用，作为获取最佳风景画面的手段。因此，建筑的位置、朝向、封闭或开敞的处理均要考虑其观赏景物的需求。

(3) 限定景观空间

空间布局是园林建筑设计中的重中之重，常以一系列的空间变化以及巧妙安排给游人以美的享受。利用建筑物限定园林空间范围，以建筑构成的各种形式的庭院及廊、墙等可以恰到好处地成为组织和划分空间的最好手段。

(4) 组织游览路线

园林布局中建筑同样在游览路线中担负着"起、承、转、合"的重要作用，跟随游览路线，园林将以其有利的位置和独特的造型，为游人呈现出一幅幅或动或静的"风景画卷"。如园林中的廊为争取空间的变化，为游人呈现多种不同角度的景色，往往选择曲折回环的半壁廊形式。这样便会在廊与墙之间形成大小不一、形体各异的空地。同时搭配山水、草木，极大地丰富园林建筑的空间和层次。同时亦可导引游人遵循设计好的游览顺序进行观赏，从而消除视觉上的疲乏感，并可丰富沿途的景色。

7.5.2 园林建筑的类型

从古至今为满足游人在园林中游览活动的需要而设置的园林建筑，随着园林活动内容的日益丰富，被赋予的功能也越来越多，用以满足游人休息、游览、文化、娱乐等活动的需求。根据以上功能的要求，将园林建筑分为四大类型：

图7-95　拙政园远香堂

图7-96　怡园藕香榭

图7-97　网师园月到风来亭

图7-98　狮子林真趣亭

(1) 风景建筑

此类建筑包括园林建筑设计中常常选用的亭、堂、廊、舫等，园林建筑中的绝大部分均属于此类型。它们都具有一定的使用功能，满足园林中点缀景物与观赏景观的需求。

① 厅和堂　多见于我国传统古典园林，是园林中的主体建筑，体量较大，造型简洁精美，相较其他建筑复杂华丽。《园冶》上记载："堂者，当也。谓当正向阳之屋，以取堂堂高显之义。"而在传统园林中常提到的轩、馆、斋、室也属于厅堂类型的建筑。

厅堂一般体量较大，建筑具有独立和完整的平面及立面形态。为使厅堂与环境及周围景观结合，立面墙体分两侧开敞和四面开敞的不同形式，便于观赏景物。也有的为了四面景观的需要，四面以回廊、长窗装于梁柱之间，不砌墙壁，设半栏，供人们坐憩之用。

园林中厅、堂是会客、议事的场所。一般布置于建筑群体和园林的交界部位，既与建筑群体直接有便捷的交通联系，又有极好的观景条件。厅、堂一般是坐南朝北。从厅、堂望出，应是全园主景区，应设置水池和叠山所组成的山水景观。厅、堂与叠山分居池之南北，遥遥相对，形成一边人工、一边天然的绝妙对比，衬托出寄情山水之天然情趣。如拙政园远香堂和上海豫园的仰山堂。

② 亭　亭以其体量小巧、结构简单、造型别致、选址灵活，在园林中几乎处处可用，使其成为园林建筑设计中运用较多的一种建筑形式。古往今来，无论是传统的古典园林，或是现代园林，均可看到或伫立于山冈之上、或依附在建筑之端、或漂浮在水池之畔的各色亭建筑，并以其玲珑美丽、丰富多彩的形象与其他园林建筑、山水、绿化等有机结合，构成一幅幅生动优美的画卷。亭成为满足"观景"与"点景"要求而通常选用的一种建筑类型，是由于亭具有如下的一些特点：

第一，亭体量小而集中，有着相对独立而完整的建筑形象。在立面上一般可划分为屋顶、柱身、台基3个部分（图7-97，图7-98）。屋顶形式变化丰富；柱身通透开敞；而台基多随环境而变。其造型、比例关系相较于其他建筑能更加自由地表达设计师的意图。由此，其独立而完整、玲珑而轻巧的形态特性，能够最大限度地满足园林布局的需求。

第二，亭在位置选择上自由灵活，因景而立，无论花间、水际、竹里、山巅、溪涧等均可设亭。《园冶》所描述："亭者，停也，人所停集也"，亭主要是为了解决游人在观赏活动的过程中，驻足休息之需求。随着园林的不断发展和成熟，亭也兼具了纳凉避雨、纵目眺望的作用，而对于其使用功能并没有严格的要求，与建筑群体之间也没有什么必需的内在的联系。因此，可从园林建筑空间布局的需要出发，自由安排，最大限度地发挥园林特色。

第三、亭大多构造简单，施工较为方便。我国

图7-99　颐和园的长廊

图7-100　平地廊

古代筑亭，通常以木构瓦顶为主，亭体量小、用料少、建造方便。现代做法多用钢混结构，配以竹、石等地方性材料。

③廊　多为建筑物之间的联系而存在的。将简单的建筑布局通过廊、墙等有机地组织起来，形成空间层次丰富多变的建筑群体，是廊存在的重要价值。

廊是一种"虚"的建筑形式，两排列柱顶上为屋顶，常一边通透，形成一种过渡空间，其列柱、横楣在游人游览过程中构成一系列取景框架，增加景观层次，增强园林趣味，使游人在步移景异中欣赏序列景观。同时，廊因其造型别致、曲折迂回、高低错落，本身也构成了园林景观中的重要组成部分（图7-99）。廊又是一种"线形"建筑形式，"宜曲宜长"（《园冶》）。这种形式好比为园路加上屋顶，不仅可遮风避雨，而且可联系景点，有效组织和引导游览路线，使园林景观的观赏程序和层次得以展开。在现代园林中，还常利用廊的线形特点布置各种展览，丰富游览内容。

廊的形式和设计手法丰富多彩。当观察园林的平面布局时就会看到：如果把整个园林作为一个"面"来看；那么亭、榭、轩、馆等建筑物在园林中可视作"点"；而廊、墙这类建筑则可视作"线"。通过这些"线"的连线，把各分散的"点"联系成有机的整体。正因如此，廊在选址上可不拘地形地势，"随形而弯，依势而曲。或蟠山腰，或穷水际，

通花渡壑，蜿蜒无尽……"（《园冶》）。不论在平地、山地和水边，均可见廊（图7-100，图7-101）。

廊常常布置在两个建筑物或两个观赏点之间，成为空间联系和空间分划的一种重要手段。它不仅具有遮风避雨、交通联系的实用功能，而且对园林中景观的展开和观赏层次和序列起着重要的组织作用。而在现代建筑设计中，廊不仅被大量地运用在园林中，还常常被运用到一些旅馆、展览馆、学校、医院等公共建筑庭园内，它除了作为建筑间相互联系的交通通道，另一方面是由廊的半明半暗、半室内半室外的效果在心理上给游人空间过渡的感受，将其作为一种室内外联系的过渡空间。从庭园空间的视觉角度说，某些庭园空间的处理如果缺少

图7-101　水边廊

廊这类过渡空间，空间便会生硬、板滞，使室内外空间上缺少必要的内在联系；有了这类过渡空间，庭园空间增添了层次，就容易"活"起来，使室内、外空间紧密地联系在一起，互相渗透、融合，形成生动、诱人的空间环境。

廊的结构构造及施工一般也比较简单。中国传统建筑中的廊通常为木构架系统，屋顶多为坡顶、卷棚顶形式。而西方古典园林中廊多为铸铁和石材构架。在现代园林建筑中，廊多采用钢混结构，取平屋顶式，还有完全用木、竹做成的游廊，结构与施工简单。在江浙一带的私家园林中的廊宽度较窄，一般在1.5m之下，高度较矮。北京颐和园的长廊是属于较宽类型，但也仅2.5m。

④榭和舫　在园林建筑中，榭、舫和亭等属于性质上比较接近的建筑类型。它们的共同特点是除了满足人们休息、游赏的功能要求外，主要起"观景"与"点景"的作用。一般虽不作为园林中的主体建筑物，但对丰富园林景观和游览内容起着突出的作用。与前面所讲到的厅、堂、亭、廊所不同的是，榭、舫多属于临水建筑，因此在选址、平面及体型的设计上，都要特别注重与水面和池岸的协调关系。

中国古典园林的水榭的基本形式多为水边架起平台，平台一半伸入水中，一半架于岸边，平台四周以低平的栏杆相围绕，平台上建起一木构的单体建筑物，其临水一侧开敞，有时建筑物的四面都立有落地门窗，空透、畅达，屋顶常用卷棚歇山式样，檐角低平轻巧。这种水榭的建筑形式，成为游人在水边的一个重要休息场所。《园冶》上说："榭者，藉也。藉景而成者也。或水边，或花畔，制亦随态。"不过，那时人们大约把隐在花间的一些建筑也称之谓"榭"。而在现代的概念中，"榭"多看做一种临水的建筑物。苏州拙政园的"芙蓉榭"、耦园的"山水间"、网师园的"濯缨水阁"、上海南翔古漪园的"浮筠阁"等都是一些比较典型的实例（图7-102，图7-103）。

榭、舫因景而生，故在其功能上，多以观景为主，同时可满足交流、休息的需要。而现代园林中新建的水榭，在功能上更加丰富，可作为茶室、接待室、游船码头等，有的还把平台扩大，进行各类文娱活动。在平面布局上也更加多变，一方面，由于游人对游园活动的需要，人数多、活动方式多样，新的活动内容对现代园林提出了新的要求。另一方面，也由于钢混的结构方式，为建筑在空间上的互相穿插、变化提供了可能性。还有一些相对说来规模已相当大，虽说名称仍称谓"水榭"，其实已不是一个简单的建筑个体，而是一组由大小厅堂与廊、亭等组合在一起的小建筑群。

在园林建筑设计过程中，对于榭这种园林建筑类型，除了要安排好其功能上的需要外，还须注意处理好建筑与水面、池岸的关系和建筑与园林整体空间环境的关系（图7-104）。

除以上所谈到建筑类型外，现代园林建筑中

图7-102　耦园的山水间

图7-103　上海南翔古漪园的浮筠阁

图7-104　杭州平湖秋月

图7-105　拙政园听雨轩

还包括一系列的服务性建筑：接待室、展览馆、餐饮业建筑、纪念品售卖等商服建筑。这类建筑体量不大，但也同样设置在园林内，所以建筑物的选址和设计都与园林的景色密切相关，同样需要加以重视。

(2) 庭院建筑

庭院建筑一般指能够围合而形成独立或相对独立的庭院空间的建筑物。此类建筑的重点在于其所围合的庭院空间。在园林空间中，建筑所围合的庭院空间虽小，但通常是将建筑空间与庭院空间有机地相互穿插结合，使庭院建筑获得良好的效果。因此，在谈到庭院建筑的设计时离不开其建筑的使用功能，而庭院空间功能的充分抒发有助于提升庭院建筑的环境氛围。

庭院建筑在世界造园史上占有重要的地位。经过不断的运用与发展，庭院建筑与其围合的庭院空间的功用愈易发挥，其适应性也愈加广泛。庭院建筑所围合的庭院空间从单一功能的庭院空间到多功能的庭院空间；从简易建筑庭院到适应各种复杂条件的建筑庭院；从单院落的布局空间到多院落的组合空间，形成了完善的建筑庭院体系，由此派生出各式庭院类型，以适应各种复杂情况并满足多种使用功能。

按照庭院建筑与所围合庭院空间的位置和相应功能，将建筑围合的庭院空间分为前庭、内庭、后庭和侧庭4种类型。

①前庭　一般指庭院位于主体建筑前的空间类型，临街而建，开敞宽阔，方便游人出入，为建筑物与道路之间起到缓冲作用。此种空间的布置需注重与建筑物性质的协调。如纪念性质、宗教性质或行政性质建筑的前庭，一般采用轴对称形式，以突现其肃穆、宏伟壮观的空间气氛，而与受众人群日常生活较密切的民用建筑，如住宅类、宾馆类、餐馆类、商场类，其前庭布置则可以较为灵活自如。

②内庭　又可称为中庭。一般指多院落庭园中的主庭，为游人提供起居、休闲、游览、观赏以及改善建筑小环境的作用，因此通常以近景构成内庭的景观环境。在我国南方地区因泉多水广，常常用小型水面来改善建筑内外的小气候，其意境颇有清幽深邃之趣。

③后庭　一般指庭院位于屋后的空间类型，后庭景观空间惯以自然景观为主。通常栽植果林，既能为游人提供新鲜可口的果实，又可在冬季抵挡北风。如苏州拙政园听雨轩的后庭，满植芭蕉，伴和风细雨，促成听雨轩"雨打芭蕉"之声景效应（图7-105）。

④侧庭　多指我国古时的书斋院落，庭内景致清新淡雅。《扬州画舫录》描述计成于镇江为郑元勋所造之影园中的"读书处"时这样描绘道："入门曲廊，左右二道入室，室三楹，庭三楹，即公读书处。窗外大石数块，芭蕉三、四本，莎萝树一株，以鹅卵石布地，石隙皆海棠。"

(3) 建筑小品

第三种类型为建筑小品。构成园林空间的建筑，除第一种类型中所讲述的亭、廊、榭、舫等，还有大量的小品性设施，其中包括门窗洞口、装饰隔断、地面铺装、座椅花架、围墙与屏壁、景观雕塑、水池花池、园灯、栏杆、蹬道、小桥和汀步等一系列的设施。在园林中建筑小品多指供游人休息、照明、展示和为园林管理之用的小型建筑设施。这些小品依附于园林景观或建筑，或独立于空间。一般情况下，体量小巧，造型独特，无内部空间。此类型建筑设施在美化环境、丰富园趣的同时，为游人提供文化、休息及公共活动的方便，从而使游人获得美的感受（图7-106，图7-107）。

园林建筑在园林空间中，除需满足其自身的使用功能外，还须兼具"观赏"与"被观赏"的双重功用。设计中便常利用建筑小品将园林中的景色有机地进行组织，提升园林品质，丰富画面意境。因此，从塑造空间的角度出发，合理、巧妙地组织园林景色是园林建筑小品在造园艺术中的一个重要作用。如苏州拙政园的云墙和"晚翠"月门，从位置、尺度和形式上均设计得恰到好处，自枇杷园透过月门，望见池北雪香云蔚亭掩映于树林之中，云墙和月门加上景石、兰草和卵石铺地所形成的素雅近景，两者交相辉映，令人神往（图7-108）。通过运用小品在园林中的装饰作用来提升园林的鉴赏价值是建筑小品的另一个作用。杭州西湖的"三潭印月"就是一种以传统的水庭石灯的小品形式"漂浮"于水面之上，通过与水光、月光的相互配合衬托使湖中月夜更为迷人。此外，对于园林景观来看，应同时将那些功能作用较明显的桌凳、铺地、踏步、桥岸以及灯具等赋予更为艺术化、景致化的内涵。

(4) 交通建筑

第四种类型为交通建筑。在园林游览路线上的桥梁、码头等均属于此类。

园林建筑中的桥，可以联系园林中各景点的水陆交通，组织游览线路，点缀水景，增加水面层次，兼有交通和艺术的双重作用。桥在园林艺术史上的价值，往往超过其交通功能。

在园林中，桥的布局同园林的总体布局、道路系统、水体面积、水面的分隔或聚合等密切相关。其位置和形态需与景观相协调。大水面架桥宜宏伟壮观，小水面架桥宜轻盈质朴。水面宽广，桥宜高并配有栏杆；水面狭窄，桥宜低可不设栏杆。水陆高差相近，宜平桥贴水；地形平坦，桥体轮廓宜起伏变化，以丰富园林景观。

园桥的基本形式有平桥、拱桥、亭桥、廊桥、汀步等。

除此之外，与园林造景没有直接关系的后勤、管理用房等，一般都自成一区而设置在隐蔽地段，

图7-106 花 架

图7-107 园 凳

图7-108　苏州园林小品

不属于园林建筑的范畴。

7.5.3　园林建筑的艺术表现

普遍地看，建筑是人类为了自己构建的物态空间，是人类所创造的物质文化的极其重要的组成部分。建筑在西方人眼中有着非常重要的地位，马克思在其哲学著作中写道："光亮的居室，这曾被埃斯库罗斯陛下的普罗米修斯成为使野蛮人变成人的伟大天赐之一……"事实正是如此，这伟大的天赐，也就是伟大的历史性的创造。从文明史的历程来看，人类的生活实践自从脱离穴居野处以来，就一刻也离不开建筑。

特殊来看，中国传统文化对建筑和人、自然三者的关系，有着深层的理解。建筑是天地自然和人之间具有活力的中介，而不是人与天地自然间死板的、无生命的封闭隔阂。据此，中国人特别重视建筑的地形、方位、朝向和门窗。在中国古典园林里，"人宅相扶"的建筑，更成为地道的生态建筑，成为"天、地、人三才"一以贯之的"有机建筑"。

随着世界史的演进，人们对于建筑不只是满足于物质生活的单一的目的性，而且进一步要求满足于精神生活的观赏要求。于是，建筑除了实用价值之外，又成为一门特殊的美的艺术。

关于中国古典园林和古典建筑之间的美学关系，可从两个角度来理解。狭义地说，建筑是园林建构的要素之一；广义地说，园林中每个部分、每个角落无不受到建筑美的光辉的辐射，它是建筑拓展到现实自然或周围环境中。唐代姚合在《扬州春词》中就有"园林多是宅"之句，这足以说明园林对于建筑的依赖性，它不可能脱离建筑而存在。在功能上，园林是建筑的延伸和扩大，是建筑进一步与自然环境（山水、花木）的艺术综合，而建筑本身，则可说是园林的起点和中心。正因为如此，本书把"人因宅而立，宅因人而存"的建筑作为园林美物质生态建构序列中的第一要素。

园林建筑美学，有一系列的问题需要探讨，即：园林建筑的布局艺术；园林建筑的结构形式的美；园林建筑装饰技艺；类型、序列及其性格功能；物化在建筑中的工程技术美……对此，本节就以上内容进行探究，并初步建立起一定的理论体系。

7.5.3.1　园林建筑的布局艺术

布局是园林建筑设计的中心问题。有了好的基址环境条件和立意，但如果布局凌乱，不合章法，再好的基地环境和设计立意也不可能成为佳作。园林建筑的布局内容广泛，从园区总体规划到局部建筑的处理都会有所涉及。

1）空间布局形式

园林建筑空间布局形式分为3种：

(1) 外向性空间布局

外向性空间布局，也可称为开放性空间布局。这种布局形式包括独立的建筑结合环境的布局形式，环境组群结合环境的布局形式。

独立的建筑结合环境的空间布局形式多见于点景的亭、榭之类，或用于单体式平面布局的建筑。这种空间布局是以自然景物来衬托建筑，建筑为空间的主体，故对建筑本身的造型要求较高。建筑可是对称的布局，也可以是非对称的布局，视园林环境条件而定。西方古典的园林建筑空间组合，最常用的是对称的空间布局，即以宫殿、府邸建筑为主，辅以树丛、花坛、喷泉、雕像、道路以及规则的广场等来烘托建筑。由于大多采用砖石结构的关系，建筑空间比较封闭，建筑的室内空间和室外花园空间互相很少穿插和渗透（图7-109）。

在视觉上建筑组群结合环境的空间布局形式，其空间的开放性与独立的建筑结合环境的空间布局基本相同，但一般规模较大，建筑组群与园林空间之间可形成多种分隔和穿插。在古代中国多见于规模较大、分区组景的帝王苑囿和名胜风景区，如避暑山庄的水心榭、杭州西泠印社、三潭印月等，其布局多采用这种空间组合形式。由建筑组群自由组合的开敞空间，则多采用分散式布局，并以桥、廊、道路、铺面等连接建筑，但不围合成封闭性的院落。此外，建筑物之间有一定的轴线关系，从而彼此顾盼，互为衬托，有主有从。而总体上是否按对称或非对称布局，则须视功能和环境条件而定。

(2) 内向性空间布局

内向性空间布局是指由建筑物围合而成的庭院空间，其中包括天井空间这种特殊的庭院空间。

内向性空间布局是我国古典园林建筑普遍使用的一种空间布局形式。庭院可大可小，围合庭院的建筑物数量、面积、层数可增可减。在布局上可为单一庭院，也可由几个大小不等的庭院相互衬托、穿插、渗透形成统一的空间。这种空间布局，因其房间数量多可满足多种功能的需要。

从景观方面说，庭院空间在视觉上具有内聚的倾向，可借助建筑与山水、草木的配合突出庭院空间的整体艺术氛围，往往庭院中的自然山石、池沼、树丛、花卉等反而成为空间的主体和吸引人们的兴趣中心，并通过观鱼、赏花、玩石等来激发游人的情趣。由园林建筑围合而成的庭院，在传统设计中大多由厅、堂、亭、榭等单体建筑，用廊、墙连接围合而成。

由建筑围合的庭院空间，一方面要使单体建筑配置得体，主从分明、重点突出；在形态、体量、朝向上要有区别和变化；在位置上要彼此呼应、顾盼等。另一方面则要善于运用空间的连接要素，如廊、桥、汀步、院墙、道路、铺面等。从抽象构图上说，厅、堂、亭、榭等建筑可作为园林空间中的"点"状要素，而桥、汀步、院墙、道路等连接空间可作为园林空间中的"线"性要素，"点""线"结合成"面"成"体"，处理好点、线、面与体之间的关系可使园林构图富于变化而又和谐统一。

天井作为庭院空间是一种特例，与前所述的建筑围合成的庭院空间不同。一方面空间体量较小，宜采取小品性的绿化盆栽的景观形式；另一方面在建筑整体空间布局中作为点缀或装饰使用，多用以改善局部环境。

(3) 混合式的空间组合

由于功能或组景的需要，有时可将以上几种空

图7-109　西方建筑

间布局形式结合使用，故称为混合式的空间布局。古代和现代园林建筑都有这样的例子，如颐和园云松巢依山势高低而起伏，建筑主体为西侧庭院，庭院东侧用廊把亭和另一单体建筑连接成统一的建筑群；承德避暑山庄烟雨楼建筑群建于青莲岛上，主轴线为一长方形庭院，东侧配有八角亭、四角亭和三开间东西向的小室各一座，3个单体建筑彼此靠近形成一体。西侧紧临主庭院，并于岛南端叠山，山顶建六角形亭，使建筑组群整体构图更为平衡完美。

以上3种空间组合，一般属较小规模的园林建筑的布局形式，对于规模较大的园林则需从总体上根据功能、地形条件，把统一的空间划分成若干各具特色的景区或景点来处理，在构图布局上又使它们能互相因借，巧妙联系，有主从和重点，有节奏和韵律，以取得和谐统一。

2) 布局手法

为了达到多样统一的园林建筑布局和在有限空间中取得小中见大的园林艺术效果，应十分重视对比、渗透与层次的构图手法。

(1) 对比

对比是为达到多样统一、取得生动协调效果的重要手段。缺乏对比的空间布局，即使有所变化，仍易流于平淡。园林建筑中的对比是将两种具有显著差异的要素通过互相衬托突出各自的特点，同时要强调主从和重点的关系。"万绿丛中一点红，动人春色无须多"的诗句恰好可以说明对比的意义。"绿"和"红"在色彩上是对比关系，"万"和"一"在数量上也是对比关系，一点红为诗句的重点，绿和红并不是一对一的关系，目的是通过突出一点红的对比效果而取得动人春色。园林建筑空间布局运用对比主要包括体量、形状、虚实、明暗和建筑与自然景物等几个方面。

① 体量对比　园林建筑空间布局的体量对比，包括单体建筑之间的体量大小对比和由建筑围合的庭院空间之间的体量大小对比。常常是用小体量的衬托，突出大的体量关系，使空间布局富于变化，有主有从，重点突出。颐和园中的佛香阁、北海的白塔，成为全园构图的主体和重心，主要是靠其巨大体量与四周小体量建筑的对比关系取得的。在总体规划上，许多传统名园如苏州的留园、沧浪亭、网师园等，它们都有一个大而独立的院落空间与其他小院落空间形成强烈对比，从而突出其主体庭院空间。

利用空间体量大小的对比作用还可以取得小中见大的园林艺术效果。小中见大的大是相对的大，游人通过小空间再转入大空间，由于瞬时强烈的大小对比，可以使本来不大的园林空间显得格外开阔，如苏州古典园林留园、网师园等（图7-110）。

② 形状对比　园林建筑空间形状对比包括单体建筑之间的形状对比和建筑围合的庭院空间的形状对比。形状对比主要表现在平、立面形式的区别上。方和圆、高直与低平、规整与自由，在园林建筑设计中可以利用这些空间形状上相互对立的因素来取得构图上的变化和突出重点。从视觉心理上说，规矩方正的单体建筑和庭园空间易于形成庄严的气氛；而比较自由的形式，如三角形、六边形、圆形和自由弧线组合的平、立面形式，则易形成活泼的气氛。同样，对称布局的空间容易予人以庄严的印象，而非对称布局的空间则多为一种活泼的感受。庄严或活泼，主要取决于功能要求和园林空间氛围的需要。形状对比需要有明确的主从关系，一般主要靠体量大小的不同来解决。如北海白塔和紧贴前面的重檐琉璃佛殿，体量上的大与小、形状上的圆与方、色彩上的洁白与重彩、线条上的细腻与粗犷，使得两个建筑对比强烈，艺术效果极佳。

③ 明暗虚实对比　利用明暗对比关系以求得空间的变化和重点的突出，也是塑造园林空间氛围的一种常用手法。在日光作用下，室内、外空间存在着明暗现象，室内空间愈封闭，明暗对比愈显强烈，在利用明暗对比关系的布局手法上，园林建筑多以暗显明，明的空间往往为园林表现的重点或中心。前面所列举的小天井空间的处理便属此种类型。

园林建筑空间的明暗关系，有时又表现为"虚"与"实"的对比关系。如墙面和洞口、门窗的虚实关系，在光线作用下，从室内外望，墙面是暗，洞口、门窗是明；从室外向内看，则墙面是明，洞口、门窗是暗。园林建筑中极重视门窗洞口

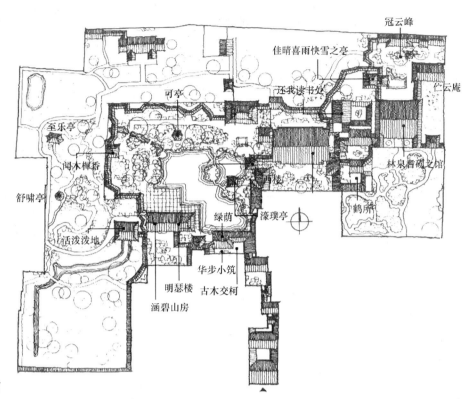

图7-110　留园空间平面

的处理，借用明暗虚实的对比关系来突出园林建筑意境。

园林建筑中山石与池水、建筑之间也存在着明与暗、虚与实的对比关系。水面与山石、建筑比较，前者为明，后者为暗，但有时又恰好相反。在园林建筑设计中可以利用它们之间的明暗对比关系创造丰富的园林艺术意境。

对于园林建筑室内空间，如果大部分墙面、地面、顶棚均选用不透明材料作为实面处理，而在小部分采用玻璃等透明材料做虚面处理，通过此种虚实的对比作用，可将游人视觉重点集中在虚面处理部位，反之亦然。但若虚实各半则会因视觉注意力分散失去重点而削弱对比的效果。

空间的虚实关系，也可以理解为空间的围放关系。围即实，放即虚，对于空间的围放取决于功能和艺术意境的需要。若想取得空间构图上的重点效果，形成园景的构图中心，处理空间围放对比时要尽量做到"围得紧凑、放得透畅"，并在突出强调的建筑空间中，精心布置景观点，使景物能扣人心弦。例如，苏州留园，入门后先经过几个比较封闭

曲折、光线微弱的小天井空间，空间围合紧凑，最后达到明亮宽敞的、以秀丽的池水假山为景观构图中心的室外庭院，空间开敞、透畅，突出其景观氛围（图7-111）。

④建筑与自然景物对比　在园林景观中，建筑与万千自然景物之间包含着形、色、质的差别，园林空间布局可通过差别对比突出景观重点从而获得景观氛围。建筑与自然景物的对比，也要有主有从。或以自然景物烘托突出建筑，或以建筑烘托突出自然景物，使两者对比统一在整体的园林景观环境中。而有些利用建筑围合而成的庭院空间环境，池沼、山石、树丛花木等自然景物为景观空间观赏的中心，建筑反而成了烘托自然景物的空间界面。

对比是园林建筑布局中提高景观氛围的重要方法。以上列举的几种空间对比并不是彼此孤立的，而往往需要综合考虑。在对比的布局手法的运用中要注意比例关系，不论在形状、明暗、虚实、色彩、质感各方面要主从分明配置得当，还要防止滥用以免破坏园林空间的完整性和统一性。

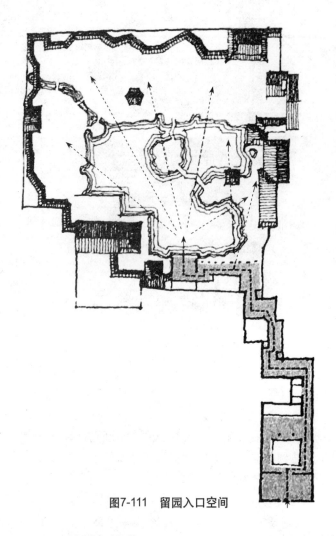

图7-111 留园入口空间

用上主要有对景，流动景框，利用廊空间渗透和利用曲折、错落变化的手法增添空间层次。

对景 指在特定的视点，通过门、窗、洞口，从一个空间眺望另一个空间的特定景色。对景可否起到引人入胜的诱导作用取决于对景景物的选择和处理，而所组成的景色则需完整优美。视点、门窗、洞口和景物之间为固定的直线关系，形成的视觉画面固定，也可利用门窗洞口的形状和样式加强"景框"的装饰性。门、窗、洞口样式繁多，如何选择应根据园林景观氛围的需要。此外，不仅要注意"景框"的造型轮廓，还要注意尺度的大小，通过对它们与景色对象之间的距离和方位的推敲，使之在主要视点位置上能获得最理想的画面。

流动景框 指游人在连贯游览观赏过程中通过连续变化的"景框"观景，从而获得多种景观画面，取得扩大空间的园林空间氛围。在人流活动的游览路线上，通过设置一系列不同形状的门、窗、洞口以摄取"景框"外的各种不同画面这种处理手法与李笠翁在《一家言》流动观景有异曲同工之妙。

利用廊空间互相渗透 廊不仅在功能上可起到交通联系的作用，也可成为分隔建筑空间的重要手段。用廊分隔空间可以使两个相邻空间通过互相渗透，把对方空间的景色吸收进来，以丰富景观效果，增添空间层次。所要注意的是用廊分隔空间形成渗透效果，要注意推敲视点的位置、透视的角度，以及廊的尺度及其造型的处理。

利用曲折、错落变化 利用此手法增添空间层次是园林建筑空间组合的一种手法，常常采用高低起伏的折墙、曲桥、池岸等要素来化大为小进行空间分隔，从而增添空间的渗透与层次。同样，在整体空间布局上也常常把各种建筑和园林环境加以错落布置，以求获得丰富的空间层次和变化。

②**室内外空间的渗透与层次** 园林建筑室内外空间的划分是由传统建筑概念形成的。所谓室内空间是指由顶棚、墙体、地面这6个界面所围合的内部空间。抛除建筑实体本身，在它之外的称作室外空间。对于园林建筑室内外空间的概念是可以相互转换的。按照一般概念，在以园林建筑围合的庭院

(2) 渗透与层次

园林建筑设计，为避免布局单调，除采用对比手法外，还可以选用组织空间的渗透与层次这一重要方法。如果园林空间毫无分隔和层次，则无论空间大小，游人在观景的过程中都会因一览无余而感觉过于单调乏味。相反，层次丰富的小景观空间，如果布局得体可获得众多的景观点，使人在连贯有序的视觉感受过程中忘却空间的大小限制。因此，处理好空间渗透与层次的布局手法，可以使有限的空间取得大中见小或小中见大的丰富变化，从而增强园林景观氛围的感染力。处理空间的渗透与层次，具体方法概括起来有以下两种。

①**相邻空间的渗透与层次** 这种布局手法主要利用门、窗、洞口、空廊等作为相邻空间的连接要素，通过空间彼此渗透，增添空间层次。在渗透运

空间布局中，中心的主庭院与四周的厅廊亭榭，前者一般视作室外空间，后者视作室内空间。但从更大的范围看，也可以把这些厅廊亭榭视如围合单一空间的门窗墙面一样的手段，用它们来围合庭院空间，这样便形成一个更大规模的半封闭的"室内"空间。而"室外"空间便成为庭院以外的空间。同理，还可以把由建筑组群围合的整个园内空间视为"室内"空间，而把园外空间视为"室外"空间。扩大室内外空间的含义，目的在于说明建筑空间是采用一定手段围合起来的有限空间，室内、室外是相对而言的，处理空间渗透的时候，可以把"室外"空间引入"室内"，或者把"室内"空间扩大到"室外"。而同时室内和室外空间也是相邻空间，前面提及的对景、框景等手法同样适用。

采用门窗、洞口等"景框"手段，将邻近空间的景色引入，属于间接借景。在整体空间处理时，还可直接将室外景物引入室内，或把室内景物延伸到室外，来取得园林景观变化，使园林与建筑更能交相穿插融合成为有机的整体。

室内景园，也是一种模拟室外空间移入室内的做法。但由于它处在封闭的室内空间中，因此要注意采光、绿化等各个方面的处理，以适应植物的生态要求和观赏环境的特点。

综上所述，园内、外也可被认作是园林的"室内"、"室外"。园外景物可以是山峦、河流、湖泊、大的建筑组群，乃至城市。把园外景物引入园内，不可以像小范围的室内外空间那样处理，把围合建筑空间的院墙、廊等手段加以延伸和穿插，唯一行之有效的布局方法便是借景，即把园内围合空间的建筑物、山石树丛等，作为画面中的近景处理，而把园外景物作为远景处理，以构成协调统一的景观画面。

7.5.3.2 园林建筑结构形式艺术

形式，尤其是建筑艺术形式，不是一个简单的问题。

就单个建筑物而言，它那"因内而符外"（刘勰《文心雕龙·体性》）的结构形式是怎样的？它又可分为几个层次？这些层次的结构关系如何？要探讨这些问题，还必须以建筑的内容和实质作为起点。

讲到建筑的起源，《墨子辞过》说："古之民谓未知为宫事时，就陵阜而居，穴而处，下润湿伤民，故圣王作为宫室。为宫室之法，曰：室高，足以辟（避）润湿；边，足以御风寒；上，足以待霜雪雨露……"

这段话结合建筑供人居住的合目的性，把建筑物分为3个互为关联的层次：一是"高"，这就是建筑物的台基层，它的主要作用是避潮湿；二是"边"，也就是建筑物的屋身层，它的主要作用是御风寒；三是"上"，这是建筑物的屋顶层，它的主要作用是防霜雪雨露。这三部分既是建筑的内容实质，又是建筑的结构层次。内容实质和结构层次二者合二为一，不但构成了建筑物的轮廓和形状，而且构成了建筑物的生命和灵魂。它们是外形式和内形式的统一。

这里，就这3个层次通过剖析苏州网师园的濯缨水阁（图7-112）和山西太原晋祠的圣母殿（图7-113）来以点带面，透视园林建筑一般的结构形式。

(1) 台基层

这是建筑的起点，或者说是建筑的基点。

濯缨水阁的台基高高挺立，它一半建构在水面上，其作用除了"避阴湿"外，在功能上还有稳定屋身的作用。中国建筑体系中，"一般来说房屋下部的台基除了结构功能以外，又与柱的侧脚、墙的收分等相配合，增加房屋外观的稳定性"。濯缨水

图7-112 苏州网师园的濯缨水阁

图7-113　山西太原晋祠的圣母殿

阁之所以在外部使人感到稳定，在内部感到安适，离不开台基所产生的稳定感。其台基虽然主要只是几根支撑的石柱体，显得比较空灵，但由于屋身比较轻盈，它与台基的荷载量是相称的。此外，台基在审美上还有其突出、烘托建筑主体的作用。濯缨水阁安闲、轻巧、空灵、优美的艺术形象之所以鲜明突出，离不开明确稳定的台基的衬托。

圣母殿的台基则不然，它砌得极其坚实，因为荷载量大不相同。其屋身和台基之间的区分也十分明显，尤其是四周绕以装饰性极强的石栏，强化了圣母殿雄伟而华贵雍容的艺术气度。圣母殿的台基、台阶、栏板、望柱，也正是一种"间隔化"，它把圣母殿这一主体建筑从晋祠繁多芜杂的建构类型序列中隔离出来，成为一个独立自主、供人集中注意力、重点观赏的审美形象。

(2) 屋身层

屋身层包括墙、柱、门、窗等，这是建筑的主体。

濯缨水阁的屋身，正面外层为木质栏杆，里层主要为挂落飞罩。两侧则是半墙及花窗，因此，外观造型显得精致秀丽，风格疏透空灵，极富装饰效果。室内也显得气息周流，空间敞豁。在功能上很适合于江南温暖湿润的气候。

自然条件对于建筑的影响，可以说是多方面的。由于北方严寒，建筑物的外墙、屋顶均较厚，外观严实敦厚，窗也小而少；江南温暖潮湿，为了流通空气，减低湿度，往往是构筑空透，墙体薄，窗也大而多，外观轻盈疏透。这在园林建筑中表现得更为突出。建筑风格的这一鲜明对比，可作为泰纳"环境"说的一个佐证。至于地处亚热带的岭南园林建筑之所以更为通透开敞，也可用"环境"说来加以解释。

圣母殿的屋身，就不具有濯缨水阁那样三面开敞、轻盈疏透的风格。它四周以严实封闭为主。这固然由于殿内三面列置几十尊雕像，不太适合于四面开窗，但也与北方寒冷的气候环境有关。北京的园林也一样，除亭、阁等类特殊的建筑外，一般的建筑的屋身很少有三、四面皆开窗的造型和轻灵敞豁的风格，墙壁也和屋顶一样，都较厚实。而且即使有较多的窗，也主要为了采光，很少开启，相反，有些建筑物打开了窗就会失去其固有的风格美。春雨江南，秋风蓟北，自然环境的差异是形成屋身风格的重要因素之一，这里，园林建筑的功能和形式美在结构中取得了统一。

再看圣母殿的屋身之美，它较严实而不隔绝，较封闭而又宽敞。殿高19m，面宽7间，进深6间，四面的围廊空间显豁，前廊进深两间，更为宽敞。它还根据力学原理，采取减柱法的建构，殿内外共减去16根柱子，因此，不但是廊下的空间，而且殿内的空间也显得高大宽敞，具有极高的科技价值和审美价值。

(3) 屋顶层

这是建筑的终点，或者说，是建筑的顶点。

先介绍包括园林建筑在内的中国古典建筑中屋顶的基本类型。这些古典顶式类型在建筑系统中的重要性。

园林建筑按其屋顶十分，有坡顶式（人字形顶）与平顶式（一字形顶）两种类型。平顶式在园林中可谓廖如星辰，只有颐和园后山"四大部洲"中某些藏式喇嘛寺建筑等才采用，它们表现出的活宗教的特殊情调。此外，不论是南方还是北方，园林建筑基本上都采用坡顶式。

坡顶式按其里面层次来分，有单檐、重檐之别。重檐就是非楼阁的单层建筑屋顶上有两层檐口，它比起单檐来，显得复杂而华贵，壮观而繁丽，其身价高于单檐。不但由于空间面积广大，而且由于公园风格的需要，因而重檐用得较多。

坡顶再按其结构形式来分，又有硬山、悬山、庑殿、歇山、卷棚、攒尖、盔顶等诸种类型。中国古典建筑顶式系列中，"重要建筑物多用庑殿顶，其次是歇山顶与攒尖顶，极为重要的建筑则用重檐"。这种类型级别，基本上也适用于园林建筑。以下将各种屋顶类型做一简介：

硬山顶 为两坡面屋顶。它只有前后两向，其两侧山墙与屋面齐或略高于屋面，屋顶与屋身在两侧近于统一，表现出规整、齐一、简介、淳朴的风格美。它最接近于民居，也最富于人情味。扬州个园的"透风漏月"厅、承德避暑山庄的文津阁、杭州西湖郭庄的景苏阁，都用硬山顶，表现出或亲切、或素雅、或简朴、或平静的结构形式。

悬山顶 也就是两坡面屋顶形式，与硬山顶基本相同，只是屋面两侧挑出于山墙之外。于是，屋顶与屋身在两侧不再是齐一，而是发展为差异，使得屋顶略大于屋身，并使建筑略见厚重与复杂，增加一定的装饰性，不过它的风格和身份仍接近于硬山顶。它在江南宅院用的不太多，吴江退思园的"闹红一舸"、南京煦园的画舫、北京白云观的妙香亭等，都是悬山顶，表现了不同程度的华饰部分。

庑殿顶 为四坡面屋顶形式，由4个倾斜的屋面和一条正脊（平脊）、4条斜脊（垂脊）组成，屋角和屋檐向上起翘，屋面略呈弯曲，如果铺以琉璃瓦，就更显示出庄重肃穆、灿烂辉煌的艺术风格美，在顶式系列中，其品位最高。它在紫禁城宫殿群中用的较多，如午门城楼、太和殿，都用重檐庑殿顶，显出巍峨壮丽、尊贵显赫的气派。这种屋顶形式不见于江南园林，即使在北方园林中也少见，多用于皇家园林乃至寺观园林。北京北海的"九龙壁"、"堆云"、"积翠"牌坊以及"西天梵境"的"大慈真如宝殿"，均用大小不同的庑殿顶，显得华贵而有气度。

歇山顶 它的屋面又如庑殿顶的四向，但它是由前后向的两个大屋面和左右向的两个小屋面组成，屋脊也不单纯，二是便显出多向化，由一条正脊（平脊）、4条前后向的垂脊、4条斜向的戗脊所组成。另外，它两侧的倾斜屋面上还转折成三角形墙面（"山花"），因此它实际上是两坡顶和四坡顶的混合形式，具有繁复错落、对比鲜明的结构形式美和典雅端庄而又活泼多姿的艺术风格美，是南、北园林中采用得极多的一种坡顶类型。如承德避暑山庄的淡泊敬诚殿、苏州拙政园的远香堂、上海豫园的玉华堂，都采用这种形式。北京天安门也采用重檐歇山顶形式。

卷棚顶 又称"回顶"，由船棚顶移植而来，也是两坡面屋顶形式，但两个坡面相交处呈弧形曲面，没有明显屋脊，其线形表现出柔和秀婉、轻快流畅的艺术风格美。北京颐和园的玉澜堂、北海画舫斋的"观妙"、吴江退思园"闹红一舸"的前舱等就采用这种形式，它们在屋顶上一定程度表现出令人赏心悦目的弧度和起伏有致的动感。

攒尖顶 为锥形屋顶形式，收顶处在雷公柱上端作顶式，成为宝顶、宝瓶等。很多亭、阁、塔的结顶常用攒尖，其形式是丰富多样的，有三面坡、四面坡、六面坡、八面坡、圆形坡等，绍兴兰亭的鹅池亭为三角攒尖，苏州西湖湖心亭为六角攒尖，苏州拙政园笠亭为圆形攒尖……各表现出不同的造型效果。就亭顶来说，一般是坡面越多，品位越高，而圆形坡则品位最次（图7-114，图7-115）。

盔顶 形如古代将士的头盔，一般为四面坡或六面坡，如苏州虎丘的二仙亭。这是一种特殊的形式。

图7-114　艺圃乳鱼亭

图7-115　留园的舒啸亭

图7-116　扬州瘦西湖的五亭桥

以上各种屋顶形式还常常互相结合，构成更为丰富多样的个体结合形式。其中以卷棚、歇山这种个体结合形式最为普遍，表现出柔和秀婉而又不失典雅大方，灵活多变而又不失和谐统一的艺术风格。扬州瘦西湖的五亭桥（图7-116）、承德避暑山庄的水心榭（图7-117）、中南海的湛虚楼、济南大明湖铁公祠的"小沧浪亭"、无锡寄畅园的"知鱼槛"，直至广东东莞可园的邀山阁，以及台北林家花园、澳门卢家花园的小亭等均可窥见它的踪影，几乎可说是无园不有。由此可见各种坡顶结构形式的广受欢迎，它最能显示出建筑物屋顶的种种风姿美。

再回到圣母殿、濯缨水阁的屋顶上来。

圣母殿的屋顶，为重檐歇山顶，其下檐，特别是上檐"角柱升起"很明显，檐柱向角逐渐加高，这就使屋檐横向坡面呈现出向两侧微曲的弧形，再加上坡面的纵向以及两角也略微反曲起翘，整个屋顶显得既严肃又柔婉，既庄重又轻巧。圣母殿双重的屋檐以及正脊上的饰物，增加屋顶的华严身份，

它配合着丽饰的屋身、高耸而短稳的台基，三位一体地构成了既带有飞动之美，又极富壮观之丽的整体结构形式。它以其特殊的个性，典型地体现了中国宫殿建筑"翩翩巍巍、显显翼翼"之美。

濯缨水阁的卷棚歇山顶出檐特别大，飞檐起翘特别高，几乎和中间的卷棚顶达到同样高度。这种屋角起翘的曲度和高度，与圣母殿屋顶大异其趣。这种艺术个性的形成，原因之一是江南文人写意园追求的是翩翩的风度和飘逸的情趣，这种精神意向也似乎物化在翼角飞檐之上。

值得一提的是，上海豫园的卷雨楼、苏州沧浪亭的看山楼、拙政园的香洲均有众多的翼角层见叠出，秀逸高扬，轻灵飞举。人们如果取仰观的视角，以高空为背景，辅之以想象，那么，更似乎可见一斑鸾凤竞相张翼奋举、展翅飞翔的意象，令人神思为之飞跃，这是一种群体的自由腾飞之美！

北方公园建筑的翼角比起濯缨水阁、卷雨楼、看山楼、香洲来，则显出稳重的气度和严肃的风格，它虽然也反曲、伸展、起翘，但仍然归复于平

图7-117 承德避暑山庄的水心榭

直、收缩、端重。即使像颐和园的"画中游"、乾隆花园的符望阁、北海静心斋的枕峦亭、避暑山庄的水心榭等这些颇为自由活泼的建筑个体或组群，处在北京、承德宫苑这样的具体环境中，其翼角也还得保持住基本平直的品格之美，或以其小巧玲珑的吻兽装饰衬托出其厚重敦实的特征。

在江南园林和北方园林翼角的比较中，岭南园林的翼角介乎其中。无论是广东东莞可园的"邀山阁"（图7-118）、可亭，还是广东顺德清晖园的船厅、澄漪亭，其翼角反翘既不及江南的高扬巧秀，又不如北方的稳重沉厚，而是一种简捷轻盈的美，即使如番禺余荫山房的"浣红跨绿"桥亭翼角（图7-119），甚至广东佛山梁园、清晖园（图7-120）、澳门卢园某些建筑的翼角，呈弧钩状反曲，其出檐也不大，水戗起翘也不高。这固然与自然环境（如抗台风）有关，但更与地方传统、外来影响以及园主们的审美趣味有关。

中国古典园林建筑典型地体现了功能、结构、艺术三者的统一，而这一美学特征又离不开台基层、屋身层，特别是包括各类顶式和飞檐翼角在内的屋顶层三位一体的有机结合，还离不开建筑物质材料本身的质感。

就艺术创造的领域来说，任何种类的艺术品的构成，都离不开一定的物质材料。音乐离不开声音，绘画离不开色彩。对于体量庞大、物质性特别强的建筑艺术来说，从整个形体到各部分构件，也都离不开特定的物质材料。这种物质材料（材质）还以其本身固有的感性的美，提高了整个建筑的审美价值。

北方园林建筑的物质材料，往往以其特殊、贵重、罕见为美。如北京颐和园现存的著名建筑宝云阁（图7-121），又称"铜亭"，为重檐歇山顶，其

图7-118 东莞可园的"邀山阁"

图7-119 番禺余荫山房的"浣红跨绿"

图7-120　清晖园亭翼角

全部构件均以生铜铸成，通体呈蟹青古铜色，稳重兼顾，令人不但赞叹其外观轮廓、材料效果的美，而且惊异于其内在结构形式与技艺的崇高。又如承德避暑山庄的淡泊敬诚殿之所以身价极高，不只因为它是全园位居首要的主体建筑，而且在于它面阔七间、进深三间均为楠木结构，系大型的楠木殿。该殿为了突出这种名贵木材的质感，特地不施彩绘，保持原有的纹理和色彩，从而直观地引起人们视觉的美感。这里，感性的物质材料对于建筑物的审美价值起着重要的作用。

采用琉璃的建筑材料是北方园林建筑的重要特征之一，它具有五光十色、瑰丽灿烂的美。至于全琉璃建筑，则更以物质材料的质和量强烈地吸引着人们的感官。在颐和园万寿山巅，闪烁着肃静淡雅之异彩的琉璃牌坊——"众香界"，它仿佛是一支序曲，而琉璃的无梁殿——"智慧海"则是光色繁丽浓艳的琉璃交响乐。可见，材料及其质地的美，有其引人的魅力。

"雕栏玉砌应犹在"（李煜《虞美人》）。汉白玉也是北方宫苑建筑普遍采用的高贵石料，具有柔和细腻、洁白无瑕的美。它用来建构桥、栏、台阶、台基、望柱……显得庄重大方，崇高典雅。汉白玉作为建筑构成部分，既有利于其本身之美在绚丽多彩的景物中凸显出来，又有利于烘托其上绚丽多彩的建筑立面造型。

对于园林建筑来说，高贵的石料固然有其特殊的感性美，而普通石料也能造成特殊的审美风格。如济南大明湖的遐园，其沿湖游廊有一系列石柱，其上特意保留凸凹不平、毫无雕琢的痕迹，这种极普通的生糙美，散发着雄健苍古的气息，别具一番神采。苏州沧浪亭这一建筑的柱、枋等构件，也用极普通的金山石，这足以体现其"荒湾野水气象古"（欧阳修《沧浪亭》）的山野朴厚的趣味，其材料的风格效果极为理想（图7-122）。

岭南园林建筑的物质材料，也往往带有特殊的地方个性，其外墙以及内墙多用青灰砖仄砌，这种冷灰色调在南方烈日下显得阴凉轻柔。再如广东潮阳的西园，物质材料受外来影响更大，常用钢铁、混凝土，因此其铁枝花纹的栏杆、罗马式的柱廊楼房、半地下室的"水晶宫"和江南园林的纯粹传统风格有着明显的性格区别。

值得一提的是成都杜甫草堂，这一纪念性祠堂园林中的"少陵草堂碑亭"、"柴门"，它们的屋顶都和"草堂"的"草"吻合，从而渗透了纪念意义。这里，"草"的审美价值就远远胜于金玉，它是一种负载着凝重历史感的简陋古朴之美。

园林中建筑的感性物质材料，仅仅是建筑结构形式的成分之一。这种感性的物质美，往往是一种形式的美，然而，当它和园林建筑的美善内容相互契合，和建筑的整体形象浑融一体时，也往往会内化为深层次的审美内涵。

7.5.3.3　园林建筑装饰技艺

上文主要从宏观上重点强调了园林建筑结构形

式艺术的美感，下文主要从微观上也就是园林建筑细部装饰性与技艺美的角度谈园林建筑的装饰技艺的美感。

这种美感不论在中国还是在西方，不论是在古代还是在现代，都是客观存在的。从艺术学、风格学、美学的视角来看，都应该说是无可厚非的。装饰性确乎是艺术作品的一种特殊性质，其表现有二：

①从内涵上说，它是由"付出体力"而"被创造"成为美的，但"自然而然"的艺术也是这样被创造出来的。其实，二者的区别是"自然而然"的艺术仿佛是一挥而就，毫不费力地创造出来，而装饰性的美则必须付出大量、长期、繁复、细微的体力劳动，而且还需要充分发挥聪明才智，它是这两种劳动的结晶。装饰性的美更是这种创造的结果，是固定和物化在艺术作品中的繁复惊喜的两种劳动，是精雕细刻的人工技艺的对象化。

②从外形上说，它往往表现为色彩鲜艳、形式繁复、结构细巧、修饰优雅、加工精美……确实是原来美的基础上的必要"补充"。装饰性对于园林、建筑、家居艺术以及作为室内陈设的古玩等，都非常重要。

园林建筑物内、外空间的人工技艺之美，表现之一是依附于建筑的装修。梁思成先生《清式营造则例》指出，外檐装修为建筑物内部与外部之间的分隔物，如门窗等；内檐装修则完全是建筑物内部分为若干部分之间隔物，不是用以避风雨寒暑的，如屏风、罩等。

江南园林建筑内檐装修最富于装饰性和技艺美的，是纱隔和罩。它们不但以其间隔作用使内部空间多层次、有变化，而且其突出的装饰功能使内部空间更有审美情趣。以罩来说，有飞罩、挂落飞罩、落地罩等，其中落地罩最富于审美效果，其内缘有方、圆、八角形等区别，花纹有藤茎、乱纹、雀梅等多种形式，均由人工雕镂成透空的纹样。如苏州狮子林立雪堂的圆光罩，其细秀单层的圆框门和罩上瘦直疏朗的抽象纹样结合得十分和谐，构成简雅清丽的审美风格，而苏州留园"林泉耆硕之馆"的圆光罩，其体型较大，为了不致显得单薄，罩门取内外两层同心圆的形式，其圆框硕壮而罩上饰为纤细密布、卷曲缠绕的藤枝，其间缀以大叶纹样，主要以具象表现出繁富密丽的审美风格。作为

图7-121　颐和园宝云阁

图7-122　江南园林

艺术性的"场",这两个罩各有个性特色,其辐射景效在较大程度决定着这两个厅堂内部的空间性格。

对于园林建筑物的外檐装修,主要强调外檐装修中的门、窗、栏杆、户隔等品种及其图案纹样,既要适合时宜、形式多变,又要雅观大方、令人赏心悦目,特别是拼嵌处不应有丝毫漏缝,而这些都离不开大量精细的人工技艺。

从抽象的视角看,园林建筑的装修主要是一种图案美。计成在《园冶》中,就附有风窗、栏杆等优美的图案数十例之多。这类可以自由变化、不断产生新形式的美,在康德美学里,属于"纯粹美"的范畴。康德曾突出过"纯粹美"和"依存美"这两个著名的范畴,认为"前者是奇偶事物本身固有的美,后者却要以这种概念以及相应的对象的完善为前提"。他还举例说"在建筑和庭院艺术里,就它们是美的艺术来说,本质的东西是图案设计,只有它才不是单纯地满足感官,而是通过它的形式来使人愉快……"。

在现存江南园林建筑中,以这种使人愉快的形式美为特征的外檐装修,品类繁多,如长窗、半窗、地坪窗、风窗、和合支摘窗、砖框花窗、挂落、栏杆、"美人靠"("吴王靠")等。如苏州拙政园东部滨水的芙蓉榭,其内、外檐装修最突出地表现了图案设计的精巧之美。从它的正立面看,可看到装饰美的4个不同层次。最外层,是周围半墙坐栏上以曲线排列为美的"美人靠"。第二层,则隐现在上部檐下,是以"疏广减文"为美的挂落(万川挂落)。第三层,为室内前部的葵式乱纹方形落地罩。第四层,为偏后的纯乱纹落地圆光罩。这两个罩的装饰性花纹,均以细刻密布为美,前者略粗,而后者更乱,更纤细,也更活泼有致。它们在开敞透豁的空间中,其装饰性更为秀丽突出。这一个体建筑的观赏效果极佳,其精致细腻、玲珑剔透、层层掩映、立体交错成纹的人工装饰美,几乎成了这一建筑物的主要性格。

岭南园林建筑的内、外檐装修,既有江南园林的精美灵巧,又有北方园林的华丽繁缛,还带有某种西方风味,如广东顺德清晖园"碧溪草堂"及其回廊,也以装修的层次丰富、形式多样见长,其挂落、屏风、半窗、美人靠、栏杆等,图案纹样几乎无一雷同,色彩也有种种相异,形成复杂的对比,特别是门前木雕竹枝的绿色圆光罩,工艺精致,栩栩如生,而坊间彩色花果雕饰,也体现了岭南园林独具的殊相之美。再如顺德清晖园澄漪亭的窗、栏,番禺余荫山房深柳堂的落地罩,佛山梁园会堂的飞罩,台北林家花园月波水榭的系列半窗……其装饰均以细密繁茂、色彩艳异的岭南风格为其审美特色。

北京园林建筑物外部空间的人工装饰美,也往往暗处多于明处。正像江南园林建筑的挂落隐在檐下暗处并不十分突出一样,北方宫苑建筑的斗拱这一计费工夫的艺术构件,也安排在屋檐之下,其一个个方形坐斗上,层叠装配着一个个方形小斗和一个个拱形的栱,这是一种繁复排叠的美,一种整齐而又错综的美。这种以装饰功能为主、结构功能为辅的构件,其层数的增多,排列的丛密,是和其付出的人工技艺成正比的。

江南园林室外空间装饰的人工技艺之美,除了上述的外檐装修外,还有铺地。如果说藻井彩绘、画栋雕梁美化了园林建筑物内部空间的顶部,那么铺装则美化了园林建筑物外部空间的底部。《园冶》中也列举了许多优美的图式实例,以体现其脱俗求美的园林美学思想。计成的设计构想饶有审美意味,如认为湖石旁用废瓦作"波纹式"铺地,可让山水相推而生变化;梅花旁用碎砖作"冰裂纹"铺地,可反衬出梅花傲霜斗雪的姿质;以芙蕖纹样铺地,足下又会有"步步生莲花"的审美效果……

苏州各园的铺地,都注意到或与周围景观相适应,或与园林风格相协调,从而相互生发,产生增值效果。如沧浪亭图式相间的假山,以苍古深厚见长,其山路就以卵石片横向铺砌,如计成所说"路径盘蹊,长其多般乱石",这就使假山更具质朴古拙的风味。铺地,被古代匠师称为"花街"、"花界";被现代中国人称为"锦绣丹青路";被西方人称为"东方艺术地毯"。它以装饰技艺之精湛,美化着姑苏名园的内涵、形式、风韵和精神……

7.6 园林植物配置艺术

7.6.1 园林植物的类型

园林植物的种类、品种类型繁多，植物形体各异，观赏特性亦有所不同。传统植物学有树木、花卉之分，但按照在园林中使用的侧重有所不同，园林植物可划分为观形类、观茎类、观叶类、观花类、观果类五类。

7.6.1.1 观形类

根据不同的分枝习性和不同年龄，园林植物姿态各异。常见的木本乔灌木的树形有柱形、塔形、圆锥形、伞形、圆球形、半圆形、卵形、倒卵形、匍匐形等，特殊的有垂枝形、曲枝形、拱枝形、棕榈形、芭蕉形等。不同姿态的树种给人以不同的感觉：或高耸入云或波涛起伏，或平和悠然或苍虬飞舞。与不同地形、建筑、溪石相配置，则景色万千。

① 单轴式分枝 顶芽发达，主干明显而粗壮，侧枝从属于主干。主干延续生长大于侧枝生长时，则形成柱形、塔形的树冠，如箭杆杨、新疆杨、钻天杨（图7-123）、台湾桧、意大利丝柏、柱状欧洲紫杉等。侧枝的延长生长与主干的高生长接近时，则形成圆锥形的树冠，如雪松（图7-124）、冷杉、云杉等。

② 假二叉分枝 枝端顶芽自然枯死或被抑制，造成了侧枝的优势，主干不明显，因此形成网状的分枝形式。高生长稍强于侧向的横生长，树冠呈椭圆形，相近时则呈圆形，如丁香、馒头柳（图7-125）、千头椿等。横向生长强于高生长时，则呈扁圆形，如板栗、青皮槭等。

③ 合轴式分枝 枝端无顶芽，由最高位的侧芽代替顶芽作延续的高生长，主干仍较明显，但多弯曲。由于代替主干的侧枝开张角度的不同，较直立的就接近于单轴式的树冠，较开展的就接近于假二叉式的树冠。因此合轴式的树种，树冠形状变化较大，多数呈伞形或不规则树形，如悬铃木、柳、柿树等。

7.6.1.2 观茎类

此类植物的枝干具有重要的观赏特性，可以成为冬园的主要观赏树种。如酒瓶椰子树干如酒瓶，佛肚竹竹节犹如佛肚。白桦、白桉、粉枝柳等枝干发白；红瑞木、青藏悬钩子、紫竹等枝干红紫；竹、梧桐、树龄不大的青杨、河北杨、毛白杨枝干呈绿色或灰绿色；山桃、华中樱、稠李的枝干呈仿铜色；黄色的金竹；干皮斑驳呈杂色的白皮松、悬铃木、木瓜等。除此之外还有光棍树、虎刺梅、仙人掌、仙人球等均属观茎类植物。

7.6.1.3 观叶类

有些植物的叶片奇特，叶色艳丽，成为其主要的观赏部位。巨大的叶片如巴西棕，叶长可达20m以上，其他的如董棕、鱼尾葵、桄榔、高山蒲

图7-123 钻天杨

图7-124 雪 松

图7-125 馒头柳

图7-126 旅人蕉　　　图7-127 苏铁　　　图7-128 珙桐

葵、油棕等都具巨叶。浮在水面巨大的王莲叶犹如一大圆盘，可承载幼童，吸引众多游客。奇特的叶片如山杨、羊蹄甲、鹅掌楸、旅人蕉（图7-126）、含羞草等。彩叶观赏植物更是不计其数，如红枫、紫叶李、红叶桃、红桑、红背竹、紫叶小檗、变叶榕、朱蕉等，秋色彩叶植物银杏、枫香、卫矛、美国山核桃、火炬树、水杉、黄栌、糖槭、茶条槭、落羽松属、乌桕等以及众多的彩叶园艺栽培变种，此外，苏铁（图7-127）、橡皮树、变叶木等均属观叶类植物。

7.6.1.4　观花类

此类园林植物主要的观赏部位为花。花色艳丽，花期较长，茎叶无独特之处。暖温带及亚热带的树种，多集中于春季开花，因此夏、秋、冬季及四季开花的树种极为珍贵，如合欢、栾树、木槿、紫薇、凌霄、美国凌霄、夹竹桃、石榴、栀子、广玉兰、醉鱼草、糯米条、海州常山、红花羊蹄甲、扶桑、蜡梅、梅花、金缕梅、云南山茶、月季等。一些花形奇特的种类很吸引人，如鹤望兰、兜兰、飘带兰、旅人蕉、珙桐（图7-128）等。赏花时更喜闻香，所以如木香、月季、菊花、桂花、梅花、白兰花、含笑、夜合、米兰、九里香、木本夜来香、暴马丁香、茉莉、柑橘类备受欢迎。不同花色组成的绚丽色块、色斑、色带及图案在配置中极为重要。

7.6.1.5　观果类

有些园林植物花型小，颜色单调，茎叶又无独特之处，但果实累累、色泽艳丽，挂果时间长，或极富特殊的观赏价值。奇特的如象耳豆、眼睛豆、佛手、腊肠树、炮弹树、铜钱树等；巨大的果实如木菠萝、柚、番木瓜等。很多果实色泽鲜艳，如女贞、樟树、君迁子、鼠李、水蜡、刺楸、紫珠、葡萄的果实呈黑紫色；苹果、桃、李、杨梅、荔枝、樱桃、花红、石榴、黄连木、枣树、栾树、平枝栒子、小果冬青、南天竹的果实呈红色；白檀、十大功劳的果实蓝色；珠兰、雪里果、红瑞木、玉果南天竹的果实白色；还有金柑、观赏辣椒、冬珊瑚等。

7.6.2　园林植物的美学特征

欣赏园林植物景观的过程是人们视觉、嗅觉、触觉、听觉、味觉五大感官媒介审美感知并产生心理反应与情绪的过程。对植物景观感知首先是眼睛赏其形与色，其次才是"闻其香"、"触其体"。从视觉上对植物的欣赏主要包括以下4个方面：

（1）形体

园林植物千姿百态，不同的植物呈现出不同的形态，每一种姿态的植物都具有独特的性质及特有的设计应用，不同的植物姿态会激发人们不同的心理感受，产生一定的情感特征。

圆柱形、尖塔形、纺锤形等树形有明显垂直的轴线，具有上升的趋势，其挺拔向上的生长势能够引导视线向上延伸，增强了景观的空间垂直感与高度感，有庄严整齐的秩序感或与其他植物外形对比鲜明而成为视线的焦点。

匍匐形、丛生状的植物具有水平方向生长的习性，使构图产生一种外扩感和外延感，能引导视线沿水平方向移动。与平坦的地形、平展的地平线或低矮水平延伸的建筑相协调，与垂直向上的植物混用，对比强烈。

垂枝形的植物具有明显的悬垂下弯的枝条，能将视线引向地面。可欣赏其随风飘动、富有画意的姿态，而且因为下垂枝条向下，构图重心更加稳定。一般将垂枝型植物用于有地势高差的水岸边、花台、挡土墙等地面高处，使下垂的枝条接近人的视平线，或者在草坪上应用，构成视线焦点。

球形、半球形、扁球形、卵球形、伞形等植物在园林中数量较多，在引导视线方面无方向性、倾向性、性格平和、柔顺、稳定，容易统一协调其他树形。这类植物形状完美，装饰性强，常对植于门前、路口或孤植于草坪、桥头（图7-129）。

黄山松长年累月受风吹雨打的锤炼，形成特殊的扯旗形，还有一些在特殊环境中生存多年的老树古树，具有或歪或扭或旋等不规则姿态，这类植物通常用于视线焦点，孤植独赏（图7-130）。

(2) 线条

植物具有主干、枝干，可以看成线条的组合。冬天落叶植物的叶片落尽，植物的表现力很大程度上来自线条（图7-131）。

横线水平伸展，舒缓宁静；竖线具有张力，富于挑战。在天际线中，竖线可成为景观的高潮。直线简洁明快，曲线则富于变化，优雅引人。高大的榆树，强劲的枝干交叉，在冬季里形成如龙一般遒劲的顶棚，成为天空的主宰。有些禾本科植物具有柔软纤细的线条，成片栽植可见长长的叶子随风舞动形成一片轻柔的海洋。

(3) 色彩

自然界的色彩千变万化，植物自身的各种部位均能表现出不同的色彩，而且会随着光照、季节、气候的改变，表现出不一样的色彩效果。艺术心理学家认为视觉最敏感的是色彩，其次才是形体、线条等。因而令人赏心悦目的植物，首先是色彩动人，色彩是园林植物最引人注目的特征。

植物的色彩与园林意境的创造、空间构图及空间艺术表现力等有着密切的关系。植物的色彩被看做情感的象征，因为色彩直接影响着环境空间的气氛和情感。鲜艳的色彩给人以轻快欢乐的气氛，深暗的色彩则给人异常郁闷的气氛。幽深浓密的风景林，使人产生神秘和胆怯感，不敢深入。如配置一株或一丛秋色或春色为黄色的乔木或灌木，如无患子、银杏、黄刺玫、金丝桃等，将其植于林中空地或林缘，可使林中顿时明亮起来，而且在空间感中能起到小中见大的作用。

绿色是园林的基色，作为植物最普遍的颜色，是一种中间色彩，可以将其他颜色联系在一起，起到协调统一各园林要素的作用。红色热烈、喜庆、奔放，为火和血的颜色。黄色最为明亮，象征太阳的光源；蓝色是天空和海洋的颜色，有深远、清

图7-129　圆球形

图7-130　黄山松

图7-131 植物线条

凉、宁静的感觉；紫色具有庄严和高贵的感受；白色悠闲淡雅，为纯洁的象征，有柔和感，可以柔和鲜艳的色彩。

花色是植物色彩中的重要组成，除了各种园林花卉的五彩绚烂外，乔灌木类植物中的红千层、山茶、羊蹄甲、合欢、木棉、毛刺槐、凤凰木、樱花、紫荆、石榴、刺桐、碧桃、榆叶梅、日本绣线菊、海棠类、胡枝子、木槿、麦李、猬实、紫薇、木芙蓉、牡丹等属红色花系；蜡梅、腊肠树、台湾相思、栾树、月桂、迎春、连翘、金丝桃、黄刺玫、黄槐、厚皮香、金花茶、云南黄馨、棣棠、金露梅、鸡蛋花、黄瑞香等属黄色花系；白玉兰、山楂、秋子梨、白花泡桐、文冠果、山荆子、七叶树、流苏树、珙桐、刺槐、白兰、木莲、杜梨、木瓜、广玉兰、暴马丁香、栀子、凤尾兰、溲疏等属白色花系；蓝紫色花系有紫玉兰、楝树、紫花泡桐、蓝花楹、紫荆、无患子、荆条、紫珠等。

(4) 质感

植物的质感是植物材料可见或可触的表面性质，如单株或群体植物直观的粗糙感和光滑感。植物的质感由两方面因素决定：一方面是植物本身的因素，即植物的叶片、小枝、茎干的大小、形状及排列，叶表面粗糙度、叶缘形态、树皮的外形、植物的综合生长习性等；另一方面是外界因素，如植物的被观赏距离、环境中其他材料的质感等因素。一般，叶片较大、枝干疏松而粗壮、叶表面粗糙多毛、叶缘不规整、植物的综合生长习性较疏松者质感也较粗。

质感不同，人们就会有不同的心理感受。如纸质、膜质叶片呈半透明状，常给人以恬静之感；革质的叶片，具有较强的反光能力，由于叶片较厚，颜色较浓暗，有光影闪烁的感觉；粗糙多毛的叶片，多给人以粗野的感觉。

植物的质感具有可变性和相对性。可变性指某些植物的质感会随着季节和观赏距离的远近而表现出不同的质感。植物的质感首先取决于叶子的大小、形状、数量和排列。对于落叶植物而言，在冬季植物的质感取决于茎干、小枝的数量和位置。在不同季节植物色彩发生变化，也会影响质感。如乌桕在夏季呈现轻盈细腻的质感，而在冬季落叶后具有疏松粗糙的质感；樟树早春时呈现嫩绿、嫩红的轻盈柔嫩的质感，而在冬末展新叶前，深绿并红褐色的老叶给人厚重的粗糙质感。

另外，植物的质感随观赏距离而改变。距离近时，单个叶片的大小、形状、外表以及小枝条的排列都影响着质感；而从远距离观赏时，这些细节消失了，枝干的密度和植物的一般生长习性决定着质感。如火炬树，近观时叶片柔软，薄而透明，质感细腻；远观时，由于枝干粗壮稀疏，有粗壮感。

植物质感的相对性是指受相邻植物、建筑物、构筑物等外界因素的影响，植物的质感会发生相对的改变。如万寿菊与质感粗壮的构树种植在一起，具有细质感；与地肤同植，显得粗壮。同样是孔雀草，在大理石墙前比在毛石墙前具有较粗壮的质感。

7.6.3 园林植物的意境

植物作为园林景观一个主要构成要素，在景点构成中不但起着绿化美化的作用，还担负着文化符号的角色，传递着一定的思想和文化内涵。中国古典园林中的植物已远远超出了单纯的花草栽培，而是被园林学家按照美的规律和内涵的吉祥寓意，艺术地加以配置，凝练出具有文化底蕴和审美内涵的宛若自然而又高于自然的园林要素。很多诗词及民俗中留下了赋予植物人格化的优美篇章，从植物景观形态到意境美是欣赏水平的升华，不但含意深邃，而且达到了天人合一的境界。

在中国古代的哲学思想中，人的内在精神和自然规律往往是密切联系的，植物在园林中与人的品格、道德以及情感、情致紧密地联系在一起。如松、竹、梅被称为"岁寒三友"，表示历经磨难仍忠贞不渝的友谊和不畏艰苦环境的坚贞节操。"四君子"梅、兰、竹、菊，旨在以植物来比德、言志。以梅洁，兰清，竹之亮节，菊之傲霜，来表达自己的人格情操。

松树苍劲挺拔，耐旱耐寒，常绿延年，象征着坚毅、高尚、长青和不朽，正义而又神圣，使人望之而肃然起敬。与之比肩的还有柏树，到过孔林的人，一定会被遒劲苍茂、万古长青的柏林所感染，肃然升起敬仰之情。承德避暑山庄以松柏植物作为整个园子的骨干树种，是将松柏植物四季常青的特性，比作皇帝的基业万古常存。松柏在园林中多见用于烈士陵园，纪念革命先烈。此外，松针细长而密，在大风中发出犹如波涛汹涌的声响，故有万壑松风、松涛别院、松风亭等景点。

"疏影横斜水清浅，暗香浮动月黄昏"是梅最雅致的配置方式之一。这两句诗极为传神地描绘了黄昏月光下，山园小池边梅花的神态意象：山园清澈的池水映照出梅枝的疏秀清瘦，黄昏的朦胧月色烘托出梅香的清幽淡远，作者并没有直写梅，而是通过池中梅花淡淡的"疏影"以及月光下梅花清幽的"暗香"，梅枝与梅影相映，朦胧的月色与淡淡的幽香相衬，动与静，视觉与嗅觉，共同营造出一个迷人的意境。"疏影"、"暗香"这两个新颖的意象，鲜明而微妙地表现出梅花的神清骨秀、高洁端庄、幽独娴静的气质风韵。这两句诗极佳地捕捉并传达出梅花之魂，成为历代诗人咏梅诗中最脍炙人口的佳句，成为梅的代名词。梅树虬干瘦影，冰清玉洁，风姿绰约。毛主席有诗词"俏也不争春，只把春来报"；陆游的"零落成泥碾作尘，只有香如故"表示其自尊自爱，高洁清雅的情操。陈毅的"隆冬到来时，百花迹已绝，红梅不屈服，树树立风雪"，象征其坚贞不屈的品格。林逋一辈子流连梅间，痴恋"梅妻"。成片的梅花林具有香雪海的景观。香雪海的梅，一改梅花一向的孤寒，给人以繁茂、兴旺的喜悦。以梅命名的景点极多，有梅花山、梅岭、梅岗、梅坞、雪香云蔚亭等。

古人有楹联："水能性淡为吾友，竹解心虚是我师。"赞扬的就是竹子虚心自持的品格。竹子清丽挺拔，耐霜常青，中空心虚，亮节凌云，被当做脱俗、高尚和有气节的象征。古代文人士大夫往往以竹言志，展示他们淡泊、正直和清高，其中最为著名的是"竹林七贤"。此外，竹子与风、月、雨、露、雪等自然风情一起，生成一种令人神骨俱清的诗画意境，因此，人们"宁可食无肉，不可居无竹"。在园林中常用"竹径通幽"的设计方法（图7-132）。

四君子中的兰被认为最雅，"清香而色不妖"。明代张羽诗曰"能白更兼黄，无人亦自芳，寸心原不大，容得许多香"。清代郑燮诗曰"兰草已成行，山中意味长。坚贞还自抱，何事斗群芳"。陈毅诗曰"幽兰在山谷，本自无人识，不为馨香重，求者遍山隅"。兰被认为绿叶幽茂，柔条独秀，无娇柔之态，无媚俗之意，香最纯正，幽香清远，馥郁袭人。

菊花耐寒霜，晚秋独吐芬芳。陆游诗曰"菊花如端人，独立凌冰霜……高情守幽贞，大节凛介刚"。陶渊明诗曰"芳菊开林耀，青松冠岩列。怀次贞秀姿，卓为霜下杰"。陈毅诗曰"秋菊能傲霜，风霜重重恶，本性能耐寒，风霜奈其何"，赞赏菊花不畏风霜、恶劣环境的君子品格。我国有数千菊花品种，除用于盆栽观赏外，大立菊、悬崖菊、地被菊等应用广泛。

图7-132 竹径通幽

图7-133 曲院风荷一角

关于荷花,宋代周敦颐云:"予独爱莲之出淤泥而不染,濯清涟而不妖,中通外直,不蔓不枝,香远益清,亭亭净植,可远观而不可亵玩……",很好地总结了荷花至洁、至美和至善的人性品格。荷花"有五谷之实,而不有其名;兼百花之长,而各去之短"。荷花在古典园林中与园林水体水乳交融,形成了荷塘月色、残荷听雨、碧盘承露、映日荷花、小荷早春、风荷沁人等诸多园林经典景观,是清雅高洁的花中仙子(图7-133)。

植物的许多特性都被古人赋予了良好的寄托,或表达对美好生活的向往,或表达自己独特的气质。不同的植物,被赋予不同的感情含义。如《朱子语类》中有"国朝殿庭,惟植槐楸",槐与楸都是高贵、文化的象征。枇杷四季常绿,冬花夏实,既可以繁荣寂寞的冬景,又可以丰富初夏的时鲜。特别是绿叶丛中金果悬枝,最惹人爱。苏州拙政园的枇杷园,园内种植数十棵枇杷树,以群植突出枇杷特征,每年五月,成熟果实呈金黄色,汁多肉嫩,清香甜蜜,金黄色果实累累一树,让人不禁联想到南宋戴复古《初夏游张园》诗句:"东园载酒西园醉,摘尽枇杷一树金。"以枇杷象征殷实富足。柿子、柑橘等味美、形好,也是财富的象征。此外,木棉代表英雄;桃花象征幸福、交好运;翠柳依依,表示惜别或报春;桑树和梓树表示家乡;玉兰、海棠、迎春、牡丹、芍药、桂花象征"玉堂春富贵"。凡此种种,不胜枚举。

当代,为了烘托教育环境的特点,颂扬教师兢兢业业、无私奉献的精神,在校园中运用碧桃、紫叶李等作为主要绿化树种,来寓意"桃李满天下"的植物配置运用广泛。再者绿篱修剪以方、圆为主,隐喻"不依规矩,不成方圆",赞扬严谨的教风和学风。同时,植物配置参与到表现特定地区的景观文化特色。如港城大街是河北省秦皇岛市的一条主干道,绿化时植物选择河南桧、小叶黄杨、紫叶小檗带状种植,组成"长城"墙与烽火台,结合地形很形象地勾绘出一幅"长城图",把秦皇岛市作为万里长城的"龙头"特色表现了出来,地域文化特色突出。而大连城市绿地中的模纹图案,多以海波、浪花、海鸥为构图母本,充分展示海滨城市的特点。

7.6.4 园林植物配置方式

7.6.4.1 园林树木

(1)孤植

孤植是指乔木或灌木独立种植的类型,但并不意味着只是一棵树的栽植,亦可以是同一树种两株或三株紧密地种植在一起,或一丛竹子栽植在一起,形成一个单元,以增强其雄伟感,且其远看和单株栽植的效果相同。

孤植树种植的比例虽然很小,但却具有相对重要的作用,是一定范围内的主景。因此,要选择相对开阔的地点,以保证树冠有足够的生长空间,且有较适合的观赏视距和观赏点,让人们有足够的活动场地和恰当的欣赏位置。无论在什么地方,孤植树都不是孤立存在的,它总是和周围各种景物配合，形成一个统一的整体。

孤植树主要表现植物的个体美，尤其以体形和姿态的美为最主要的因素。因此孤植树应该选择体形高大、枝叶茂密、树冠开展、姿态优美的树种，如银杏、槐树、榕树、樟树、悬铃木、柠檬桉、朴树、白桦、无患子、枫杨、柳、青冈栎、七叶树、麻栎等。广西大学校园草坪绿地中，孤植一棵树形特别的国王椰子。还要注意选择观赏价值较高的树种，如雪松、云杉、南洋杉、苏铁等，它们的轮廓端正而清晰；罗汉松、黄山松、柏木等具有优美的姿态；白皮松、白桦等具有光滑可赏的树干；枫香、元宝枫、鸡爪槭、乌桕等具有红叶的变化；凤凰木、樱花、紫薇、梅花、广玉兰、柿树、柑橘等具有缤纷的花色或可爱的果实。

此外，孤植树种应为当地乡土树种中久经考验的种类，生长健壮，寿命长，能够经受重大自然灾害，同时，树木不含毒素，不脱落带污染性的花果。

作为观赏的孤植树常安排在开阔大草坪的构图重心处，此时最好树木的色彩与草地有所差异，用草地作为背景，以突出孤植树在形体、姿态、色彩、芳香等方面的特色（图7-134）。孤植树也可以配置在开阔的湖边、水畔，以明朗的水色作背景，人们可以在树荫下欣赏远景或活动。孤植树还可配置于透景远处的高地，游人可以在树下纳凉远眺，同时也丰富了高地的天际线。孤植树也可种植在自然式园林的局部入口处，引导游人。古典园林中的假山悬崖上、巨石旁边、磴道口处也常常布置吸引游人的孤植树，但孤植树在此多做配景，而且姿态要盘曲苍古，才能与透露生奇的山石相协调。另外，孤植树也是树丛、树群、草地的过渡树种，孤植树下不配置灌木。公园前的广场边缘、院落中等地也可进行孤植树的栽植。

(2) 对植与列植

对植一般是指用两株或两丛乔灌木按照一定的轴线关系作相互均衡配置的种植类型。列植是对植的延伸，指成行成列地栽植树木，其株距与行距相等或不等。

对植主要用于强调公园、建筑、道路、广场等的入口，突出入口的严整气氛，同时结合庇荫、休息，在构图方面作配景或夹景。

对植又可分为对称种植和非对称种植。

对称种植应用在规则式种植构图中，常利用同一种类、同一规格的树木，以主体景物的中轴线作对称布置，两树的连线与轴线垂直并被轴线等分。如在公园门口对植两棵体量相当的树木，可以对园门及其周围的景观起到很好的引导作用；在桥头两旁对植能增强桥梁构图上的稳定感。对植也常用在有纪念意义的建筑物或景点两旁，要选择姿态、体量、色彩与景点的思想主题相吻合的树种，既要发挥其衬托作用，又不能喧宾夺主。

非对称种植多用于自然式园林进出口两侧以及桥头、石级磴道、建筑物门口两旁。利用同一树种，但体型、大小、姿态可以有所差异。与中轴线的垂直距离要大者近、小者远，以取得左右均衡，且彼此之间要有呼应，才能求得动势集中。非对称种植也可以采用株数不相同、树种不相同的树种配置，如左侧是一株大树，右侧为同一树种的两株小树。或两边是相似而不相同的树种或两组树丛，双方既有分隔又有呼应。

列植树木在园林中可作园林景物的背景。通往景点的园路可用列植的方式引导游人的视线，但要注意不能对景点形成压迫感，也不能遮挡游人的视线。在树种的选择上要考虑能对景点起烘托作用的种类，如景点是英雄纪念碑，列植树种应该选择具有庄严肃穆气氛的圆柏、雪松等。

图7-134 以草坪为背景的孤植

图7-135 上海世纪公园道路局部

图7-136 两株丛植

列植应用最多的是公路、铁路及城市街道行道树、水边种植等。道路一般都有中轴线，最适宜采取列植配置，通常为单行或双行，多由一种树木组成，也有两种树种间或栽植。在必要时亦可植多行，株距与行距的大小，视树木的种类和所要遮阴的郁闭程度而定。如上海世纪公园中，在水体旁的主干道就采用了3列悬铃木的列植（图7-135）。

列植常选用的树种有：油松、圆柏、龙柏、罗汉松、银杏、槐树、白蜡、元宝枫、毛白杨、悬铃木、龙爪槐、鸡爪槭、水杉、栾树、柳、广玉兰、合欢、樱花、碧桃、夹竹桃、丁香、红瑞木、西府海棠、木槿等。

(3) 丛植

由两三株至一二十株同种类或相似的树种较紧密地种植在一起，使其林冠线密接而形成一个整体的轮廓线，这样的配置方式称丛植。

树丛的组合主要考虑群体美，也要考虑在统一构图中表现出单株时的个体美。所以选择作为组成树丛的单株植物的条件与孤植树相似，必须挑选在庇荫、树姿、色彩、开花或芳香等方面有特殊价值的植物。

树丛是园林绿地中重点布置的一种种植类型，植株个体之间既有统一的联系，又有各自的变化，分别以主、次、配的地位互相对比、互相衬托，组成既通相又殊相的植物群体。在一定范围的用地中树丛总的数量不宜多，到处三五成丛会显得零乱、烦琐。一般树丛宜布置在大草地上、树林边缘、林中空地或有宽广水面的水滨，水中的主要岛屿、道路转弯处，道路交叉口以及山丘、山坡上等有适宜视距的开朗场地上。

丛植形成的树丛可作主景，也可作配景。作主景时四周要开阔，有较为开阔的观赏空间和通透的视线，栽植点宜高，使树丛主景突出。除作主景外，树丛还可作假山、雕塑、建筑物或其他园林设施的配景，如在中国古典园林中，把假山石、乔木、灌木、多年生花卉结合为一个树丛，或常以白粉墙为背景，富有诗情画意。

①两株丛植　两株树必须在构图上符合多样统一的法则，既有协调又有对比。首先，采用同一树种或外形十分相似的两种树，使两者协调统一；再者两者在姿态、大小上应有差异，可选择一老一少，一向左一向右，一倚一直，一昂首一俯首，使之相互呼应，顾盼有情，给人以情的感染。两株的树丛，其栽植距离应该小于两树冠半径之和，方能成为一个整体（图7-136）。

②三株丛植　三株配合最好采用姿态、大小有差异的同一种树种，或两种不同的树种，忌用3个不同树种。栽植时，三株忌栽植在一直线上或成等边三角形。三株的距离都不要相等，其中最大的和最小的要靠近一些成为一组，中间大小的远离一些成为一组，两组在动势上要呼应，构图才不致分割。若采用两个不同树种，其中大的和中间为的一组，小的为另一组，就可以使两个小组既有变化又有统一（图7-137）。

③ 四株丛植　四株配合仍然采取姿态、大小不同的同树种为好，也可以使用两种不同的树种，但原则上忌乔木、灌木合用。将四株分为两组，成 3：1 的组合，最大株和最小株都不能单独成为一组，其基本平面形式为不等边四边形或不等边三角形两种（图 7-138），忌四株成直线、正方形或等边三角形，或一大三小、三大一小分组，或双双分组。四株配合若应用两种不同树种，可一种为三株，另一种为一株，在整个构图中，忌一个树种偏于一侧。将三株同一树种的呈三株丛植，另外一株放置与三角形的重心处。

④ 五株丛植　五株配合可以是一个树种或两个树种，分成 3：2 或 4：1 两组。五株树的体形、姿态、动势、大小、栽植距离都要不同。在 3：2 组合中，主体必须在三株一组中，其中三株小组的组合原则与三株丛植配置相同，两株小组的组合原则与两株丛植配置相同，两个小组必须各有动势，且两组的动势要取得均衡。3：2 组合的五株丛植在平面布置上，基本可以分为两种方式，一种方式是四株分布为一个不等边四边形，还有一株在四边形中；另一种方式为不等边五边形，五株各占一角（图 7-139）。在 4：1 组合的单株树木，不能是最大和最小的，两小组之间距离不能太远，彼此之间要有所呼应和均衡。

六株以上的树丛配置，株树越多就越复杂，但分析起来，孤植树是一个基本，两株丛植也是基本，三株可由一株和两株组成，四株由一株和三株组成，五株又由一株和四株，或三株和两株丛植组成。因此《芥子园画谱》中有"五株既熟，则千株万株可以类推，交搭巧妙，在此转关"之说。

(4) 群植

由二三十株至数百株的乔灌木成群配置称为群植。树群主要表现树木的群体美，并不把每株树木的全部个体美表现出来，所以树群挑选树种不像树丛挑选那样严格。树群在园林造景方面的作用与树丛类似，是构图上的主景之一，因此树群应该布置在有足够距离的开朗场地上，如靠近林缘的大草坪上，宽广的林中空地，水中的岛屿上，有宽广水面

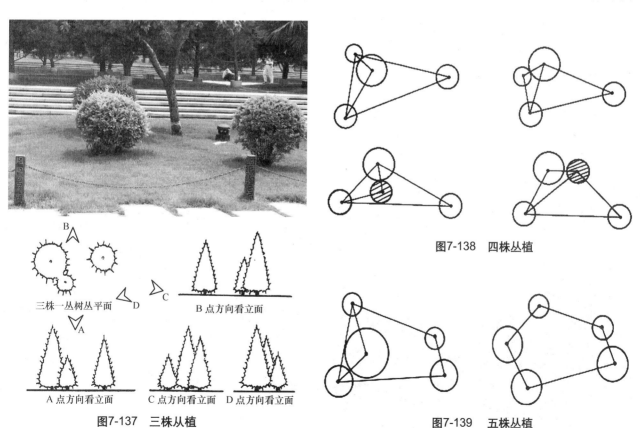

图7-137　三株丛植

图7-138　四株丛植

图7-139　五株丛植

的水滨及小山坡上、土丘上，如苏州博物馆后院水体旁群植的竹子（图7-140）。

树群可分为单纯树群和混交树群两类。单纯树群由一种树木组成，观赏效果相对稳定，可以应用树阴宿根花卉作为地被植物。混交树群可分为5层（大乔木、小乔木、大灌木、小灌木、地被植物）或3层（乔木、灌木、草本），树群内部的树木组合必须符合生态要求，充分发挥植物有机体之间的相互作用。在外貌上，要注意四季的季相美观。从观赏角度讲，高大的常绿乔木应居中央作为背景，花果艳丽的小乔木在其外缘，叶色及花色华丽的大小灌木在更外缘，避免互相遮掩，任何方向的断面，林冠线应该是有所起伏错落，有丰富的曲折变化，树木的栽植距离要有疏有密，切忌成行、成排，外围配置的灌木、花卉都要成丛分布，交叉错综，有断有续。树群的栽植地标高要高于外围的草地、道路或广场，并向四面倾斜，以利排水。树群内通常不允许游人进入，没有园路穿过。

树群株树较多，占地较大，在园林中也可作背景。树群不但有形成景观的艺术效果，还可以改善环境。在群植时注意树木种类间的生态习性关系，才能保持较长时期的相对稳定性。

(5) 林植

凡成片、成块大量栽植乔灌木，构成林地和森林景观的称为林植，也叫树林。林植是大量树木的总称，它不仅数量多、面积大，而且具有一定密度和群落外貌，对周围环境有着明显的影响，包括园林中的防护林和风景林。在园林中，林植是一种最基本、最大量的种植类型，在树种选择和个体搭配方面的艺术要求不是很高，着重反映树木的群体形象，可以供人们在里面活动（图7-141）。

园林中以造景为主的风景林按其使用功能和疏密度可分为疏林和密林两大类，一般都和草地结合在一起，也可以和广场结合。与草地结合的树林主要是供人活动的，但游人密度不宜过大，在少数情况下限制人的活动；与广场结合的树林可供大量游人活动。

疏林一般是指郁闭度为0.4～0.6的树林，常与草地结合，称疏林草地，林内允许人们活动，多采用单纯的乔木种植，在功能上方便游人进行各种活动，在景观上突出表现单纯简洁和壮阔的风景效果。如南宁南湖公园中的槟榔林（图7-142），林下结合广场提供给游人一处怡人的活动场所。疏林草地是园林中应用最多的一种形式，也是风景区中吸引游人的地方，不论是鸟语花香的春天，浓荫蔽日的夏天，或是晴空万里的秋天，游人总是喜欢在林间草地上进行休息、游戏、看书、摄影、野餐和赏景等活动，即使在白雪皑皑的严冬，疏林草地内仍然别具韵味。所以疏林应选用树冠高大，呈伞状展开又具有独特观赏价值和庇荫效果的树种，树木的叶面较小，树苗疏朗，生长健壮，花和叶的色彩丰富，树干美观，树枝线条曲折。常绿树与落叶树搭配较为合适。树木种植要三五成群，疏密相间，有断有续，错落有致。

郁闭度在0.7～1.0的单纯或混交树林，称为密林。密林的林地区，不允许游人入内，游人只能在林地内的园路与广场上活动，道路占林区的5%～10%。密林可分为单纯密林和混交密林两类。

单纯密林是由一个树种组成，没有垂直郁闭景观和丰富的季相变化，为了弥补这一缺点，单纯

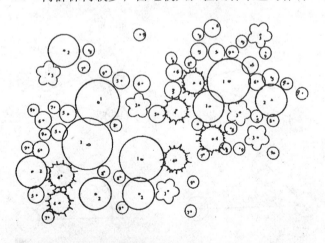

图7-140　苏州博物馆一角群植平面及实景

图7-141　林　植

图7-142　南湖公园槟榔林

密林的种植，株行距要有自然疏密的变化，可采用异龄树木，利用起伏变化的地形，造成林冠线的变化，树林外缘处还可配置同一树种的树群、树丛和孤植树，增强林缘线的曲折变化。单纯密林下，应该配置花色艳丽的耐阴或半耐阴多年生草本花卉及低矮、开花繁茂的耐阴灌木。

混交密林是一个郁闭的，具有多层结构的植物群落，即大乔木、小乔木、大灌木、小灌木、草本植物，各自根据其生态要求和彼此相互依存的条件，形成不同的层次，季相变化比较丰富。为了使游人深入林地，密林内部可以有自然园路通过，但沿路两旁垂直郁闭度不可太大，为了引人入胜，常在道路两侧配置开花华丽的自然式灌木林带或自然式花带，使主干道成为优美的林荫花径。

(6) 绿篱

绿篱，也称树篱、植篱、生篱，是由乔灌木密植构成的不透风、不透光的篱垣。绿篱根据其高度可分为矮篱（50 cm以下）、中篱（60～120 cm）、高篱（120～160cm）和树篱（160cm以上）；按其形式分为规则式绿篱和自然式绿篱；依其观赏特性和功能分为常绿篱、落叶篱、彩叶篱、花篱、观果篱、刺篱、蔓篱、编篱等。

绿篱可用来分隔空间和组织空间。规则式园林常常应用较高的绿篱来屏障视线，或分隔不同功能的园林空间；在自然式园林中的局部，可以用绿篱包围起来呈规则式，使两种不同风格的园林布局的强烈对比得到缓和，对于面积有限而需要安排多种活动的用地，可以用绿篱隔离屏障视线、隔绝噪声，减少相互的干扰。在洛阳市国花园中，绿篱与道路相结合（图7-143），将不同品种的牡丹分割成不同的区域。

图7-143　绿　篱

绿篱常作为花坛、花境、雕塑、喷泉及装饰小品的背景。在西方古典园林中，常用欧洲紫杉及月桂等常绿树，修剪成为各种形式的绿篱作为喷泉和雕塑的背景，其高度要与喷泉及雕塑的高度相称，色彩以选用暗绿色树种为宜。绿篱也可以组织夹景、强调主题，起到屏俗收佳的作用，可以作为建筑物和构筑物的基础种植。绿篱也可作为规则式园林的区划线和构成各种图案纹样。

规则式整形绿篱一般选用生长缓慢、分枝点低、结构紧密、不需要大量修剪或耐修剪的常绿灌木和乔木，如黄杨类、侧柏、女贞类、桃叶珊瑚、欧洲紫杉、海桐、小蜡等。自然式不整形绿篱可选用体积大、枝叶浓密、分枝点低、开花繁丽的灌木，如木槿、枸骨、黄刺玫、珍珠梅、溲疏、扶桑、小檗、太平花、玫瑰等。

7.6.4.2 园林花卉

(1) 花坛

花坛是按照设计意图在一定形体范围内栽植不同色彩的观赏植物，配置成各种图案的种植类型，是展现群体美的设施，具有较高的装饰性和观赏价值。

根据对植物的观赏要求不同，花坛可分为盛花花坛、模纹花坛、立体花坛、草皮花坛等；根据季节分为春季花坛、夏季花坛、秋季花坛、冬季花坛、永久性花坛等；按花坛的规划类型分为独立花坛、花坛群、带状花坛、活动组合花坛等。

①盛花花坛　又称花丛花坛。常用开花繁茂、色彩华丽、花期一致、花期较长的植物。花坛花色要求明快，搭配协调，主要表现花卉群体色彩美。在城市公园中，大型建筑前广场上，人流较多的热闹场所应用较多，常设在视线较集中的重点地块。盛花花坛主要欣赏草花盛花期华丽鲜艳的色彩，观赏价值高，但观赏期短，需要经常更换草花，以延长花坛的观赏期。

②模纹花坛　又称镶嵌花坛、图案式花坛。它以应用不同色彩的观叶植物、花叶并美的观赏植物为主，配置成各种美丽的图案纹样，幽雅、文静，有较高的观赏价值。

在花坛中常用观叶植物组成各种精美的装饰图案，表面修剪成整齐的平面或曲面，形成毛毯一样的图案画面，称为毛毡模纹花坛。在平整的花坛表面修剪具有凹凸浮雕花纹，凸的纹样通常由常绿小灌木修剪而成，凹陷的平面常用草本观叶植物。

花坛中的观叶植物也有修剪成文字、肖像、动物等形象，使其具有明确的主题思想，常用在城市街道、广场的缓坡之处（图7-144）。

用作模纹花坛的材料应选择生长矮小、生长缓慢、枝叶繁茂、耐修剪的植物，常见的有五色苋、血苋、彩叶草、四季海棠等。

③立体花坛　这是向立面发展的模纹花坛，它是以木、竹结构或钢筋为骨架的各种造型，在其表面种植五色苋而成为一种立体装饰物，是植物与造型艺术的结合，形同雕塑，在各大城市应用很多，大部分是以瓶饰、花篮等形式出现，也有日晷、狮子、老虎、大象、孔雀等动物造型（图7-145）。在

图7-144　模纹花坛

图7-145　立体花坛

2011西安世界园艺博览会中出现了小朋友们喜闻乐见的喜羊羊造型的立体花坛。在开封，用悬崖菊、大立菊等菊花做成蛟龙造型的立体花坛，观赏效果很好。

④独立花坛　大多作为局部构图中心，一般布置在轴线的交点、道路交叉口或大型建筑前的广场上。独立花坛的面积不宜过大，且长轴与短轴之比一般以小于2.5为宜。若太大，须与雕塑、喷泉或树丛等结合起来布置，才能取得良好的效果。

⑤花坛群　由许多花坛组成一个不可分割的构图整体称为花坛群。在花坛群的中心部位可以设置水池、喷泉、纪念碑、雕像等。常用在大型建筑前的广场上或大型规则式园林的中央（图7-146）。

⑥带状花坛　花坛的外形为狭长形，长度是宽度的3倍以上，可以布置在道路两侧、广场周围或作大草坪的镶边。可以把带状花坛分成若干段落，做有节奏的简单重复。

⑦活动组合花坛　也称盆花花坛，是由盆花组合在一起的花坛，该花坛不需要专门的植床，组合容易，不受地点限制，比较灵活方便。可以布置在园林出入口内外广场上、厅内、路边、草坪上等，现在应用较多。需要先将观叶或观花植物栽植在花盆等容器内，再用盆花组合成不同形式的花坛。花卉的栽植容器应经久耐用、造型美观、移动轻便，近年来一些废弃物被再利用成为新一代的栽植容器，如汽车轮胎等。

花坛或花坛群的面积与广场面积之比，一般在1/15～1/3。华丽的花坛面积可以比简洁花坛的面积小一些，在行人集散量很大或交通量很大的广场上，花坛面积可以更小一些。

为了避免游人踩踏、防止车辆驶入和泥土流失污染道路或广场，进行花坛装饰的同时，花坛边缘常设置边缘石或矮栏杆，一般边缘石高度为10～15cm，不超过30cm，兼作坐凳的，可至50cm。边缘石一般使用砖、条石、假山石、混凝土石等。矮栏杆可用竹制、木制、铁铸、钢筋混凝土制等。也有不用边缘石或矮栏杆的，仅在花坛边缘铺一圈装饰性草皮或"装缘植物"，如小叶黄杨、富贵草、书带草、扫帚草等。

图7-146　花坛群

对于四面观赏的圆形花坛，花坛的高度一般要求中间高，渐向四周低矮。要达到这种要求有两种方法，一种是堆土法，按需要用土堆积成中间高四周低的土基，然后将相同高度的草花按设计要求种在土基上；另一种方法是选择不同高度的花卉进行布置，高的在中间，低矮的在四周。若是两面观赏，可布置成中间高，渐向两侧低矮；若仅供单面观赏，则高的栽在后面，低矮的栽在前面。

(2) 花台和花池

凡是种植花卉的种植槽，高者为台，低者为池。

花台是以欣赏植物的体形、花色、芳香以及花台造型等综合美为主的。花台的形式各种各样，有几何体，也有自然体。花台在中国式庭园或古典园林中应用颇多，如同花坛一样可作主景或配景。现代公园、花园、工厂、机关、学校、医院等庭院中也常见，在大型广场、道路交叉口，建筑物入口的台阶两旁及花架走廊之侧也多有应用。花台还与假山、坐凳、墙基相结合作为大门旁、窗前、墙基、角隅的装饰，但在花台下面必须设有盲沟以利排水（图7-147）。

还有用木、竹、瓷、塑料制造的、专供花灌

木或草本花卉栽植使用的称为花箱的活动花台。随着屋顶花园的盛行，可移动的花池陆续发展到天台屋顶上。

（3）花境

花境是介于规则式和自然式构图之间的一种长形花带。其平面轮廓与带状花坛相似，种植床的两边是平行的直线或曲线（图7-148）。

花境内植物配置是自然式的，主要表现观赏植物本身所特有的自然美以及观赏植物自然组合的群落美。花境内以种植多年生宿根花卉和开花灌木为主，应时令要求，也可辅以一二年生花卉。

花境设于区界边缘，常用单面观赏，故常以常绿乔灌木或高篱作为背景，前不掩后，各种花卉以其色彩互相参差配置。木本植物中可选择常绿的，也可选择观叶的和观果的植物，方不萧条。双面观赏花境植物配置中间高而向两边逐渐降低，这种花境多设置在道路、广场和草地的中央，花境的两侧游人都可以靠近去欣赏。

不同于草坪周围的带状花坛，花境的宽窄和线条自由灵活，既柔化了规则式草坪的直角，又增加了草坪的曲线美和色彩美。花境若设置在草坪边缘，如同给草坪镶上花边；花境若设在建筑物或构筑物的边缘，可与基础栽植结合，以绿篱或花灌木作为背景，前面栽植多年生花卉，边缘铺草坪，效果良好。

花境一般设置在游人经过的地方，力求做到经常有花可赏。因此花卉选择上要注意使用不同花期、不同花色、不同株高的植物种类。

在灌木花境常用的植物中，紫荆、木槿、白绢梅、流苏树、柽柳、荚蒾、珍珠梅、石榴、丁香、海棠等植株较高；胡枝子、栒子、丝兰、醉鱼草、锦带花、连翘、榆叶梅等高度中等；绣线菊、棣棠、紫珠、牡丹、月季、八仙花、金丝桃、小檗等较低矮。

宿根花境（含球根花卉）常用的植物中，蜀葵、高飞燕草、羽扇豆、蒲苇、大丽花、美人蕉、芙蓉葵、宿根向日葵、宿根福禄考等较高；毛叶金光菊、德国鸢尾、萱草、风铃草、芍药、火炬花、一枝黄花、漏斗菜等高度中等；宿根亚麻、银莲花、景天类、高山罂粟、玉簪、高山竹、荷兰菊等较低矮。

一二年生花境常用的植物中，波斯菊、毛地黄、月见草、裂叶花葵、毛蕊花、花烟草、扫帚草、秋葵等较高；一串红、蛇目菊、石竹、虞美人、紫茉莉、矮牵牛、花菱草、福禄考、飞燕草等高度中等。

（4）花丛、花群和花地

花丛在园林中应用广泛，可布置在大树脚下、岩旁、溪边、自然式草坪中和悬崖上。

由十几株至几百株的花卉种植在一起，形成一个群，布置在林缘、自然式草坪内或边缘、水边或山坡上，称花群（图7-149）。

花地所占面积远远超过花群，所形成的景观十分壮丽，在园林中常布置在坡地上、林缘或林中空地以及疏林草地内（图7-150）。

7.6.5　园林植物布局

7.6.5.1　园林植物布局的原则

（1）生态原则

在进行植物配置时，要切实做到因地制宜，适地适树。

植物是活的有机体，与它所生活的空间或环境紧密相连。气候因子（光照、温度、水分、雷电、风、雨、霜雪等）、土壤因子（成土母质、土壤结构、土壤理化性质等）、生物因子（动物、植

图7-147　花　台

图7-148 花境　　　　　　　图7-149 花群　　　　　　　图7-150 花地

物、微生物等)、地形因子(地形类型、坡度、坡向、海拔等)综合构成了生态环境,其中光照、温度、空气、水分、土壤对植物生长发育有着直接的影响,是植物生存不可或缺的必要条件。不同环境中生长着不同的植物种类,不同的植物适应不同的气候和土壤条件。植物对气候和环境的要求形成了植物的地理特色,使各地园林具有了各自的地方特色。因此,植物景观设计首先应遵循生态学原则,即满足植物与环境在生态适应性上的统一。如果所选择的植物种类不能与种植地点的环境和生态相适应,就不能存活或生长不良,达不到造景的要求。

(2) 美学原则

①统一的原则　也称多样统一原则。在设计植物景观时,树形、色彩、线条、质地等都要有一定的差异和变化,以显示其多样性,但又要使它们之间保持一定的相似性,以体现统一感,要做到既生动活泼又和谐统一。变化太多,整体就显得杂乱,甚至一些局部会感到支离破碎,失去美感,过于繁杂的色彩会使人心烦意乱、无所适从。但如果片面讲求统一,缺少变化,又会单调、呆板。

松属植物都具松针、球果,但黑松针叶质地粗硬、浓绿;华山松针叶质地细柔、淡绿;油松、黑松树皮褐色粗糙;华山松树皮灰绿细腻;白皮松干皮白色、斑驳,富有变化;美人松树皮棕红若美人皮肤。柏科植物都具鳞叶、刺叶或钻叶,但台湾桧、塔柏、蜀桧、铅笔柏外形尖峭;花柏、凤尾柏呈圆锥形;球桧、千头柏呈球形、倒卵形;匍地柏、砂地柏、鹿角桧则低矮而匍匐,呈现出不同种的姿态万千。

②调和的原则　即对比与调和的原则。存在近似性和一致性,配置在一起才能产生协调感;相反,用差异和变化可产生对比的效果,具有强烈的刺激感,形成兴奋、热烈和奔放的感受。

在植物景观设计中常用对比的手法来突出主题或引人注目。色彩上的对比,能够呈现跳跃、新鲜的效果,使用得当,可以突出主题,烘托气氛。如英国谢菲尔德公园,路旁草地深处一株红枫,其色彩把游人吸引过去欣赏,改变了游人的路线,成为主题。

植物景观设计时要注意相互联系与配合,当植物与建筑物配置时要注意体量、重量等比例的协调。如庞大的立交桥附近的植物景观宜采用大片色彩鲜艳的花灌木或花卉组成大色块,方能与之在气魄上相协调。小比例的岩石园中的植物配置则要选用矮小植物或低矮的园艺变种。

③均衡的原则　将体量、质地各异的植物种类按均衡的原则进行配置,景观就显得稳定。如色彩浓重、体量庞大、数量繁多、质地粗厚、枝叶茂密的植物种类,给人以重的感觉;而色彩素淡、体量小巧、数量简少、质地细柔、枝叶疏朗的植物种类,则给人以轻盈的感觉。

根据周围环境,在配置时有规则式均衡(对称式)和自然式均衡(不对称式)两种方式。规则式均衡常用于规则式建筑及庄严的陵园或雄伟的皇家园林中,如门前两旁配置对称的两株桂花;楼前配置左右对称的南洋杉、龙爪槐等;陵墓前、主路两侧配置对称的松或柏等。自然式均衡常用于花园、公园、植物园、风景区等较自然的环境中,一条蜿蜒曲折的园路两旁,路右若种植一棵高大的雪松,则邻近的左侧须种植以数量较多、单株体量较小、成丛的花灌木,以求均衡。

④韵律的原则　配置中有规律的变化,就会

产生韵律感。路边连续较长的带状花坛，如果毫无变化就会使人感到十分单调，但如果将其连续不断的形象打破，形成大小花坛交替出现的情况，就会使人的视觉产生富于变化的节奏韵律感。成功的实例如杭州白堤上间棵桃树间棵柳，云栖竹径两旁参天的毛竹林，相隔50m或100m就配置一棵高大的枫香，沿道路行走就能够体会到韵律化的变化而不会感到单调。

7.6.5.2 园林植物与园林其他要素的配置
(1) 园林植物与建筑物的配置

园林中的"景"多以植物命题，以建筑为标志，如"曲院风荷"、"闻木樨香轩"、"雪香云蔚亭"、"梧竹幽居"等。"柳浪闻莺"是杭州西湖十景之一，在这个景点里，种植大量柳树，以体现"柳浪"，但主景则是以"柳浪闻莺"的碑亭和闻莺馆主题建筑为标志的，碑亭和闻莺馆旁的植物配置，将"柳浪闻莺"这一主题突出，使得建筑与植物在这里取得了相得益彰的效果。

建筑物或构筑物的线条一般比较硬直，或者其造型、尺度、色彩等方面固定不变，缺乏活力，或者可能与周围园林环境不够相称，而植物的枝干多弯曲，线条较柔和、活泼；加之植物的叶色、花色丰富，往往能够调和建筑物的各种色彩。因此，园林植物与建筑物协调造景，可使园林建筑的主题更突出，能够协调建筑物与周围环境，能够丰富建筑物的艺术构图，赋予建筑物以时间和空间的季相感，或完善建筑物的功能，如导游、隐蔽、隔离等。

在选择建筑周围的植物时，须考虑建筑物的形体、大小、性质、色彩、朝向等。在北京的皇家古典园林里，为了反映帝王的至高无上、尊严无比，加之宫殿建筑体量庞大、色彩浓重、布局严整，选择了侧柏、圆柏、油松、白皮松等树体高大、四季常青、苍劲延年的树种作为基调。而苏州的私家园林，建筑物一般色彩淡雅——黑灰的瓦顶、白粉墙、栗色的梁柱和栏杆。在建筑分隔的空间中布置园林，因园林面积不大，故在植物配置上讲求以小见大，通过"咫尺山林"再现大自然景色，植物配置充满诗情画意。在景点命题上体现植物与建筑的巧妙结合，如"海棠春坞"小庭院，一丛翠竹，数块湖石，以沿阶草镶边，使一处角隅充满了画意。

纪念性园林中的建筑庄严、稳重，配置的植物常用松、柏来象征革命先烈高风亮节的品格和永垂不朽的精神，同时也表达了人民对先烈的怀念和敬仰。用作景点的园林建筑，如亭、廊等，其周围应选形体柔软、轻巧的树种，点缀旁边或为其提供荫蔽；对大型标志性建筑物，用草坪、地被、花坛等来烘托和修饰；对小卖部、厕所等功能性建筑，尽量用高于人视线的绿墙、树丛等进行部分或全部遮掩；雕塑、园林小品需用植物作背景时，其色彩应与植物的色彩对比度较大，如青铜色的雕塑宜用浅绿色作背景；活动设施的附近，首先应考虑用大乔木遮阴，其次是安全性，枝干上无刺，无过敏性花果，不污染衣物及用树丛、绿篱进行分割。

建筑物的方位不同，其生境条件有很大差异，在植物的选择上也应有所不同。建筑物南面一般为建筑物的主要观赏面和主要出入口，阳光充足。多选用基础种植形式及观赏价值较高的花灌木、观叶木等，或需要在小气候条件下越冬的外来树种。建筑物的北面荫蔽，其范围随纬度、太阳高度而变化，以漫射光为主；夏日午后、傍晚各有少量直射光。首先应选择耐阴、耐寒的树种；不设出入口的可用树群或多层次群落，以遮挡冬季的北风；设有出入口的则可选圆球形花灌木。

建筑物东面一般上午有直射光，适合于一般树木，可选用需侧方庇荫的树种，如红枫、槭类、牡丹，也可用树林（如居住区内）。与东面相反，建筑物西面上午前为庇荫地，下午形成西晒，尤以夏季为甚。一般选用喜光、耐燥热、不怕日灼的树木，如用大乔木作庭荫树或树林，墙面在条件许可下用爬墙虎。建筑物屋顶因条件特殊，土层较薄、阳光充足、风大、浇水受限，宜选喜光、耐干旱贫瘠、耐寒、浅根系但根系发达的灌木或地被植物。室内受光线不足，空气流通性差、灰尘多等条件限制，宜多选用耐阴、管理粗放的盆栽、盆景植物，以观叶为主，可观花、观果的种类。有天井的种植池内可选喜阴的植物，如天南星科、蕨类、竹芋科的植物。

建筑物的大门入口处可通过前景树的掩、映和后景树的露、藏，把远处的山、水、路衔接起来，构成框景；建筑物的角隅处棱角过于明显时，宜种植花灌木，如芭蕉、南天竹、蜡梅、竹子等，加上堆砌一些山石，辅以沿阶草、葱兰、韭兰等草本植物。

(2) 园林植物与山石的配置

"风景以山石为骨架，以水为血脉，以草木为毛发，以烟云为神采。故山得水而活，得草木而华，得烟云而秀媚。""山有四时之色，春山淡冶而如笑，夏山苍翠而如滴，秋山明净而如妆，冬山惨淡而如睡。"山的四时之景实为植物的四季色相。山因为有了植物才秀美，才有四季不同的景色，山体被植物赋予了生命和活力。

人工山体为突出山体高度及造型，山脊线附近应植以高大的乔木，山坡、山沟、山麓则选择较为低矮的植物。山顶种植大片花木或色叶树种，可以有好的远视效果，如松、柏、杨、臭椿、栾树等。山坡植物配置应强调山体的整体性及成片效果，可配以色叶树、花木林、常绿林、常绿落叶混交林，景观以春季山花烂漫、夏季郁郁葱葱、秋季漫山红叶、冬季苍绿雄浑为佳。山谷地形曲折幽深，环境阴湿，应选耐阴树种，如配置成松云峡、梨花峪、樱桃沟等。

中国古典园林中以石为材质堆砌的假山非常普遍，一般体量较大，但多半以赏石为主，配置植物很少。以扬州的个园为例，用不同材质来体现春、夏、秋、冬四季假山，与之相对应的植物亦有不同。春山，用湖石芽叠花坛，花坛内植散生竹，竹间置剑石（形状似竹笋）；夏山，湖石配水，挖古松（其姿与湖石的瘦、透相协调）；秋山，黄石，配以松、柏、玉兰（常绿树的厚重与其石的稳重相协调）；冬山，宣石，后植一株广玉兰（其花白色与宣石配）。

现代园林中出现较多的是置石与植物的配置。在入口、拐角、路边、亭旁、窗前、花台等处，置石一块，配上姿、形与之匹配的植物即是一副优美的画（图 7-151）。能与置石协调的植物种类有：南天竹、凤尾竹、箬竹、松、芭蕉、十大功劳、扶芳藤、金丝桃、鸢尾、沿阶草、菖蒲、兰花等。

(3) 园林植物与水体的配置

水给人以明净、清澈、近人、开怀的感受，古人称水为园林中的"血液"和"灵魂"。古今中外的园林，对于水体的运用都非常重视。在各种风格的园林中，水体均有不可替代的作用。平静的水常给人以安静、轻松、柔和的感觉；流动的水会令人兴奋和激动；瀑布气势恢宏，让人振奋和欢欣；喷泉多姿多彩，还能增加周围空气的湿度，减少尘埃，增进人的身心健康。

园林中各类水体，无论其在园林中是主景、配景或小景，无一不借助植物来丰富水体的景观，水中、水旁园林植物的姿态、色彩、所形成的倒影，均加强了水体的美感，有的绚丽夺目，有的则幽静含蓄、色调柔和。植物的配置赋予了水体周围不同的氛围（图 7-152）。

水体有动静、大小、深浅之分，植物配置时应根据不同水体类型有所差别。湖是园林中常见的水体景观，一般湖面辽阔，视野宽广，如杭州西湖、武汉东湖、颐和园昆明湖等。水边种植多以群植为主，注重群落林冠线的丰富和色彩的搭配。池用在较小的园林中，为了获得"以小见大"的效果，植物配置常突出个体姿态或色彩，多以孤植为主，营

图7-151 圆明园一角

图7-152 倒影增强水体美感

造宁静的气氛。

溪流旁多植以密林或树群,流水在林中若隐若现,为了与水的动态相呼应,可形成落花景观,将蔷薇科李属、梨属、苹果属等植物配于溪旁。林下溪边配置喜阴湿的植物,蕨类、虎耳草、冷水花、千屈菜、天南星科植物等。

喷泉、叠水多置于规则式园林中,配置以花坛、草坪、花台或圆球形灌木。园林中的河流多是经过人工改造的自然河流。对于水位变化不大的河流,两边植以高大的植物群落形成丰富的林冠线和季相变化;以防汛为主的河流,宜配以固土护坡能力强的地被植物为主,如禾本科、莎草科植物。

堤、岛是划分水面空间的重要手段,堤、岛上的植物配置不仅增添了水面空间的层次,而且能够丰富水面空间的色彩,倒影成为主要的景观。堤在园林中虽不多见,但杭州的苏堤、白堤,北京颐和园的西堤,广州流花湖公园都有长短不同的堤。苏堤、白堤除了桃红、柳绿、碧草的景色之外,各桥头配植不同植物。长度较长的苏堤上每隔一段距离换一些种类,打破了单调和沉闷。北京颐和园西堤以杨、柳为主,玉带桥以浓郁的树林为背景,更衬出自身洁白。在洛阳市隋唐植物园造景中也有类似处理(图7-153)。

(4)园林植物与园路的配置

园路是园林的脉络,是联系各景区、景点的纽带,起到交通、导游、造景的作用。园路的宽窄、线路乃至高低都是根据园景中地形及各景区相互联系的需要来设计的。一般园路的曲线采用自然流畅的曲线,两旁的植物配置和小品也要自然多变,不拘一格(图7-154)。

图7-153 洛阳市隋唐植物园玉带桥植物配置

图7-154 园路与园林植物配置

图7-155 北京世界公园一角

图7-156 洛阳市隋唐植物园道路植物配置

笔直平坦的主路两旁常采用规则式配置。最好采用观花乔木，并以花灌木作下木，丰富园内色彩。主路前方有建筑作主景时，两旁可密植植物，使道路成为一个甬道，突出建筑主景。曲折多变的园路旁，植物以自然配置为宜。沿路的植物景观在视线上应有疏有密，有高有低，有草坪、花地、树丛、灌木丛、孤植树，水面、山坡、建筑小品等不断变化。游人可漫步经过草坪，也可在林下小憩或穿行在花丛中赏花。路边若有景可赏，无论远近，在植物配置时应留有透视线（图7-155）。

次路是园内各区的主要道路。小路则是供游人漫步、休息的。次路和小路两旁的植物应用可根据具体情况灵活多样。有的只需在路的一旁种植乔灌木，就可遮阴、赏花；有的利用具有拱形枝条的大灌木或小乔木，植于路边，形成拱道，游人穿梭其中，富有情趣（图7-156），在洛阳市隋唐植物园中，选用悬铃木进行整形后来形成拱道。有的成复层混交群落，给人以幽深之感。某些地段可以利用植物进行造景，如作成山桃路、樱花道等。杭州的云栖、西泠印社等地都有竹径，尤其穿行在云栖的竹径，能够深深体会到"夹径萧萧竹万枝，云深幽壑媚幽姿"的幽深感。

参考文献

曹林娣．2009．中国园林艺术概论[M]．北京：中国建筑工业出版社．

章采烈．2004．中国园林艺术通论[M]．上海：上海科学技术出版社．

曹林娣．2005．中国园林文化[M]．北京：中国建筑工业出版社．

陈从周．2007．说园[M]．上海：同济大学出版社．

陈植．1988．园冶注释[M]．北京：中国建筑工业出版社．

周为．2005．相地合宜构园得体——古典园林的选址与立意[J]．中国园林．

彭光富．2007．初级假山工[M]．重庆：重庆出版集团．

金学智．2005．中国园林美学[M]．2版．北京：中国建筑工业出版社．

叶振起，许大为．2000．园林设计[M]．哈尔滨：东北林业大学出版社．

罗言云．2010．园林艺术概论[M]．北京：化学工业出版社．

余树勋．2006．园林美与园林艺术[M]．北京：中国建筑工业出版社．

过元炯．1996．园林艺术[M]．北京：中国农业出版社．

汤晓敏，王云．2009．景观艺术学[M]．上海：上海交通大学出版社．

朱迎迎，李静．2008．园林美学[M]．北京：中国林业出版社．

夏惠．园林艺术．2007[M]．北京：建筑工业出版社．

诺曼 K 布思．1983．风景园林设计要素[M]．曹礼昆，曹德鲲，译．北京：中国林业出版社．

张家骥，张凡．2011．建筑艺术哲学[M]．上海：上海科学技术出版社．

钟喜林，谢芳．2009．园林建筑[M]．北京：中国电力出版社．

金学智．2005．中国园林美学[M]．2版．北京：中国建筑工业出版社．

姜虹，张丹，任君华．2010．风景园林建筑结构与构造．北京：化学工业出版社．

章采烈．2004．中国园林艺术通论[M]．上海：上海科学技术出版社．

方晓风．2009．中国园林艺术：历史·技艺·名园赏析[M]．北京：中国青年出版社．

安怀起．2006．中国园林艺术[M]．上海：同济大学出版社．

陈有民．2011．园林树木学[M]．2版．北京：中国林业出版社．

北京林业大学园林系花卉教研室．1990．花卉学[M]．北京：中国农业出版社．

尹吉光．2007．图解园林植物造景[M]．北京：机械工业出版社．

陈英瑾，赵仲贵．2006．西方现代景观栽植设计[M]．北京：中国建筑工业出版社．

第8章 风景园林艺术鉴赏

8.1 审美心理与审美趣味

从历史的发展以及人类社会活动中可见,美在自然界中是客观而普遍存在的,而且,人类有着能够发现美、感知美、体验美和创造美的能力。在多种美好的事物和现象诱发之下,结合视觉、听觉甚至嗅觉、味觉、触觉的体验,人们会产生多种积极的心理活动及反应,如愉悦、欣喜、爱慕、向往、惬意等,从而获得精神上的高层次享受。在这一过程中产生的心理反应即可称为美感,这一过程就是审美的过程。

(1) 感觉与知觉

在审美这一活动过程中,审美者的心理活动由感性阶段发展到了理性阶段,即感觉到知觉的过渡。其中的感性阶段也就是前文中提及的发现美的初期阶段,加以一系列思想的能动反应,产生了完整的美的形象,形成知觉。

(2) 想象与联想

美是客观存在的,主要在乎于审美者对其的捕捉。感受到事物之美的过程只是短暂的一瞬间,但这一瞬间里,大脑却经历了一个复杂的过程。这一过程以视觉、听觉、嗅觉、味觉以及触觉为感知基础,但更重要的,是这一短暂期间大脑产生的联想与想象。这是人类特有的一种思维活动。在初步捕捉到美之后,通过大脑的帮助,对此类形象和旧的记忆表象进行联结、综合、改造,从而获得新的审美感受。

(3) 情感

不同的人群对于同一审美客体的心理感受会产生差异。这种差异主要是一种态度体验,即情感。情感可以表现为强烈的冲动、激情和平静、淡漠的心境。对于同一审美客体,有的人群会得到满足、愉悦之感;而有的人群则对美视而不见,或见面无感、感而不知、知而不美。

(4) 理解

前文提及对于同一审美客体,"不同的人群对于同一审美客体的心理感受会产生差异"。其中不同的人群体现在时代、阶级、民族、地域、经历、素养、教育层次及心境的差异。而审美过程中的理解心理状态常常是"心领神会"、"只可意会,不可言传",没有丰富经验及知识的储备,就难以完成想象与联想的过程,更谈不上对于审美客体的理解。

例如,中国古典园林讲求"虽由人作,宛自天成",而西方园林讲求"人定胜天",处处体现人工痕迹;中国皇家园林崇尚金碧辉煌,色彩艳丽;江南私家园林讲求自然朴素,淡泊真实。

8.2 鉴赏过程

(1) 园林欣赏与园林鉴赏

园林欣赏,是对园林艺术作品的观赏,从而产生愉悦的心理感受。欣赏的目的只是主观感受的追求,往往重在对美好一面的捕捉,甚至是"只可意会,不可言传"的一种主观心理意识活动。而园林鉴赏,则是对园林艺术作品的鉴别、欣赏、评价,乃至再创造的过程。这是一个感受—认知—理解—评价的复杂的思维活动过程。欣赏，是鉴赏的一部分，是鉴赏的前期过程。

(2) 园林创作与欣赏、鉴赏的关系

园林艺术，是精神产品的艺术形式之一，对它的鉴赏，是一种观赏、领略和理解园林美景从而进行评价的审美活动过程。园林艺术的生产（园林创作、造园）和消费（园林艺术欣赏与鉴赏）虽然各自处于不同的层面，分别具有独立性与封闭性，却又在园林作品的生产和运作中构成了相互依存的关系。因为有园林设计、造园的活动，鉴赏者才有鉴赏的外在对象；假如根本没有园林创作，当然也就没有园林可供鉴赏。反之，鉴赏则是创作的内在对象，创作的目的就是为了满足欣赏的需要；假如不存在园林欣赏与鉴赏的活动，园林艺术作品就得不到社会承认，以至于园林创作作为一种社会性的创造活动也就失去了存在的意义。

园林创作与鉴赏的相互依存关系，还表现在园林艺术作品社会价值的肯定与社会效果的显现上。任何艺术品对于作者本人来说，可能是不受时间空间影响的永久实体；但对于社会和历史来说，它究竟具有什么价值，能起什么作用，却不由创作者单方面决定，而要有欣赏者与鉴赏者的有力参与。因为欣赏活动并不仅仅是对创作的被动接受，而是欣赏一方在创作的诱导下，发挥积极的能动作用。对园林的鉴赏过程，是人们对园林艺术作品形象进行感受、理解和评判的思维活动和过程。人们在鉴赏中的思维活动和感情活动一般都从艺术形象的具体感受出发，经历由感性阶段到理性阶段的认识飞跃，既受到艺术作品的形象、内容的制约，又根据自己的思想感情、生活经验、艺术观点和艺术兴趣对形象加以补充和丰富。不同时期、不同民族、不同阶段、不同文化层次的人，由于思想感情、生活习惯、经历及艺术修养、艺术感受能力的不同，对作品的感受和理解千差万别。

(3) 鉴赏的特点及重要性

鉴赏能力是人们对艺术作品的鉴别、欣赏以及评判的能力。鉴赏能力是知觉能力、想象能力、领悟能力、回味能力等能力的综合体，在鉴赏过程中具有特别重要的作用，需要在实际的案例鉴赏过程中培养。

在多种心理因素的综合作用下，鉴赏者经历接受、理解、把握艺术作品，并从中得到思想上的启迪和艺术上的享受。鉴赏活动的对象是具有美的属性的艺术作品，并伴随着复杂的情感运动，实际上是人类审美活动的一种高级、特殊的形式。其特点表现在以下6个方面的统一：①感性认识（情）与理性认识（理）相统一；②教育与娱乐相统一；③享受与判断相统一；④制约性与能动性相统一；⑤共同性与差异性相统一；⑥审美经验与"再创造"相统一。在鉴赏过程中，鉴赏应该主动、积极地调动自己的思想认识、生活经验、艺术修养，通过联想、想象和理解，补充和丰富艺术形象，从而对艺术形象和艺术作品进行"再创造"，对形象和作品的意义进行"再评价"。鉴赏过程的精髓主要体现在"再创造"和"再评价"两个环节之上，如果没有这两个环节，鉴赏便失去了意义，即变成了单纯的欣赏。鉴赏的过程是由浅入深的，大致上经历感官的审美愉悦、情感的审美体验，到最终理性的审美超越这3个层次。鉴赏是艺术批评的基础，也是作品发挥社会功用的必然途径，它能满足鉴赏者的审美需要，提高其审美能力，培养其品德，提高其思想，陶冶其情操。此外，鉴赏还能开发人们的智力，增加智慧，拓宽认识，为将来的园林创造事业奠定深厚的根基。

8.3 鉴赏方式

8.3.1 视点、视距、视角

在园林景观的游览中生理感知最敏感、最主要的是视觉观赏。影响观赏效果的因素是视点、视距和视角。视点是指观赏者所在位置，它可以位于景物四周的地平面上，也可以高于或低于景物的四周位置。视距是观赏者与景物之间的距离。视角是观赏者的视线与景物在水平面上的夹角和竖向的垂直夹角，如仰角、俯角。

人的视力各有不同。正常人的视力，明视距离为25cm。要看清景物轮廓，视距为250～270m。如果视距大于500m，看到的景物只有模糊的形象。人的眼球视网膜黄斑处的视觉最为敏感。视场在7°～9°以内的景物可以入黄斑。映入人眼的景物距黄斑愈远，识别力愈低，在60°视场的影像边缘，视网膜的鉴别率只有黄斑处的0.02倍。黄斑中央微微凹入，称作黄斑中央凹，以此为中心作为视线，所形成的60°视光锥称为视域。视域超过60°时所见景物便模糊不清。

8.3.2 平视、俯视、仰视

游人在游览中随着视点的上下变化而产生平视、俯视、仰视的观赏形式，会产生不同的心理感受，这样就增强了园林空间变化效果和景观的感染力。

(1) 平视观赏

平视观赏是人的视线与地平线平行而视，人的头部不必上仰或下俯，可以舒展地、平静地远望，不易疲劳。用于平视观赏的景观须位于游人视点相等的或高差较小的地面上，并有相当的视距。杭州西湖多恬静感，是与有较多的平视观赏分不开的。在扬州平山堂上展望江南诸山，能获得"远山来此与堂平"的感觉，故名"平山堂"。平视的景物与游人视点愈远，景物的透视的消失感愈弱，色彩也愈淡。正所谓"树远平林淡"，"远山无脚，远树无根，远舟无身"（图8-1）。

人们为了达到更宽远的平视效果，常用提高视点的方法。正如唐代诗人王之涣的《登鹳雀楼》所云："白日依山尽，黄河入海流。欲穷千里目，更上一层楼。"千里之遥消失在地平线后，说明是远视。如果从楼上向下看便是俯视了。

(2) 俯视观赏

景物处于视点的下方，须低头观看，也就是人的60度视锥向下移，中视线与地面相交。俯视的景物有较强的消失感，景物愈低显得愈小。居高俯视有征服者的自尊感，居高临下也有自危的险境感，似乎只有脚踏在下面的平地上才最安全。唐代诗人杜甫的《望岳》诗中"会当凌绝顶，一览众山小"的描述，气魄凛然。由于俯视的视野开阔，视域之内风景尽收眼底，可以获得心理上的满足，所以登高往往是游览中的高潮部分，也是组织景观序列、左右游人情绪的手段。中国绘画多运用俯视的散点透视绘成山河壮美的长卷，宋代的《清明上河图》所表现的汴梁市井，层次、序列有如空中观赏。所以，园林的规划设计的整体效果图也运用鸟瞰图来表现（图8-2）。

(3) 仰视观赏

当景物位于视点上方，视点距离景物又较近，要看到景物或看全景物的整体，就要将中视线上移，头部上仰。这时垂直于地面的线和面开始有透视的消失感。仰视的景物会有高大、雄伟、威严的气势产生，使观赏者产生崇拜、自卑的心理。自古庙观的佛像和皇帝的宝座都高于人的视线以上，须仰视才能看到，目的是提高崇高、威严的气势。北京故宫的太和殿，三层汉白玉台基高出地面8m，殿内皇帝的宝座又高于室内地面2m。园林中堆山、山上建亭和楼阁都是要仰视观看的景物。北京颐和园的佛香阁，建在万寿山的山肩上，体量高大，色彩艳丽，是偌大建筑群中的主体建筑。如果从建筑群中轴线上的排云门、排云殿向上攀登，步步高耸，前进中的3层院落逐渐缩短视距，观看佛香阁的仰角也在行进中不

图8-1 平视观赏

图8-2 俯视观赏

图8-3 仰视观赏

断提高。在德辉殿后面抬头仰视佛香阁的仰角为62°，只能望见露出的飞檐翘角，以蓝天为背景，大有高耸入云之势。在电影和摄影艺术中也常用仰视的特写镜头强调主题（图8-3）。

8.3.3 静态观赏与动态观赏

游人观赏景物分静态观赏和动态观赏两种形式。固定视点位置观赏景物称静态观赏，不论向一个方向观赏，还是向左右几个方向观赏；也不论被观赏的景色是静态还是动态的，都属于静态观赏。游人在一个景点驻足后再走向另一个景点，这时所看到的景色都随着视点的移动变化着，即所谓的"步移景异"。这种变化时时处处都在变，景观空间变化越大，动态感越强。宋代画家郭熙在"林泉高致"论山水画中说"山水有可行者，有可望者，有可游者，有可居者"，虽然讲的是山水画的构图，也说明在山水景观的环境中应有可行的道路，可望又引人驻足的静态风景画面，可游的水面和船只，还应有可以长时间停留的建筑。若从静与动的观赏角度分析，"可望"和"可居"属于静态观赏，"可行"与"可游"属于动态观赏。因此，在园林规划设计中应注意静态观赏的位置与观赏景观的画面组织。如园林中的亭、榭、楼、台、茶室等都是静态观赏的最佳视点位置，甚至水边的座椅、山顶的磐石也是观望点。动态观赏可分为步行、乘船、乘车、乘索道等几种手段。一般在中、小型园林中以步行为主，乘船多结合游乐。面积广大的风景名胜区，采取的形式较多。如杭州西湖的三潭印月、湖心亭、阮公墩三岛都以水路游览为主，上岛后改为步行。

又如"由桂林至阳朔，分乘船、乘车、步行三种手段，乘船游览漓江风光，远比乘车效果好。"凡需乘车游览的景观沿线都应考虑车速与观赏的矛盾，因为乘车观赏时景物瞬间而过，景物还有相对稳定的画面。车行的近处，不及看清已经驶过，较之"走马观花"还要粗略。所以，沿途景物的设置须与路边有适当距离，景物不可繁杂，应富于整体感，重点突出。由于对景物的观赏存在着先远后近，先整体后局部，先特殊的重点后普通陪衬，所以，对景区、景点的布局要注意动静观赏形式和游览路线的组织。

在静态观赏和动态观赏中往往涉及静态空间与动态空间和静态风景与动态风景的概念问题，因为它们彼此之间有许多共性，但又都有自己的个性，故须说明。

园有静观、动观之分。何谓静观，就是园中游者多驻足的观赏点；动观就是要有较长的游览线。二者说来，小园应以静观为主，动观为辅。庭院专主静观。大园则以动观为主，静观为辅。前者如苏州"网师园"，后者则苏州"拙政园"差可似之。人们进入网师园，宜坐宜留之建筑较多，绕池一周，有槛前细数游鱼，有亭中待月迎风，而轩外花影移墙，峰峦当窗，宛然如画，静中生趣。至于拙政园径缘池转，廊引人随，与"日午画船桥下过，衣香人影太匆匆"的瘦西湖相仿，妙在移步换影，这是动观。立意在先，文循意出。

静之物，动亦存焉。坐对石峰，透漏具备，而皴法之明快，线条之飞俊，虽静犹动。水面似静，涟漪自动。画面似静，动态自现。静之物若无生意，即无动态。故动观静观，实造园产生效果之最关键处，明乎此则景观之理初解矣。

8.3.4 视景空间的基本类型

(1) 开敞空间与开朗风景

人的视平线高于四周景物时，所处的空间是开敞空间。空间的开敞程度与视点和景物之间的距离成正比；与视平线高出景物的高差成正比。

在开敞空间中所呈现的风景是开朗风景。在开敞空间中，视线可以平视很远，视觉不易疲劳。开朗风景可使人心胸开朗、舒畅奔放。"孤帆远影碧空尽，唯见长江天际流"、"林梢一抹青如画，应是淮流转处山"，都是开朗风景的写照（图8-4）。

(2) 闭合空间与闭锁风景

人的视线被四周屏障遮挡的空间叫闭合空间。空间闭合给人视觉的感觉强度与人和景物之间的距离成反比。即人距景物愈近，闭合强度感愈强。而且景物超过人的视平线愈高，闭合的强度感也愈强。闭合空间所呈现的风景叫闭锁风景。闭锁风景的近感力强，四面景物清晰可见，有琳琅满目之感。但近距离观赏容易使视觉疲劳，产生闭塞感。园林的闭锁风景多选用在小型庭院、林中空地、过渡空间、回旋的山谷、曲径或进入开朗风景之前，以达到空间的开合对比（图8-5）。

闭合空间的大小和周围景物高度的比例，决定它的闭合强度，也直接关系到风景的艺术价值。如在颐和园的昆明湖边看西山，其仰角为4°，山与湖之比，较杭州西湖好；置身谐趣园中，四周被建筑和树木环抱，由饮绿亭向外观望，仰角为5°～13°。这个闭合空间内的横向距离约为80m，纵向距离最短约为30m。这种闭合空间的尺度关系，令人产生美感。一般地说，在闭合空间中，风景视线的仰角小于6°时，景观空间便有空旷感；仰角在13°左右时，景物便有亲近感，观赏艺术价值较高；仰角大于18°时，则空间便感闭塞，人开始感到压抑。不论是闭合性强的空间，还是闭合性弱的空间，每种空间形式都有自己的景观效果，在园林的整体构图中，它们都是局部。

(3) 空间序列

园林风景的展现，从进园到出园，静态观赏是

图8-4　开敞空间

图8-5　闭合空间

相对的、暂时的，动态观赏是绝对的。因此，园林风景在园内道路网的诱导串联下，成为动态的连续构图，称为景观的动态序列。

众多景点和景区构成园林整体，不仅每个景点和景区在景观构图上要体现形式美的构图规律，达到统一变化，在园林的整体布局上也要达到统一变化。首先是空间的展示，如前所述，园林空间有开敞、闭合、过渡、疏透等不同类型，如何根据不同景区、景点的使用功能、动静态观赏特点、主次关系、表现形式进行空间组织，使空间有大有小、有明有暗、有开有合、有隐有露，达到有分割有联系、有节奏有段落的统一多样的动态序列空间链条。

空间序列的展示又与园林形式有密切关系。规则式园林空间对称严谨，以轴线引导，空间变化宜少，节奏较慢，形成严肃庄重的气氛。自然式园林的园林空间变化可大，节奏快慢结合，空间形态多样。故空间常不是单一存在，而是多种空间的复合，空间可串联、并联或散点式组合。

空间的展示还与风景线、导游线有密切关系。风景线表现景观的隐与露的布置，一般小园多隐，大园多显；小景宜隐，大景宜显；导游线可使人寻到风景线，以风景线展示空间景观效果。

此外，景观的序列变化还表现在园林植物的季相变化中。由于气候的周期性变化，园林植物的外貌也随之改变，自然园林景观也随之变化。因此，园林植物的季相交替构图是影响景观空间动态序列的重要因素。

景观动态的连续构图，在风景展示序列中通常分为"起景"、"高潮"、"结束"3个基本阶段，其中高潮为主景，起景和结束为衬托高潮的配景。也可以将高潮和结束合为一体，成为两段式。现列式如下：

三段式：序景→起景→发展→转折→高潮→转折→收缩→结果→尾景。

二段式：序景→起景→转折→高潮→尾景。

必须说明的是，园林风景序列不像音乐、戏剧艺术那样单纯明确，在园林的空间构图上只是理论上的认识。在实际园林设计中应因地制宜地去体现这种模式，不可强行套搬。

8.4 实例分析

8.4.1 中国古典风景园林

8.4.1.1 留园

苏州是中国著名的历史文化名城，素来以山水秀丽、园林典雅而闻名天下，有"人间天堂，园林之城"的美誉。苏州古典园林"不出城郭而获山水之怡，身居闹市而有灵泉之致"，浓缩了东方造园

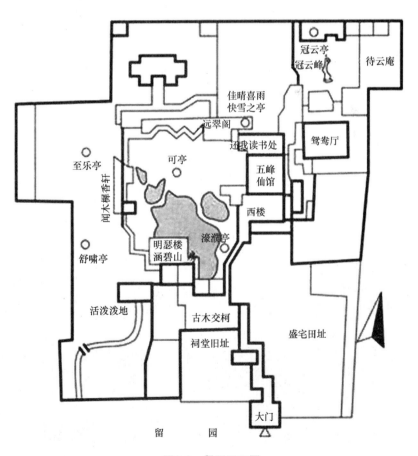

图8-6　留园平面图

艺术的精华，是世界文化艺术的瑰宝。苏州古典园林留园是中国四大名园之一，位于苏州阊门外，占地约50亩，以建筑布置精巧、奇石众多而知名。冠云峰、楠木殿、鱼化石是留园三绝。留园始建于明代，几易其主，屡废屡建，曾先后取名"东园"、"寒碧山庄"和"刘园"，最后谐"刘"字音，取名"留园"，寓意"长留天地间"。

现在的留园大致分为中部、东部、北部、西部4个部分。中部原为"寒碧山庄"，是全园的精华。中部布局以山水为主，环以亭台楼阁，贯以奇石古木，明洁清幽。中部的主厅为涵碧山房，往东是明瑟楼，往南是绿荫轩。远翠阁位于中部东北角，闻木樨香处在中部西北隅。另外还有可亭、小蓬莱、濠濮亭、曲溪楼、清风池馆等处。东部以建筑见长，西面的五峰仙馆是留园最大的一座建筑，因梁柱为楠木，也称楠木厅。馆内桌椅、壁上字画、案头陈设无一不古朴优雅。东面的林泉耆硕之馆也设计精妙，陈设富丽堂皇。一面屏风，将馆分为前后二部，前面雕梁画栋美妙绝伦，后面则毫无雕刻，所以又称为鸳鸯厅。北面的冠云峰高约9 m，玲珑剔透，有"江南园林峰石之冠"的美誉。西部以中间的假山为主，高低有致，枫林满山，富有山林野趣（图8-6）。

留园的设计巧夺天工。全园集住宅、祠堂、家庵、园林于一身，综合了江南造园艺术的多种优点，合理运用大小、曲直、明暗、高低、收放等对比手法，形成一组组布局紧凑、层次鲜明、错落有致、色彩丰富的独立景观。赏留园首看建筑。留园的建筑在苏州园林中，不但数量多，分布也较为密集，其布局之合理，空间处理之巧妙，皆为诸园所莫及。层层相属的建筑群组，变化无穷的建筑空间，藏露互引，疏密有致，虚实相间，旷奥自如，令人叹为观止。每一个建筑物在其景区都有着自己鲜明的个性，从全局来看，没有丝毫零乱之感，给人一个连续、整体的概念。留园整体讲究亭台轩榭的布局，讲究假山池沼的配合，讲究花草树木的映衬，讲究近景远景的层次。使游览者无论站在哪个点上，眼前总是一幅完美的图画（图8-7）。

景区之间以墙相隔，以廊贯通，又以空窗、漏窗、洞门使两边景色相互渗透，隔而不绝。一进大门，留园的建筑艺术处理就不同凡响：狭窄的入口内，两道高墙之间是长达50余米的曲折过道，造园家充分运用了空间大小、方向、明暗的变化，将这条单调的通道处理得意趣无穷。过道尽头是迷离掩映的漏窗、洞门，中部景区的湖光山色若隐若现（图8-7）。绕过门窗，眼前景色才一览无余，达到了欲扬先抑的艺术效果。留园内的通道，通过环环相扣的空间造成层层加深的气氛，游人看到的是回廊复折、小院深深、接连不断错落变化的建筑组合。园内精美宏丽的厅堂，则与安静闲适的书斋、丰富多样的庭院、幽僻小巧的天井、高高下下的亭台楼阁、迤逦相属的风亭月榭巧妙地组成有韵律的整体，使园内每个部分、每个角落无不受到建筑美的光辉辐射。

"此园只应天上有，他处难得几回见。"风风雨雨四百多年，留园历经沧桑，几度废兴，是当之无愧的世界文化遗产。

图8-7　留园一角

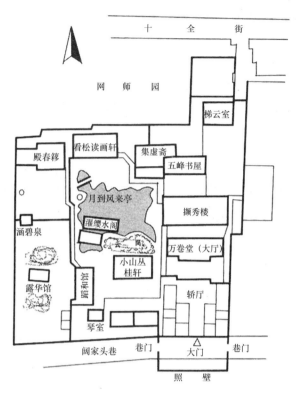

图8-8 网师园平面图

图8-9 网师园一角

8.4.1.2 网师园

网师园由南宋文人史正志建造，位于苏州古城东南阔街头巷。几经沧桑变更，至清乾隆年间，定名为"网师园"。"网师"即渔翁，寓隐居江湖之意。乾隆末年园归瞿远村，按原规模修复并增建亭宇，俗称"瞿园"。今"网师园"规模、景物建筑是瞿园遗物，保持着旧时世家一组完整的住宅群及中型古典山水园。

网师园全园占地8亩有余，是我国江南中小型古典园林的代表作。网师园布局精巧，结构紧凑，以建筑精巧和空间尺度比例协调而著称。网师园总体布局分为东宅、西园（图8-8）。是一座典型的江南住宅园林。全园布局外形整齐均衡，内部又因景划区，境界各异。园中部山水景物区，突出以水为中心的主题。水面聚而不分，池西北石板曲桥，低矮贴水，东南引静桥微微拱露。环池一周叠筑黄石假山高下参差，曲折多变，使池面有水广波延和源头不尽之意。园内建筑以造型秀丽、精致小巧见长，尤其是池周的亭阁，有小、低、透的特点，内部家具装饰也精美多致。

(1) 曲径通幽，豁然开朗

设计者在住宅区与庭园之间巧妙地插进一条又小、又窄、又暗、又封闭的过渡性空间，从而利用空间的大小对比获得小中见大的效果。每当人们游于其内，深感曲折、狭长，视野被极度压缩，甚至有沉闷、压抑的感觉，进入园内随着视野的突然开放，产生一种意想不到的兴奋情绪，使主要景区有一种豁然开朗的感觉（图8-9）。

(2) 高低错落，蜿蜒曲折

网师园的东立面可以分成3个层次：以水榭、连廊所形成的中景层次，以住宅侧墙所形成的背景层次，以临空的山石、小山丛桂轩所形成的近景层次，三者既和谐相处，又起伏变化，就像多声部乐曲，形成了多层次的韵律节奏感。网师园的韵律节奏感还借助于游廊的蜿蜒曲折（图8-10）。

图8-10　网师园游廊

(3) 内外渗透，巧于因借

网师园连接小山丛桂轩折廊两侧的空间相互渗透，自水榭透过折廊看小山丛桂轩前院的景物洁净朴实，宁静幽雅。而自前院透过折廊看水榭则含蓄悠远，有不可穷尽之效。再由射鸭廊看折廊，和由折廊看射鸭廊，又风景各异，这种空间渗透手法，给庭园增添了盎然情趣，还能产生引人入胜的艺术魅力，令人回味无穷。

(4) 虽由人作，宛自天开

在较小的庭院内堆山叠石，是江南园林常见的手法。网师园梯云室北部庭院，贴近北部院墙的地方点缀着两三块玲珑剔透的湖石，自梯云室透过隔扇看去，宛如一幅图画镶于精美的图框中。网师园西部景区南侧院墙的处理也是如此，优美的湖石借粉墙的衬托极富情趣。此外以山石作为水池的驳岸，形成犬牙交错自然曲折的形式，也是古典园林的基本特点之一。

8.4.1.3　拙政园

拙政园是中国古典园林的杰出代表，亦是江南私家园林的艺术典范，以其悠久的人文历史、丰富的文化内涵、高度的造园成就、疏朗自然的风格、典雅秀丽的景色而著称于世。它是中国四大名园之一，且历史最悠久。

随着历史的变迁，拙政园至清末形成东、西、中三园。拙政园的布局疏密自然，景色平淡天真、疏朗自然。拙政园的一大特色就是以水为主，水面广阔。它的造园运动都是围绕水展开的，池水贯穿了拙政园的始末。楼阁轩榭建在池的周围，其间有漏窗、回廊相连，园内的山石、古木、绿竹、花卉，构成了一幅幽远宁静的画面，代表了明代园林建筑风格。拙政园形成的湖、池、涧等不同的景区，把风景诗、山水画的意境和自然环境的实境再现于园中，富有诗情画意。森森池水以闲适、旷远、雅逸和平静氛围见长，曲岸湾头，来去无尽的流水蜿蜒曲折、深谷藏幽而引人入胜；以平桥小径为其脉络，长廊透迤填虚空，岛屿山石映其左右，使貌若松散的园林建筑各具神韵。整个园林建筑仿佛浮于水面，加上木映花承，在不同境界中产生不同的艺术情趣，如春日繁花丽日，夏日蕉廊，秋日红蓼芦塘，冬日梅影雪月，无不四时宜人，创造出处处有情、面面生诗、含蓄曲折、余味无尽的景

图8-11　拙政园水景

色，不愧为江南园林的典型代表（图8-11）。

(1) 因地制宜，以水见长

据《王氏拙政园记》和《归园田居记》记载，园地"居多隙地，有积水亘其中，稍加浚治，环以林木"，"地可池则池之，取土于池，积而成高，可山则山之。池之上，山之间可屋则屋之"。充分反映出拙政园利用园地多积水的优势，疏浚为池；望若湖泊，形成荡漾渺弥的个性和特色。

(2) 疏朗典雅，天然野趣

早期拙政园，林木葱郁，水色迷茫，景色自然。园林中的建筑十分稀疏，仅"堂一、楼一、为亭六"而已，建筑数量很少，大大低于今日园林中的建筑密度。竹篱、茅亭、草堂与自然山水融为一体，简朴素雅，一派自然风光。拙政园中部现有山水景观部分，约占据园林面积的3/5。池中有两座岛屿，山顶池畔仅点缀几座亭榭小筑，景区显得疏朗、雅致、天然。这种布局虽然在明代尚未形成，但它具有明代园林的风范（图8-12）。

(3) 庭院错落，曲折变化

拙政园的园林建筑早期多为单体，到晚清时期发生了很大变化。首先表现在厅堂亭榭、游廊画舫等园林建筑明显增加。其次是建筑趋向群体组合，庭院空间变幻曲折。这种园中园、多空间的庭院组合，运用空间的分割渗透、对比衬托等手法，使得空间隐显结合、虚实相间、蜿蜒曲折、藏露掩映。这种空间的欲放先收、欲扬先抑的造景手法，其目的是要突破空间的局限，收到小中见大的效果，从而取得丰富的园林景观。

(4) 园林景观，花木为胜

拙政园向以"林木绝胜"著称。数百年来一脉相承，沿袭不衰。每至春日，山茶如火，玉兰如雪，杏花盛开，"遮映落霞迷涧壑"。夏日之荷，秋日之木芙蓉，如锦帐重叠。冬日老梅偃仰屈曲，独傲冰霜。有泛红轩、至梅亭、竹香廊、竹邮、紫藤坞、夺花漳涧等景观。至今，拙政园仍然保持了以植物景观取胜的传统，荷花、山茶、杜鹃花为著名的三大特色花卉。

拙政园，这一大观园式的古典豪华园林，以其布局的山岛、竹坞、松岗、曲水之趣，被胜誉为"天下园林之母"。

8.4.2 中国现代风景园林

8.4.2.1 香山饭店

香山饭店是由国际著名美籍华裔建筑设计师贝聿铭先生主持设计的一座融中国古典建筑艺术、园林艺术、环境艺术为一体的四星级酒店。饭店位于北京西山风景区的香山公园内，坐拥自然美景，四时景色各异，依傍皇家古迹，人文积淀厚重（图8-13）。

设计师试图"在一个现代化的建筑物上，体现出中国民族建筑艺术的精华"，表达出建筑师对中国建筑民族之路的思考。建筑设计师用简洁朴素的、具有亲和力的江南民居为外部造型，将西方现代建筑原则与中国传统的营造手法，巧妙地融合成具有中国气质的建筑空间。贝氏在平面布局上，沿用中轴线这一具有永续生命力的传统。院落式的建筑布局形成了设计中的精髓：入口前庭很少绿化，是按广场处理的，这在我国传统园林建筑中是没有的，其着眼于未来旅游功能上的要求；后花园是香山饭店的主要庭院，三面被建筑所包围，朝南的一面敞开，远山近水，叠石小径，高树铺草，布置得非常得体，既有江南园林精巧的特点，又有北方园林开阔的空间；由于中间设有"常春四合院"，那里有一片水池，一座假山和几株青竹，使前庭后院有了连续性（图8-14）。

图8-12　拙政园见山楼

图8-13　香山饭店外部

图8-14　香山饭店前庭

香山饭店设计与众不同，追求平淡、素雅和安静。它给人的印象是完整、统一、别具一格的。分析其原因是在设计手法上采用了连续的景观、重复的图形和统一的色彩。连续的景观包括绿化庭院的连贯性和建筑的一致性两个方面：

(1) 绿化庭院的连贯性

在平面上或三维空间上看香山饭店的13个院落是没有连贯性的，但在人的活动过程中来看，情况则不一。首先是"四季庭院"，这里并无许多绿化，绿化仅仅起点缀和引导作用。与众不同的是作为正厅"四季庭院"的中轴线上不立雕像、不挂字画、不设橱窗，只有一片宽敞的落地玻璃大门，在那上面是一幅真山真水的画面。想过去看看又要绕过玻璃廊。玻璃廊在视觉上把小院落和后花园联系起来。在玻璃廊中可以直接去后花园，也可以去四、五区之间的小院落，右面仍为后花园。这样就给人以香山饭店处处有庭院的感觉。这是因为本来在平面上和三度空间上并不连贯的院落，在人的活动过程中，在空间的第四度——时间上有了连贯性。

(2) 建筑的一致性

香山饭店给人留下深刻印象的一个原因是建筑图形的重复出现。设计上用了两个最简单的几何图形——正方形和圆来处理整栋建筑及其环境的装饰和陈设。

香山饭店设计的另一长处是整栋建筑内外只用了3种颜色。室外以白色为主，灰色为辅，赭色点缀。大厅的墙面是白色；门窗套及其联系的线条、屋面、压顶等面积较小而勾画建筑轮廓的部分用灰色（砖）；勒脚、装饰性的铺地用赭色。室内也是这3种颜色，白色为主，只是增加了灰色的面积（图8-15）。有人觉得香山饭店色彩太素，有点儿冷冰冰的。但正是这种"素"，才产生了"雅"。有了"雅"，也就有了"美"。

重复产生统一，统一形成风格。这是香山饭店设计成功的一面，是值得我们学习的。

但是，香山饭店在规划及设计时也存在一些问题：

① 选址的问题　北京虽多山但没有大片森林。香山是北京一座历史悠久的森林型风景区。人们到香山去，总是欣赏那青松翠柏、红枫黄栌、淙淙流泉、西山云雾等自然景色，而不大可能被亭台楼阁所吸引。从这个意义上讲，在香山景区范围内的一切建筑都是多余的。但是为了满足游客在游览过程中的需要，香山还是建了不少小型的服务性建筑，这是必要的。但是，面积达3.6万 m² 的香山饭店与香山的秀丽环境很不协调。建筑总是要占用绿地的，但香山饭店占用的不是一般的绿地，而是长了200多棵百年古木的绿地。此外，有居住就要有供应和排泄，就会产生污染，因而也破坏了香山的生态环境。

② 概念的问题　很多人对香山饭店的设计作了很高的评价，主要有两点：一是认为香山饭店设计不仅继承和发展了中国传统建筑设计，而且"结合

了现代科技和传统文化中的长处","开创了新中国人民的建筑"风格;二是认为香山饭店设计是"中国建筑创作民族化"的方向。香山饭店确实从中国传统的园林建筑和民居中吸取了许多部件和建筑处理手法,而且收到了一定的成效。但这是建筑创作的一种方法,并不应因此而认为这样的建筑就继承和发展了中国传统建筑,这样的建筑创作方法就"民族化"了。

③造价的问题 造成香山饭店造价高得惊人的原因很多,但其中有相当一部分原因与追求所谓"民族化"有关。例如,为了表达香山饭店建筑"源于唐宋风格和江南民居",在白墙上镶嵌了青砖线条,在门窗洞口上装饰了青砖窗套,在坡屋面上铺了青砖面层。但青砖不耐磨又显得粗糙,影响香山饭店的格调,这无形中就增加了造价。像这样的例子在香山饭店还有很多。

现代中国建筑师之现状,思想刚刚开始解放,进行建筑创作的条件也刚刚开始具备,正是处在进行各种创作尝试,百花待放的时期,只要符合"适用、经济、在可能的条件下注意美观"的建筑方针,应该允许各种形式、各种风格、各种流派的建筑产生。当然也应该欢迎像香山饭店这样的建筑产生。

8.4.2.2 四川都江堰文化广场

都江堰广场位于四川省成都都江堰市。因水设堰,因堰兴城,水文化是都江堰市特色的来源与根本特征。

(1) 场地问题分析

①城市主干道横穿广场,将广场一分为二,人车混杂。

②用于分水的3个鱼嘴没有充分显现,本应是最精彩的景观,却被脏乱所埋没。

③渠道水深,水流急,难以亲近。

④广场被水渠分割得四分五裂,不利于形成整体空间。

⑤局部人满为患,而大部分地带却无人光顾。

⑥多处水利设施造型简陋,破败不堪。

⑦大部分地区为水泥铺地,缺乏景观特色与生机。

⑧周围建筑既无时代气息,也无地方特色。

(2) 问题的解决对策(见彩图18,彩图19)

①整合场地 针对水渠将整个广场分割的现状,以向心轴线整合场地,轴线以青石导流,喻灌渠之意,隐杩槎之形。可观、可憩、可滋灌周边草树稻荷。同时在各条水渠之上将水喷射于对岸,夜光中如虹桥渡波。

②人车分流 干道处为避免人车混杂,以下沉广场和地道疏导人流。广场北侧半圆形水幕垂帘、茶肆隐于其中(而后取消);南端水流盘旋而下,以扇形水势融于地面并成条石水渠之景。

③强化鱼嘴 四射的喷泉展现了分水时的气势,突出了鱼嘴处水流的喧哗。水落而成的水幕又使鱼嘴及周围景致若隐若现,独具情趣。灯光之下,如彩虹飘幕,挂于灌渠之上。

④分散人流 广场四处皆提供小憩、游玩之地,市

图8-15 香山饭店建筑

民的活动范围将不会局限现于有的小游园处。

⑤重塑水闸　利用当地的石材——红砂岩，将闸房建筑进行改造。罩以红砂岩植，上悬垂藤植物，周围以白卵石铺装，兼悬水帘，将水闸以一种独具特色的建筑融入广场的环境与氛围。

⑥创建生态环境　广场上水流穿插，稻香荷肥，绿草如茵，树影婆娑，一改以往水泥铺地的呆板，营造出一片绿意与生机。

⑦交通体系　将城市交通干线移出广场区域，限制穿越广场的车流。未来的停车场最好位于拟建博物馆一带，这样既便于参观博物馆和通达广场，又可减少车流对于广场的干扰。

⑧周边建筑　要注意风格的统一，并强化地方特色和时代感，拆除杂乱建筑，有重点、有目的地进行建设，同时要强化建筑周围环境绿化的效果。

⑨河畔处理　广场临水段预留不少于8m的步行道和草地，用做防洪探险通道，同时建议加强沿河两侧的整体绿化工程，并延伸至下游，重建扇形绿色通道，以充分发挥水的生态作用，将其创建成都江堰市集休闲、娱乐、生态功能为一体的绿色生态走廊。

(3) 设计目标

用现代景观设计语言，体现古老、悠远且独具特色的水文化，以及围绕水的治理和利用而产生的石文化、建筑（包括桥）文化和种植文化。使之成为一个既现代又充满文化内涵、高品位、高水平的城市中心广场，包容了文化功能、休闲功能、旅游功能。

(4) 设计构思来源之一：地域自然与人文景观研究与历史阅读

文化挖掘——水文化精神：因水设堰，因堰兴城，水文化是都江堰市特色的来源与根本特征。为此，都江堰广场的场地特征集中体现在以下两点：

①天府之源——自然与文化景观格局　都江堰市枕居都江古堰，坐落在群峰脚下，镶嵌于蒲阳、走马、江安、柏条四河之间。西北古堰雄姿，群山环峙；东南平畴万里，天府良田无垠。其水由西北向东南而行，畅游百川，泽万顷良田，奔腾呼啸，气势磅礴。放射状的水网奠定了天府之国扇形自然和文化景观格局的基础。都江堰是天府扇面的起点，而广场则为都江堰市的扇面核心或称"水口"。

②饮水思源——以治水、用水为核心的历史文脉及含义

第一，治水的渊源。都江堰真正为多数人公认的始创者是秦昭王时的蜀郡守——李冰。都江堰是一个千秋工业，它凝聚了数千年蜀人的辛劳。继李冰之后，各朝代都对都江堰进行了修复与改造，技术上不断得以更新。

第二，种植文化。随着都江堰工程的进一步完善，成都平原处处皆为人间乐土，沟渠纵横，阡陌交错，地无旷土，已到了"天孙纵有闲针线，难绣四川百里图"的佳境。汉化后的种植文化将种植与养殖统一，稻鱼结合，自成体系。

种植文化使蜀"人杰地灵"，成为政治经济的重地，也为后世种植、渔业等的发展打下了基础，并激发了我们的设计思路与灵感。

第三，植根古蜀的建筑技术。都江堰工程中的若干重要技术，如笼石技术（竹笼卵石及后来的羊圈——木桩石笼工程）、鱼嘴技术、火烧崖、石凿崖技术、都江堰渠首和有关河渠上的若干索桥的建筑技术，都具浓重的地方水利风格，富有民族文化特征。

另外，川西民居及宗教建筑也有鲜明的特点，特别是对竹木石材的应用及艺术处理都有其浓厚的地方特色。

第四，石文化。古代蜀人有崇拜大石、崖石的原始宗教意识。石犀、石马是具有地方特征的神物，蜀人认为犀牛神可战胜水神，而且有阴阳五行说的内涵，从五行相克的关系看，石属土，土胜水，石神有镇水的含义。

第五，水的其他衍生文化。都江堰因水而生的文化很多，如神话、祭祀文化、景观及历代文人留下的诗词歌赋等。这里只提一下都江堰的开水节，它源于远古对水神的祭祀，后来改祭李冰。古老的庆典民俗传承千年以上，成为都江堰极具特色的传统节日，增进了人们对水文化的认识。

(5) 关于广场的艺术设计

广场的艺术设计来源于地域自然和历史文化的体验和理解，也来源于对当地生活的体验，综

合起来是对地方精神的感悟，李冰治水的悠远故事，竹笼和杩槎的治水技术，红砂岩的导水渠和分水鱼嘴的巧妙，川西建筑的穿斗结构和红木花窗，阳春三月走进川西油菜花地中的那种纯黄色彩和激动心情，还有那井院中的卵石和竹编的篱笆，老乡的竹编背篓，打牌或静坐的老人和青年，围坐在麻将桌边的姑娘，麻辣酸味的鱼腥草……一切都在为这场地的设计提供语言和词汇。

(6) 关于广场的人性化设计

都江堰广场从多个方面体现人性化设计：

① 提供荫凉　结合地面铺装和坐凳，在4个区内都设计了树阵。

② 坐凳与台阶　广场上在合适的地方，包括广场和草地边沿、水际、林下设置大量的条石坐凳，让以休闲著称的当地人有足够的休憩机会。台阶和种植池也是最好的坐凳。

③ 避免光滑的地面　所有铺装地面都用火烧板或凿毛石材。

④ 普适性设计　广场的设计考虑各种人的使用方便，包括年轻人、儿童、老人、残疾人。

⑤ 尺度转换　一个11hm²的广场尺度是超人的，如何通过空间尺度的转换使之亲人宜人，是本设计所面临的一大挑战。方案主要从4个方面实现空间的尺度转换：

第一，通过30m高的主体雕塑，使一个水平二维广场转换为三维视觉感知和体验空间；

第二，通过斜贯中心的长逾100 m，高达2～8m的导水漏墙和灯柱、廊架以及乔木树阵，进一步分割空间，形成分而不隔的流动性空间体验；

第三，通过下沉广场，形成尺度适宜的围合空间；

第四，用高达3m左右的灯柱、雕塑（如"金色天幔"）（图8-16）和小型乔木（如桂花林和竹子），使广场空间和人体之间的关系进一步拉近。

(7) 可亲可玩的水景设计

亲水是人性中最根深蒂固的一种行为。水景的丰富多样性和可戏性是都江堰广场的一个主要特色。因此，设计之初，重要设想就是提河渠之水入广场，使人触手可及。为此，一次性从河中提水，

图8-16　广场空间

从30m的"竹笼"雕塑跌落，经过有微小"鱼嘴"构成的坡面，旋转流下，水流经过时编织出一张网纹水膜，滚落浅水池中。从水池溢出的水又进入蜿蜒于广场上的溪流，一直流到广场的最南端，潜入井院之中。坡上面、浅池中、溪流中和井院内，都有少年儿童尽情嬉戏其中。

8.4.3　外国风景园林

8.4.3.1　法国园林——凡尔赛宫

凡尔赛宫总占地111hm²，分为凡尔赛宫殿和凡尔赛花园两部分。其中宫殿占地11hm²，园林面积100hm²。凡尔赛在法语中是坡地的意思，原本是一片生态湿地（图8-17，图8-18）。

(1) 建筑

凡尔赛宫宫殿为古典主义风格建筑，立面为标准的古典主义三段式处理，即将立面划分为纵、横三段，建筑左右对称，造型轮廓整齐、庄重雄伟，被称为是理性美的代表。其内部装潢则以巴洛克风

图8-17　凡尔赛宫鸟瞰图

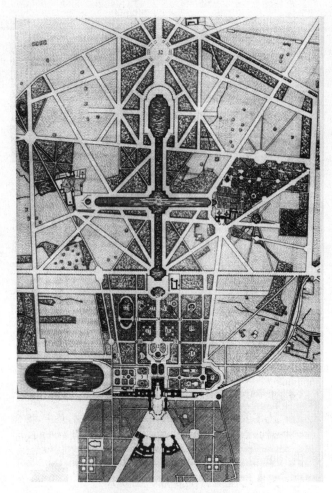

图8-18　凡尔赛宫平面图

图8-19　凡尔赛宫中部轴线景观

格为主，少数厅堂为洛可可风格。

如果凡尔赛宫的外观给人以宏伟壮观的感觉，那么它的内部陈设及装潢就更富于艺术魅力，室内装饰极其豪华富丽是凡尔赛宫的一大特色。内壁装饰以雕刻、巨幅油画及挂毯为主。大理石院和镜厅是其中最为突出的两处，除了上面讲到的室内装饰外，太阳也是常用的题目，因为太阳是路易十四的象征。天花板除了像镜厅那样的半圆拱外，还有平的，也有半球形穹顶，顶上除了绘画也有浮雕。

(2) 园林

设计师勒诺特尔在进行总体设计时，为追求恢弘气派的风格，没有根据场地的地形地貌着手考虑，而是径直用直尺与圆规勾绘了一幅美丽的蓝图，从而导致建设时要耗费大量的人力、物力来完成前期的场地平整。

① 总体规划　庞大的宫苑形状基本上呈长方形，园林位于宫殿的西面。园林景观依轴线展开，包括一条中轴线和两条横轴线，与等高线垂直，随地形变化而起伏：

中轴线　花园宫殿—刺绣花坛—草地和水池—国王林荫道和十字运河—林园（图8-19）；

横轴一　海参尼普顿泉池—龙池—水光林荫路—金字塔泉池—花园供电—南花坛—剧院和瑞士湖—山冈；

横轴二　动物园—大运河横臂—特里阿农宫殿和花园。

整个布局简洁宏大，尤其十字形大运河，从轴线的一端一直笔直地伸向远方，不仅在视觉上将轴线延长，扩大了空间，更塑造了深远的意境。

② 植物造景　在长达3000m的中轴线两侧，有节奏地分布着几百座大小雕像、喷泉、草坪、花坛以及柱廊等。其园林形式以理性思想为基础，表现为大规模的改造自然现状，林荫路、丛林、花坛、草坪等多种方式结合的植物造景都采取严格的几何构图，统一到整体的几何构图中，贯穿极简主义园林的特色。所有植物，或修剪，或成丛成林，都用于塑造空间结构。在造型上多运用简单的几何母体，如圆、椭圆、方、三角形及其重复，边缘修剪整齐，均统一于整体的几何关系和秩序。尽管它的设计完全符合严格的几何学原则，但这里的每一处景色并没有单调枯燥的味道

图8-20　凡尔赛宫拉托娜坡道

图8-21　凡尔赛宫阿波罗泉池

（图8-20，图8-21）。简洁的形式，而非简单的重复和模仿，加上适度的装饰，树木成林种植（柑橘园），灌木修剪成绿篱，花卉的造景突出整体的色彩和质地效果，还有众多的塑像和那些将水柱喷射向公园每一个角落的喷泉，都体现了其对比例协调和关系明晰的追求。

庭院中的植物种类极为丰富，除了当地本土温带植物以外，还有意大利及葡萄牙的橙树、柠檬树、欧洲夹竹桃和棕树，远远望去一片热带风光。

常绿树种在其造景设计中也极具特色。设计师别出心裁地将其大规模成排种植于小路两侧，配以长条矩形的平整草地，将轴线一直延伸到斜坡上，产生极具感染力的线性透视效果。而竖向的树篱（山毛榉、七叶树、鹅耳枥为主）突破了中轴的平坦，使造景更加立体饱满。花坛多采用刺绣花坛的形式，使用带有巴洛克趣味的旋转波动图案，外轮廓规整，整体色彩浓郁凝重，优雅浪漫。

③水系特色　植物造景使得整个凡尔赛宫筋骨丰满，而贯穿其始终的水景就是其园林的灵魂，赋予其源源不断的生气和流动感，使起整个设计更加统一和谐。初建时为了解决庭院中水体景观的用水问题，设计师和工程师尝试了多种引水工程，经过多年的失败与巨额的财政投入，最后成功地把凡尔赛和朗布依埃之间的高原水源汇拢起来，通过沟渠送往了凡尔赛的花园之中。各种人工开凿的几何外形静水水面，如矩形、正方形、六边形、圆形，散落其中，通过各种形式的喷泉、引水道、跌水、游泳池，连接起众多极具层次感和雕塑感的植物景观和独具匠心的其他装饰小品（如雕塑）等。各种景观自然过渡，由近及远，由狭窄到开阔，由近处人工水景延伸到远处的自然水景，使整个庭院都充满法国浓郁的庄重典雅的气息。

8.4.3.2　美国园林——纽约中央公园

纽约中央公园（Central Park）是美国景观设计之父奥姆斯特德（Frederick Law Olmsted）（1822—1903）最著名的代表作。

(1) 公园的选址

19世纪50年代，纽约等美国的大城市正经历着前所未有的城市化。大量人口涌入城市，经济优先的发展理念，不断被压缩的公园绿化等公共开敞空间使得19世纪初确定的城市格局的弊端暴露无遗。包括传染病流行在内的城市问题凸现，使得满足市民对新鲜空气、阳光以及公共活动空间的要求成为地方政府的当务之急（图8-22）。

纽约中央公园应运而生。它位于纽约黄金岛屿摩天大楼耸立的曼哈顿最核心区域。南北方向占据了全岛的1/5，东西方向更达到1/4，被称作是纽约的"绿肺"——在曼哈顿如叶脉一般逐级扩展延伸的交通网路中，中央公园就像横亘在心脏地带的一个巨大气孔，它承担了整个城市的气流交换更新，既是纽约的制氧机，亦是纽约的加湿器。因为它的存在，繁华的纽约又多了一重生

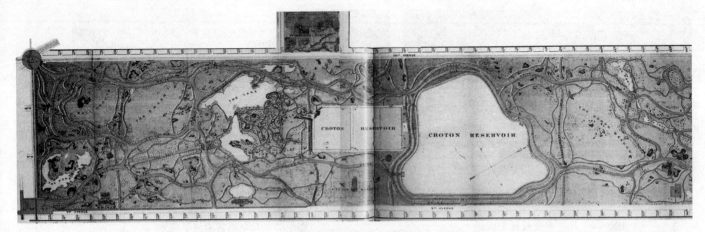

图8-22 纽约中央公园选址

态功能,并进一步完善了纽约作为国际化大都市的气度(图8-23)。

(2) 公园规划和设计

设计师奥姆斯特德主张把乡村风景引进城市的中心,使市民能进入避开城市喧嚣的自然环境之中,因此将公园的布局确定为自然式,为无法到达乡下去度假的人们提供相似的休息场所。奥姆斯特德要求尊重一切生命形式所具有的基本特征,对场地和环境的现状十分重视,尽可能发挥场地的优点和特征,不轻易改变它们,使人工因素糅合到自然因素中去。中央公园地形起伏,有小山、湖泊、缓坡草地,有古堡、剧场、儿童动物园、植物园、运动场和游览马车。

① 交通体系 是纽约中央公园规划设计中最耀眼的一个亮点。考虑到成人和儿童的不同乐趣和爱好,园内安排了各种活动设施,并有各种独立的交通路线:车行道、骑马道、步行道及穿越城市的公共交通路线。园内除了一条直线形林荫道及两座方形旧蓄水池外,尚有两条贯穿公园的公共交通通道是笔直的。公园的其他地方,如水体、起伏的草地、曲线流畅的道路,以及乔、灌木的配置均为自然式,与总体规划相呼应。设施内容也更符合城市广大居民的要求,合理而巧妙,在城市公园的设计中成为一种全新的手法。

② 空间布局 因为处于高楼林立的城市中,为营造更加静谧的环境,公园四周用浓密的植物围合,遮住周围的高楼。中央公园的自然野趣在其边缘展现得淋漓尽致。该设计方案的绝妙之处

图8-23 纽约中央公园鸟瞰图

图8-24 纽约中央公园欧纳西斯水库

在于奥姆斯特德和沃克斯巧妙地解决了公园用地形状狭长的难题。公园内最大的独立景观是中部靠北面的杰奎琳·肯尼迪·欧纳西斯水库，它占地43hm²，将公园分为截然不同的两个部分（图8-24）。南部是田园式风格，北部是浓密的森林，两部分都有自然风景的效果。在南部的中心地带，有公园中最著名的林荫大道、贝塞斯达台地和远望石上的望景楼城堡。林荫大道是为散步活动设计的，400m长的林荫大道向北延伸，把人们的视线引到公园的中心。在林荫大道的尽头，有一组台阶，通往第72大街横穿通道下面的盖瓦拱廊，宽阔的楼梯装饰着石头雕塑。台地最初的焦点是一个简单的喷水口，后来被"水的天使"雕塑取代，也成为整个公园的焦点。由于林荫大道树木繁茂，使远处的望景楼变得模糊起来，但却能清楚地看到林荫大道尽头的"水的天使"。

(3) 公园设计风格和思想

奥姆斯特德和沃克斯的设计深受唐宁那不拘形式的、富于画趣的设计风格的影响。"绿草坪"方案充分体现了这点，该景实际上是把荒漠、平淡的地势进行人工改造，模拟自然，体现出一种线条流畅、和谐、随意的自然景观。

此外，两位设计师的设计风格还受到当时英国田园风光的影响。大片的草地、树丛与孤立木，加上池塘、小溪和一些人工创造的水景，如瀑布、喷泉、小桥等，形成一种以开朗为基调的多变景观（图8-25，图8-26）。

设计师最主张的一点是设计即艺术创造，设计要使人们得到感观上美的享受。因此，每一个小的局部都精心策划。方案尽量发挥园地上原有的积极因素。改变消极因素。如在处理地形时，巧妙地保留了相当一部分裸露岩石，使它们非常得体地成为自然园景的一个重要组成部分；处理水面时，特别注意让其反映风卷云舒的大自然动态。

(4) 启示和指导意义

纽约中央公园设计方案中，奥姆斯特德所提出的原则，后来被美国园林界归纳为"奥姆斯特德原则"。这些原则对于现在的城市公园设计仍有重要的指导意义：

①保护自然景观，在某些情况下，自然景观需要加以恢复或进一步强调；

②除了在非常有限的范围内，尽可能避免使用规则式；

③保持公园中心区的草坪和草地；

④选用乡土树种，特别用于公园周边稠密的种植带中；

⑤道路应呈流畅的曲线，所以道路均成环状布置；

⑥全园以主要道路划分不同区域。

此外，在中央公园的规划建设中，诞生了一个新的学科——风景园林（Landscape Architecture）。

纽约中央公园是城市发展的必然产物，是纽约人生态观转变的反映——园林已成为现代化城市的主要标志之一。中央公园充分体现了这一点。首先，它以优美的自然面貌、清新的空气参与了纽约这个几百万人聚集地的空气大循环，是纽约市的大氧气库。所以，尽管北部有些荒芜，人们仍坚持保护它的完整和不容侵占；保护它的空气与水质的洁净；保护它的林木和草地。其次，中央公园市适应了纽约人娱乐观的变化，满足了城市社会生活发展的需求。公园不收门票，全年自由出入，免费参加各种活动，不同年龄、不同阶层、不同民族的人都可以在这里找到自己喜爱的活动场所。它已成为人们生活中不可缺

图8-25　纽约中央公园水体景观

图8-26 纽约中央公园植物景观

少的部分。对城市来讲,它是公园;对个人来讲,它就像自己的私园一样。所以许多纽约人为它捐款和参加义务劳动。这就保证了公园的朝气与活力。

中央公园的建立更加促进了城市经济、建设与交通的发展。奥姆斯特德预见到,中央公园必将成为这个城市的中心。百余年的发展史见证了城市建筑向公园外四面拓展开去,3条地铁沿公路两侧而过。特别是两侧的房地产价值升高,促进了许多豪华公寓及大饭店的建设。东侧五马路一带为黄金地段,地价昂贵。这里的居民推窗眺望,看到的不是几个绿地,而是一片自然风光,享受到的是新鲜的空气。总之,中央公园的诞生与发展说明只有公园与城市平衡发展,才能使城市面貌改观,更加繁荣。

中央公园是世界上第一个为群众设计的公园。奥姆斯特德和沃克斯为此奉献了自己的热情、智慧和艺术才华。园林设计师凯潘说:"中央公园就像一件伟大的艺术作品那样值得我们尊敬和保护,尤其,它是一种独特的城市艺术。"

参考文献

曹林娣. 2009. 中国园林艺术概论 [M]. 北京:中国建筑工业出版社.

章采烈. 2004. 中国园林艺术通论 [M]. 上海:上海科学技术出版社.

曹林娣. 2005. 中国园林文化 [M]. 北京:中国建筑工业出版社.

叶振起,许大为. 2000. 园林设计 [M]. 哈尔滨:东北林业大学出版社.

王向荣. 2002. 西方现代景观设计的理论与实践 [M]. 中国建筑工业出版社.

周维权. 1999. 中国古典园林史 [M]. 2版. 北京:清华大学出版社.

陈志华. 2001. 外国造园艺术 [M]. 郑州:河南科学技术出版社.

彩图1　园林中轴线

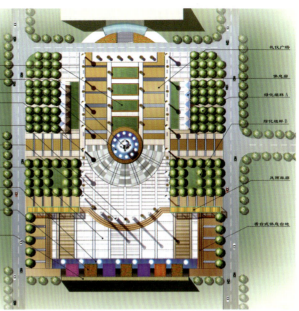

彩图2　规则式园林

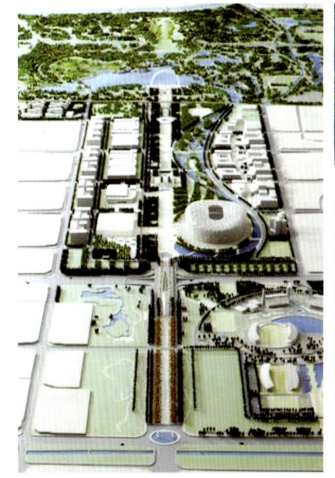

彩图3　北京奥林匹克公园鸟瞰图

彩图4　面包圈花园

彩图5　亚特兰大里约购物中心庭院钢网架

彩图6 园 景

彩图7 建 筑

彩图8 史 迹

彩图9 风 物

彩图10 游憩景地

彩图11 娱乐景地

彩图12　保健景地　　　　　　　　　　彩图13　城市景观

彩图14　树形的微差　　　　　　　　　彩图15　园林植物形体对比

彩图16　与花池结合的台阶　　　　　　彩图17　与平台结合的台阶

彩图18 四川都江堰广场平面图

彩图19 四川都江堰广场模型